Das Recruiting-Dilemma

Sven Gábor Jánszky

Das Recruiting-Dilemma
Zukunft der Personalarbeit in Zeiten des Fachkräftemangels

Sven Gábor Jánszky

1. Auflage

Haufe Gruppe
Freiburg · München

Bibliografische Information der Deutschen Nationalbibliothek
Die Deutsche Nationalbibliothek verzeichnet diese Publikation in der Deutschen
Nationalbibliografie; detaillierte bibliografische Daten sind im Internet über
http://dnb.dnb.de abrufbar.

Print ISBN: 978-3-648-05748-3   Bestell-Nr. 14006-0001
EPUB ISBN: 978-3-648-05749-0   Bestell-Nr. 14006-0100
EPDF ISBN: 978-3-648-05750-6   Bestell-Nr. 14006-0150

Sven Gábor Jánszky
Das Recruiting-Dilemma
1. Auflage 2014

© 2014 Haufe-Lexware GmbH & Co. KG, Freiburg
www.haufe.de
info@haufe.de
Produktmanagement: Jutta Thyssen

Lektorat: Christiane Engel-Haas M.A., Social Science & Publishing, München
Satz: Reemers Publishing Services GmbH, 47799 Krefeld
Umschlag: RED GmbH, 82152 Krailling
Druck: Schätzl Druck, Donauwörth

Inhaltsverzeichnis

Inhaltsverzeichnis

1 Vorwort

Liebe Leserinnen, liebe Leser,

die Zukunft unserer Arbeitswelten muss für jeden, der in den vergangenen Jahrzehnten groß geworden ist, paradiesisch klingen. Die meisten von uns kommen aus der Gedankenwelt der Massenarbeitslosigkeit. Unser Erleben der Welt war geprägt durch die Urangst unserer Generation: der Angst vor dem Verlust des Arbeitsplatzes! Dies war gleichbedeutend mit sozialem Abstieg, dem Verlust von Lifestyle und Status. Keinen Job zu haben, war für die Meisten das schlimmste vorstellbare Unglück!

Doch genau dies wird sich in den kommenden Jahren ändern. Genau genommen bekommen wir exakt das Gegenteil: Vollbeschäftigung! Wir können es kaum glauben, denn Vollbeschäftigung bedeutet, dass wir ständig 5 bis 10 neue Jobangebote haben. Wir gehen Schritt für Schritt in ein Leben ohne unsere bisher größte Angst. Ein Paradies! Nur nicht für die Unternehmen!

Für unsere auf Wachstum und Innovation getrimmte Wirtschaft gibt es kaum eine schlimmere Prognose als Vollbeschäftigung. Denn: es ist nicht die Konjunktur, die zu dieser Prognose führt, sondern die demografische Entwicklung und damit das Verschwinden von bis zu 6,5 Millionen heute noch arbeitenden Menschen aus dem Arbeitsmarkt. Verschiedene Studien[1] rechnen diese Prognose mit der aktuellen Arbeitslosenstatistik, dem Jobverfall durch Automatisierung sowie Fachkräftegewinnungsprogrammen in Politik und Wirtschaft gegen. Sie zeigen unter dem Strich im Jahr 2025 eine in Deutschland klaffende Arbeitskräftelücke zwischen 2,0 und 5,2 Millionen Menschen. Im Klartext: Es gibt in Deutschland zu wenige arbeitende Menschen für zu viele Jobs!

Was ist die Folge? Zunächst werden wir eine Machtverschiebung zwischen Unternehmen und Mitarbeitern erleben. Auch hier gelten schließlich die Marktgesetze von Angebot und Nachfrage. Als Folge prognostizieren wir Trendforscher, dass die heute noch dominierenden Langzeit-Anstellungsverhältnisse nach dem Jahr 2020 auf ca. 30 bis 40 Prozent sinken. Zugleich verdoppelt sich der Anteil der Selbstständigen auf ca. 20 Prozent. Doch für die größte Veränderung in den Arbeitswelten

---

[1]   Siehe Fußnoten 7-9 S. 54–55.

sorgen jene Menschen, die 2025 in befristeten Verträgen arbeiten werden. Es sollen bis zu 40 Prozent der arbeitenden Bevölkerung sein.

Diese Menschen sind Projektarbeiter. Sie kennen keine 38-Stunden-Woche, keine geregelte Kaffee- und Mittagspause, keine Hausschuhe im Büro, keine Prämie oder Lohnsteigerung aufgrund langjähriger Betriebszugehörigkeit. Sie wechseln ihre Arbeitgeber oft und schnell und gehören zu jener Kreativwirtschaft, nach der Politiker und Wirtschaftsförderer seit Richard Floridas These über ‚The Rise of the Creative Class' suchen. Doch nicht ihre Kreativität charakterisiert jene neu entstehende Masse der Projektarbeiter, sondern ihre Arbeitsweise und ihr Verständnis der Arbeit als gestaltbares Element der Selbstverwirklichung in ihrer Patchworkbiografie. Nicht nur Partner, Kinder und Wohnorte werden zu Mosaiksteinen des individuellen Biografie-Patchworks, sondern vor allem Jobs, Tätigkeiten und Projekte.

Diese Lebensweise wird den Projektarbeitern keineswegs aufgezwungen. Zwar handelt es sich um genau jene Zustände, die die Arbeitsmarktpolitik 2014 als prekär bezeichnet. Doch prekär daran ist allenfalls, dass die Entscheidungsträger in der Gesellschaft das Bedürfnis einer großen Masse von Menschen nach dieser Projektarbeit übersehen. Nach wie vor liegt der heutigen Arbeitsmarktpolitik das lebenslange Arbeiten in einem einzigen Unternehmen als idealtypisches Muster zugrunde — ein Modell von vorgestern, das bei genauerem Hinsehen schon heute rasant schwindet.

Die stark zunehmende Anzahl von Projektarbeitern zerstört die bisherige Stabilität im Verhältnis zwischen Arbeitgebern und Arbeitnehmern. Oder anders gesagt: die Macht verlagert sich auf die andere Seite der Waage. In (bisherigen) Zeiten von Massenarbeitslosigkeit saßen die Unternehmen vor einem schier unendlichen Reservoir wartender Arbeitskräfte. Und damit am längeren Hebel! In den kommenden Jahren wird sich dieses Machtverhältnis jedoch umkehren! Weniger verfügbare Arbeitskräfte im Markt bedeuten gleichzeitig einen dramatischen Machtverlust für Unternehmen.

Die unausweichliche Konsequenz konnte man beispielhaft schon im Jahr 2013 beobachten. Vielleicht erinnern Sie sich? Damals fehlten in einem Stellwerk der Deutschen Bahn in Mainz die spezialisierten Stellwerker. Sie waren krank oder im Urlaub. Und sie waren sich ihrer Macht bewusst. Keiner von ihnen sah sich gezwungen, trotz Krankheit zur Arbeit zu gehen oder gar eher aus dem Urlaub zurückzukommen. Halb fasziniert, halb erschrocken beobachtete ganz Deutschland täglich in den Nachrichtensendungen, wie mehrere Wochen lang die Züge an Mainz vorbeigeleitet wurden. Im Klartext: die Dienstleistung wurde nicht erbracht! Das Produkt wurde nicht produziert!

Exakt diese Situation erwartet die deutsche Wirtschaft in den meisten Branchen in den kommenden 10 Jahren. Der Mangel an Mitarbeitern führt dazu, dass ein Produkt nicht produziert werden kann. Es drohen Gewinneinbrüche und damit sichtbare Misserfolge für Vorstände und Top-Manager. Diese Aussicht wird das Recruiting-Dilemma direkt auf die Vorstandstische und ins Herz der Unternehmen rücken. Mit hoher Wahrscheinlichkeit gilt die HR-Strategie dann nicht länger als verzichtbares Gutmenschentum. Vermutlich ist die HR-Abteilung auch nicht länger Dienstleister oder Businesspartner. Entweder sie schafft es zum Strategen auf höchster Vorstandsebene oder sie wurde aufgelöst!

Dies ist der Grund, warum das Recruiting-Dilemma auch für uns Trendforscher und Strategieberater zum Zukunftsthema Nummer eins wird. Denn seien wir ehrlich: Es gibt hunderte von theoretischen Texten zu Veränderungen im Personalmanagement. Doch keiner kann uns wirklich in die kommende Welt der Vollbeschäftigung hineinversetzen. Keiner lässt uns die Ängste, Zwänge, Hoffnungen und Chancen der kommenden Jahre wirklich spüren. Dies soll mit diesem Buch anders werden. Ich lade Sie ein, ‚von hinten' auf die Entwicklung der kommenden Jahre zu schauen.

Ich lade Sie ein auf eine Zeitreise in die Zukunft. Lassen Sie sich entführen in den ganz normalen Alltag des Jahres 2025. Sie werden Personalmanager treffen, die schon erlebt haben, was Ihnen in den kommenden Jahren erst begegnen wird. Und Sie werden erleben, nach welchen unterschiedlichen Strategien die Personalchefs der Zukunft, Thomas Krüger und Melanie Polenz, agieren.

Die zwei Personalstrategien der ‚Fluiden Unternehmen' und der ‚Caring Companies' die ich beschreiben werde, gehen zurück auf zwei wichtige Forschungsarbeiten, die in den letzten Monaten in dem von mir geführten Trendforschungsinstitut 2b AHEAD ThinkTank entstanden sind[2]. Sie wurden wesentlich mitgeprägt durch die beiden Co-Autoren Prof. Dr. Lothar Abicht und Marcel Hörnschemeyer. Bei beiden will ich mich ausdrücklich bedanken: Dieses Buch würde es ohne die beiden nicht geben, zahlreiche kluge Ideen, von denen Sie lesen werden, entstammen ihren Köpfen.

Tauchen Sie ein in Strategien, die Sie in den kommenden Jahren so oder ganz ähnlich selbst in Ihren Unternehmen einsetzen werden. Manches wird Sie überraschen! Anderes haben Sie kommen sehen! Einiges sagen andere Experten völlig anders voraus! Das ist normal, wie könnte es anders sein! Doch bevor Sie versuchen, die unlösbare Frage zu beantworten, wer denn nun die Zukunft richtig voraussagt

---

[2]   Abicht/Jánszky, 2025 – So arbeiten wir in der Zukunft, 2013; Hörnschemeyer/Jánszky, Personalstrategien für eine Welt der Vollbeschäftigung, 2014.

Vorwort

… geben Sie bitte der ehrlichsten Antwort eine Chance: Sie bestimmen die Zukunft! Denn: die prognostizierbaren Trends und Strategien sind nur das Umfeld. Die wahre Zukunft ist genau das, was Sie daraus machen!

Ich wünsche Ihnen eine große Zukunft!

Sven Gábor Jánszky

Anmerkungen

Im Interesse der besseren Lesbarkeit wird im gesamten Band auf eine geschlechterdifferenzierende Schreibweise (z.B. Managerinnen und Manager) verzichtet. Selbstverständlich ist inhaltlich das jeweils andere Geschlecht mit eingeschlossen und der Autor geht von der grundsätzlichen Gleichwertigkeit beider Geschlechter aus.

Alle Personen und die Handlung in diesem Band sind frei erfunden.
Eventuelle Ähnlichkeiten mit lebenden oder toten Personen oder Firmen sind nicht beabsichtigt und wären rein zufällig.

Prolog

Donnerstag, 10. April 2025

Als sich die Fahrstuhltür öffnet, empfängt ihn das typisch schwergelbe Licht. „Willkommen in der Dunkelheit!", denkt Thomas und schleppt sich die letzten Meter zu seiner Zimmertür. Bis morgen früh wird ihn die allgegenwärtige Dunkelheit nicht mehr entlassen. Aber für heute ist es auch gut so.

Thomas wirft sich mit der Schulter gegen seine Hotelzimmertür. Bedächtig gibt das schwere Holz nach. „Eines muss man den Usbeken ja lassen", geht es ihm durch den Kopf. „Die Türen und die Betten sind wirklich gut." In diesem Moment begräbt ihn auch schon der pralle Berg echter Federdecken unter sich. Einen halben Meter tiefer kommt er zum Liegen und atmet hörbar aus: „Geschafft!"

Es war wieder einer der typischen Tage hier in Taschkent. Morgens die Strategiesitzungen in der Schule. Dann tut den ganzen Tag kaum jemand etwas. Aber der übliche Termin am Nachmittag im Ministerium, der zieht sich. Bevor nicht jeder der Regierungsräte eine persönliche Ode an die deutsch-usbekische Freundschaft gerichtet hat, geht Leonid nicht zu seinem Schrank. Und bevor er nicht die halb volle Flasche Wodka auf den Tisch gestellt hat, wird nichts Dienstliches besprochen.

Leonid ist sein Freund. Als Thomas vor Jahren das erste Mal vor seiner Bürotür im Ministerium stand, entzifferte er den Namen Prof. Leonid Peregudow, erster Sekretär der Abteilung für Hochschulwesen. Damals tat sich Thomas mit dem hier üblichen Mix aus russischer, usbekischer, tadschikischer und kasachischer Sprache noch schwer. Inzwischen versucht er einfach, nicht mehr alles zu verstehen. Die wichtigen Dinge erklären sich in den Ministeriumsrunden ohnehin von selbst. Etwa wenn ein Mullah ruft. Dann greift jeder nach seinem Wodkaglas und hält es unter den Tisch. „Weil Allah nicht durch Tische schaut", wie Leonid beim ersten Mal erklärt hat. Das fand er sogar als Atheist einleuchtend. Inzwischen lässt Thomas sein Glas auch regelmäßig unter dem Tisch verschwinden. Man muss Allah ja nicht unnötig reizen.

Thomas streckt seine Arme in die weichen Daunenfedern. Seine Gedanken fliegen zurück. Vor Jahren, als er die ersten Male hier war, gab es bei Leonid im Ministerium immer noch etwas zu essen. Mal Plov, mal Fettschwanz. Es war damals wie Russisch Roulette. Wenn Plov aufgetischt wurde, hatte Thomas gewonnen. Bei Fettschwanz verbrachte er meist den restlichen Abend auf der Hoteltoilette. Plov ist die Leibspeise der Usbeken. Reis mit Baumwollöl und Hammelfleisch. Lecker! Fett-schwanz dagegen schmeckt so, wie es klingt. Auch eine Spezialität. Leonid rollte stolz und vielsagend mit den Augen, als er es Thomas erstmals auftischte. Es ist der abgezogene Schwanz von extra gezüchteten Fettschwanzschafen. Er kann bis zu 30 Kilo wiegen. Das allein wäre noch nicht so schlimm. Aber er ist aus reinem Fett. Später auf einem Wochenendtrip mit Leonid in die ländliche Umgebung hatte Tho-mas auch die Schädel der Fettschwanzschafe gesehen. Sie wurden an der Straße auf offener Flamme gegart. Leonid sagte etwas von Delikatesse und bremste. Aber Thomas konnte ihn überreden, weiterzufahren.

Thomas rollt sich nach links. Eine andere Art aus dem Bett herauszukommen gibt es nicht. So versunken wie er ist. Er zieht die Schuhe aus, pellt sich aus dem Anzug, springt in Jeans und T-Shirt, holt sich die Cola und die Schokolade aus der Mini-bar: der normale Beginn seines Abendprogramms. Eigentlich wollte er heute Abend noch etwas Schreibtischarbeit machen. Auf seiner Mailbox häufen sich die Anrufe und in seinem E-Mail-Eingang stapeln sich die Mails. Aber heute geht wohl nichts mehr. Der Alkohol macht müde. Fernseher an: ARD!

Weshalb das Erste Deutsche Fernsehen hier im Hotel Lotte Palace in der usbeki-schen Hauptstadt, mehr als 5.000 Kilometer von München entfernt, trotzdem auf Taste eins der Fernbedienung liegt, hatte Thomas nie verstanden. Aber vermutlich hat es etwas damit zu tun, wie auch er hierher kam. Vor 4 Jahren war das gewe-sen. In seiner Firma in München fehlten schon seit Jahren qualifizierte Mitarbeiter. Langsam wurde das zum echten Problem. Als Personalchef hatte er alles versucht: Er hatte Frauen nach der Mutterschaft umworben, er hatte Senior-Trainee-Pro-gramme für Über-60-Jährige erfunden und er hatte Fachkräfte in den üblichen Gastarbeiterländern überall auf der Welt angesprochen. Doch die gingen viel lieber in Länder, wo sie mit kleinen Englischkenntnissen ein gutes Leben haben konnten. „Deutschland ist viel zu kompliziert!", hatte er immer wieder gehört.

Eines Tages war ihm der Zufall zu Hilfe gekommen. Er hatte nach dem Wort ,Gastar-beiter' gegoogelt und war auf ,Gastarbayter' gestoßen. Erst war es nur seine Neu-gier gewesen, die ihn zum Weiterklicken animiert hatte. Wer begeht denn solch groteske Schreibfehler? Doch dann stellte sich heraus, dass es das Wort tatsächlich gab. Genau wie: ,Buxgalter' für Buchhalter, ,Vafli' für Waffel, ,Tseytnot' für Zeitnot und ,Reys' für Reise. In Usbekistan! Es hatte ein bisschen gedauert, ehe Thomas be-griffen hatte, dass die wirklichen Potenziale für internationale Mitarbeiter nicht in Indien oder Südeuropa liegen, sondern auf der arabischen Halbinsel und in Mittela-sien! In Ägypten lag damals das Durchschnittsalter der Bevölkerung bei 24,3 Jahren, im Irak bei 20,9 und in Usbekistan bei 25,7 Jahren. Jedes Jahr verließen hunderttausende Absolventen die Hochschulen auf der Suche nach einer anspruchsvollen und gut bezahlten Arbeit. Ohne in ihrer Heimat eine solche Arbeit zu finden.

Also war er nach Taschkent geflogen und hatte Menschen gefunden, die gut ausgebildet und ohne übertriebene Ansprüche am Rande der globalisierten Welt leben … und in deren Weltbild Deutschland noch kein Museum, sondern ein Wirtschaftsmusterland darstellt. Nach ein paar Monaten hatte er Leonid getroffen und ihn überredet, einen Exklusiv-Vertrag zu schließen. Für 3 Jahre durfte Thomas' Firma als einziges ausländisches Unternehmen kommerzielle Schulen in Usbekistan einrichten. Sein Ziel: Gastarbeiter bereits in Schule und Studium gezielt für die eigene Firma auszubilden und dann nach Deutschland zu bringen.

Das hatte er Leonid nicht so direkt gesagt. Natürlich kann man die Usbeken nicht einfach abwerben und nach Deutschland bringen. Auch die usbekische Regierung hat kein Interesse, Millionen Dollar in die Hochschulausbildung junger Menschen zu investieren, die dann abwandern. Also mussten Modelle her, bei denen alle Beteiligten gewinnen. Thomas war also zu Leonid gegangen und hatte vorgeschlagen, eine deutsche Schule und einen deutschen Studiengang hier in Taschkent aufzubauen. In dieser Phase der Vorintegration, wie Thomas das aus deutscher Sicht nannte, gab es gezielte Werbung, Sprachkurse, Beratungen zum deutschen Arbeitsmarkt und auch die Vermittlung von deutscher Kultur. Für diese Schüler und Studenten wurde schon von Anfang an vereinbart, dass sie an einer deutschen Hochschule weiterqualifiziert werden würden.

Dann sollten sie als hoch qualifizierte Fachkräfte in gut bezahlte, verantwortungsvolle Jobs nach Deutschland gehen. Thomas nutzte das Wort ‚Premiumgast'. Leonid gefiel das. Die jungen Usbeken würden nicht als Bittsteller nach Deutschland kommen. Sie würden Unterstützung bekommen bei der schulischen Integration von Kindern oder Partnern, bei der Vertiefung der Sprachkenntnisse, beim Gang zu Ämtern und bei der Integration in Vereine und Bürgerorganisationen.

Manche würden sicher für immer in Deutschland bleiben und ihre Familie nachholen, erklärte Thomas seinem neuen usbekischen Freund. Aber die Mehrzahl würde nach einigen Jahren in ihre Heimat zurückkehren. Das wären jene Führungskräfte, die Usbekistan durch ihre internationalen Kontakte vom Rand der Weltwirtschaft ein Stück weiter in die Mitte rücken. „Denn was ist Wirtschaft anderes, als ein Netz von persönlichen Beziehungen?", hatte Thomas gefragt. Leonid hatte ihn durchdringend angeschaut: „Und was habt ihr Deutschen davon? Die Ausbildung immer neuer Generationen kostet euch doch wahnsinnig viel Geld!"

Thomas hatte gelächelt. Denn Leonid machte den gleichen Fehler wie die meisten Personalchefs in Deutschland. Er verglich die überschaubaren Kosten einer Schule in Usbekistan nicht mit den immensen Kosten, die die stetige Suche nach qualifizierten Fachkräften in einem leer gefegten Arbeitsmarkt in Deutschland brauchte. Unter dem Strich war das hier die billigste Variante. Aber das sagte er nicht. Seine offizielle Antwort war: „Wir Deutschen nutzen eine Zeit lang eure gut ausgebildeten Arbeitskräfte. Und wenn die dann wieder zurückgehen, haben wir stabile Wirtschaftsbeziehungen zu euch und damit in eine Region, die sich im Aufschwung befindet." Leonid fand das überzeugend.

Später hatte Thomas gemerkt, dass außer Leonid und dessen Untergebenen offensichtlich niemand in der usbekischen Regierung von diesem Vorzeigeprojekt der deutsch-usbekischen Freundschaft wusste. Nach 3 Jahren wurde der Vertrag auch nicht verlängert. Doch diese Zeit reichte, um einen strategischen Vorteil im Kampf um die Gastarbeiter zu bekommen. Inzwischen hatte er hier im Hotel auch die Personalchefs einiger anderer großer deutscher Firmen gesichtet. Doch die deutsche Schule und der deutsche Studiengang IT-Management an der TUIT, der Toshkent Axborot Texnologiyalari Universiteti, gehört Thomas' Firma. Daran ist nicht mehr zu rütteln. Und tatsächlich gibt es heute sogar die ersten Planungen für eine Außenstelle von Thomas' Firma in Taschkent. Ein Entwicklungslabor soll es sein, in dem die aus Deutschland zurückgekehrten Führungskräfte dann auch Einheimische in die Firma holen, die nicht auf die deutsche Schule gegangen sind.

Seit der Studiengang vor 3 Jahren eröffnet wurde, wohnt Thomas bei seinen Besuchen hier im Lotte Palace Hotel. Es ist ein Kasten von einem Haus: der stylischste Kasten inmitten vieler Kästen. Früher war Thomas immer im Hotel Uzbekistan abgestiegen. Mehr im Zentrum, aber noch riesiger und noch kastenförmiger. Die Taschkenter haben ihren Stadtnamen wirklich ernst genommen: ‚Stadt aus Stein' heißt er übersetzt. Als im Jahr 1966 bei einem Erdbeben die Stadt fast völlig zerstört wurde, nahmen die sowjetischen Kasten-Fetischisten das Zepter in die Hand. An die ursprüngliche, orientalische Architektur erinnern heute nur noch die wenigen blauen Kuppeln auf dem Parlament, dem Rathaus und dem Timuridenmuseum.

Thomas geht zum Fenster und zieht die Gardine beiseite. Direkt vor seinem Hotelfenster steht das Nationalmuseum: ein riesiger, weißer Kasten. Nur ohne Fenster. Dahinter kann er die Universität sehen. Sie wird nur teilweise verdeckt vom nächsten Kasten, einem Bürohaus mit riesiger Uhr an der Fassade und einem Mobilfunkmast auf dem Dach: dem größten, den Thomas je gesehen hat! Er würde sich nicht wundern, wenn dort der Geheimdienst säße.

Aber es gibt auch grüne Inseln zwischen den Kästen. Gleich vor dem Hotel beginnt der kleine Park, der auf der anderen Seite zur Staatsoper führt. Und wenn er sich nach rechts aus dem Fenster lehnt, sieht Thomas das Parlamentsgebäude. Noch weiter hinten, über den Fluss Anchor hinweg, das Fußballstadion. Hier spielt Pachtakor, der Fußballklub, in einem völlig neuen Stadion, das aussieht, als wären Außerirdische mit einem UFO gelandet. Als Thomas eines Tages mit Leonid über Fußball plaudern wollte und nichts ahnend Pachtakor ansprach, hatte er den größten denkbaren Fettnapf erwischt. Denn was Thomas nicht wusste: Der Club wurde weltweit bekannt, als 1979 die gesamte Mannschaft bei einem Flugzeugunglück starb. Leonid kamen fast die Tränen. Er brauchte für die ganze Geschichte einige Gläser Wodka. Er erzählte mit brüchiger Stimme, als wären es alles seine Familienmitglieder gewesen. Damals spielte man noch in der höchsten sowjetischen Liga. Nach der Unabhängigkeit Usbekistans qualifiziert sich Pachtakor nun fast jedes Jahr für die AFC, die asiatische Champions League.

Ein paar Monate später bekam Thomas eine Einladung. Freudestrahlend nahm ihn Leonid ins Stadion mit. Zusammen sahen sie das Hinspiel im AFC-Halbfinale gegen den chinesischen Meister Guangzhou. Kein schlechtes Spiel! Es endete 2:2. Aber im Rückspiel in China hatte Pachtakor keine Chance.

Der Fernseher reißt Thomas jäh aus seinen schwelgerischen Champions-League-Gedanken. 148 neue Messages habe er bekommen, meldet der Fernseher, der sich offensichtlich von selbst mit Thomas' intelligentem Kommunikationsassistenten im Smartphone verbunden hat. Ob er die Messages vorgelesen bekommen möchte, fragt die sonore Stimme seines Assistenten. „NEIN!" Thomas' Stimme ist weniger sonor, eher unwirsch und etwas zu laut. Sekundenbruchteile später merkt auch er es. Hat er gerade den Fernseher angeschrien? Offensichtlich tut der Wodka doch seine Wirkung.

Thomas wirft sich auf sein Bett. „Rob, verbinde mich mit LinkedIn!", ruft er in den Raum. Rob heißt sein elektronischer Assistent. Und der ist überall: auf dem Computer, in der Uhr, im Schreibtisch, in der Datenbrille, auf dem Smartphone und jetzt gerade im Fernseher. Rob befolgt die Anweisung sofort. Auf dem Fernsehbildschirm erscheint das blaue Logo. Automatisch meldet Rob seinen Besitzer an. Der lässt sich entspannt in das Kissen fallen. Bei dem nichtssagenden Fernsehprogramm und seiner Unlust auf ernsthafte Nachrichten könnte ein bisschen LinkedIn-Surfen genau die richtige Abendbeschäftigung sein.

Kurz denkt Thomas daran, wie spöttisch sein Sohn jetzt schauen würde. Für Marvin ist LinkedIn der Inbegriff der „Alten". Er ist bei BranchOut und neuerdings auch bei Zhaopin. Die machen das Gleiche wie LinkedIn, nur moderner. BranchOut ein bisschen amerikanischer und in Bubblegum-Facebook-Tradition, Zhaopin etwas chinesischer und nüchtern, sachlich. Thomas kennt sich natürlich mit den modernen Jobportalen aus. Sein Beruf bringt das mit sich. Aber er hat festgestellt, dass er für sich selbst die besten Kontakte immer noch bei LinkedIn findet. Es scheint die Plattform für seine Generation zu sein.

Schnell hat er die Benachrichtigungen und die neuen Kontaktanfragen durchgescrollt. Dann überfliegt er, wer sein Profil in den letzten Tagen angesehen hat. Keine Überraschungen dabei. Also ist endlich Zeit für eine Sache, die er schon lange mal wieder probieren wollte: „People you may know". Allein diese Funktion hat Thomas' Leben in den letzten Jahren wirklich bereichert. Hier hat er alte Freunde wiedergefunden und auch neue Gleichgesinnte.

Es ist wie immer. Binnen Sekunden lässt sich Thomas von der Welt der Empfehlungen gefangen nehmen. Auf dem Bildschirm erscheinen Gesichter und Namen und verschwinden wieder. Die Verknüpfungen zeigen ihm, an welcher Stelle seines Lebens er mit diesen Personen in Kontakt gekommen war. Eine neue Funktion wird gerade im Beta-Stadium getestet. Sie sagt dem Nutzer sogar, in welchem Gefühlszustand er sich damals befunden hat, als er die jeweilige Person getroffen hat. „Das ist nun aber des Guten etwas zu viel", hatte Thomas damals gedacht, als er zum ersten Mal von dieser Funktion hörte. Aber wenn er diese simple Emotionserkennung mit jener Gedankenerkennung vergleicht, die Marvin und seine Freunde inzwischen nutzen, dann sollte er sie vielleicht doch irgendwann einmal probieren. Nicht heute!

Mit kleinen Handbewegungen scrollt er sich durch die unendliche Masse der Bilder, Personen und Namen. Manche kennt er, manche vielleicht, manche möchte er nicht mehr kennen. Bei einigen hinterlässt er mit einem Fingertipp nur einen wortlosen Kontaktwunsch. Bei zwei anderen spricht er einen kurzen, persönlichen Gruß in den Raum. Rob macht daraus einen geschriebenen Satz. Das selbst zu tippen, hat Thomas heute Abend keine Lust mehr.

„Martin Zweibrück?" Fast hätte Thomas diesen Namen überscrollt. Eigentlich war er schon fünf Namen weiter. Aber irgendetwas lässt ihn zurückschauen. Das Gesicht kennt er doch?! Oder nicht? Nein, eigentlich nicht. Also weiter. Zweibrück? Noch mal zurück. Ist das etwa der Martin …? DER Martin? Mit dem er beim Studium das Wohnheimzimmer geteilt hat? Thomas zeigt mit dem Zeigefinger auf das Gesicht im Fernseher. Das Profil öffnet sich. Ort: Gardelegen. Wo ist das denn? Keine Ahnung! Kam Martin nicht aus Stuttgart? Vielleicht ist er es doch nicht. Das wäre ja auch ein Zufall. 30 Jahre ist das her!

Aber dann sieht er die Zeile darunter. Da steht: Education: Universität Paderborn. Das ist es! Damals in Paderborn. 1985 hatten sie das Studium begonnen. Wirtschaftswissenschaften. Später kam der Schwerpunkt hinzu: Human Resources. Martin und Thomas waren zufällig von der Uni in dasselbe Wohnheimzimmer gesteckt worden. Sie stellten schnell fest, dass sie gut zusammen passten. Thomas war mehr der Draufgänger, Martin war der Stillere von beiden. Thomas kann sich an manche Situationen erinnern, in denen Martin ihn nach nächtlichen Kneipentouren nach Hause bringen musste. Für den impulsiven Thomas war es in der Stadt der Katholiken und britischen Besatzungssoldaten manchmal nicht einfach gewesen, den diplomatischen Weg zu finden. Aber was macht der Martin jetzt in Gardelegen? Wo das liegt, hat Rob inzwischen ungefragt auf den Bildschirm gebracht. Was hat Martin da wohl hingetrieben?

Thomas streckt noch mal den Finger Richtung Fernseher. Diesmal tippt er virtuell auf die Worte ‚Universität Paderborn'. Es sind 13.296 Alumni. Oh je! Er tippt weiter: ‚Abschlussjahr'. Ein Suchfeld geht auf. Thomas sagt: „1989". Bingo! Nur noch 37 Personen: Uwe ist da und Hartmut, Melanie Polenz auch, und der Alexander. Interessant!

3 Das Leben der Jobnomaden

Summary

Die Vorstellung der Menschen von ihrem Leben hat sich innerhalb von nur zwei Generationen dramatisch verändert. Während unsere Großeltern noch klassisch von drei Lebensphasen ausgingen (Jugend, Arbeit, Rente), leben die heutigen Mitarbeiter bereits nach dem Acht-Phasen-Modell. Je nach ihren persönlichen Werten und der Gewichtung von Familie und Beruf entstehen die Lebensmodelle der frühen und der späten Familien. Sie unterscheiden sich hauptsächlich in der persönlichen Affinität zu den grundlegenden Triebfedern der Menschen: Anerkennung und Zugehörigkeit. Dabei übernimmt die Arbeit mehr und mehr die Funktion der Selbstverwirklichung.

HR-Abteilungen können nicht mehr zielgruppenorientiert arbeiten, sondern müssen ihre Strategien an ganz individuellen Lebenswegen, vielfältigen Wechseln durch Ausstiege und Einstiege, zwischenzeitlichen Bindungen, vorübergehender Sesshaftigkeit und neu aufflammender Dynamik ausrichten. Die Arbeitswelt der Zukunft wird geprägt durch die „Workforce of One".

Sonntag, 13. April 2025

Kaum ist der versteckte Ping-Ton in der Kabine verklungen, da erscheint auch schon wieder ihr strahlendes Gesicht im Gang. Thomas fliegt gern mit Uzbekistan Airways. Die Stewardessen sind freundlicher als die anderen, glaubt er festgestellt zu haben. Auf jeden Fall sind sie jünger. Thomas mag ihre runden Gesichter mit der asiatisch angehauchten Augenpartie und dem vollen europäischen Mund. Zu diesem Strahlen passt zwar das altmodische streng-blaue Kostüm so gar nicht, aber man kann ja nicht alles haben.

Offensichtlich ist Thomas nicht der Einzige, der das denkt. Der Mann auf 1C grinst Thomas zu, halb wissend, halb grüßend, nachdem er die Stewardess von unten nach oben gemustert hat. „Muss ich ihn kennen?", überlegt Thomas. Er kann das Gesicht nicht einordnen. Jene Männer, die das sinnleere Business-Flieger-Spiel um Platz 1C so intensiv spielen, dass sie auch noch gewinnen, findet er ohnehin suspekt. Vermutlich ist das einer der Neu-Usbekistan-Fans, die Thomas' Beispiel gefolgt sind und nun auch in Taschkent rekrutieren. Oder hat er ihn einmal als Redner auf einem der Kongresse erlebt?

„Das soll nicht mein Problem sein", denkt sich Thomas und holt den Laptop aus der Tasche. Seit Tagen freut er sich schon auf diesen Flug. Sechs Stunden, um alle seine ehemaligen Studienkameraden zu recherchieren. Seit jenem trunkenen Abend im Hotelzimmer lässt ihn ein Gedanke nicht mehr los: Es sind genau 40 Jahre vergangen, dass sie in Paderborn ihr Studium begonnen hatten. Wenn das kein Anlass für ein Klassentreffen der Studiengruppe ist! Hier im Flieger hat er genug Zeit und Muße, so viel wie möglich über seine ehemaligen Studienkameraden zu recherchieren. Endlich einmal eine sinnvolle und angenehme Beschäftigung. Das Schlimmste an den neuen Arbeitswelten, jedenfalls nach Thomas' Empfinden, sind diese Leerlauf-Phasen beim Reisen: Man hat zu viel Zeit, um nichts zu tun, aber auch keine Chance, effektiv zu arbeiten.

Plötzlich huscht ein Lächeln über Thomas' Gesicht. Er muss über sich selbst und sein Luxusproblem lachen. Was mag wohl sein Vater über Menschen wie Thomas denken, die in jeder Woche mehr Flugreisen machen als der Vater im ganzen Jahr. Und sich dann noch über die vergeudete Zeit beschweren! „Es ist schon dramatisch, wie sich die Vorstellungen vom Arbeitsleben in den vergangenen 10 Jahren geändert haben", schießt es ihm durch den Kopf. Die Generation seiner Eltern hatte noch ein klares 3-Phasen-Lebensmodell vor Augen:

- Jugend und Ausbildung,
- Erwachsensein und Arbeit,
- Alter und Rente!

Das war schön einfach! „Ob es jemals wirklich zutraf?" Thomas ist sich da nicht mehr sicher.

Aber eines weiß er genau: Wenn er als Personalchef heute mit den Jobkandidaten redet, dann ist von diesen 3 Phasen nichts mehr zu spüren. Aus Spaß hatte Thomas vor einigen Wochen die Lebensphasen der heutigen Generation einmal durchgezählt. Auf mindestens acht war er gekommen:

- Die 1. Phase der **Kindheit und Jugend** bis zum Alter von etwa 16 Jahren verbringen die Kinder nach wie vor zu Hause bei den Eltern. Allerdings ist das Familienleben um einiges mobiler geworden. Dafür sorgen die häufigen Umzüge und das Leben in Patchworkfamilien, die inzwischen völlig normal sind.
- Die 2. Phase, so hatte er sich das damals zurechtgelegt, ist geprägt von der **Gründung des ersten eigenen Haushalts**. In diese Phase fallen die erste Berufsausbildung, das Studium und die erste längere Partnerschaft. Abhängig von der Prägung durch festere oder losere Elternstrukturen ist diese zweite Phase bei manchen eine sehr mobile und dynamische Lebensphase. Sie führt

viele der jungen Leute durch unzählige Städte, verschiedene Länder und Kulturen. Für die anderen ist sie eine Phase, die geografisch nur einen kleinen Schritt vom Elternhaus weg erlaubt.

- Die 3. Phase ist die **erste Jobphase**. Sie ist in vielen Fällen geprägt von einer ungebremsten Mobilität über Länder und Kontinente hinweg, von Firma zu Firma, von Projekt zu Projekt. Diese Phase dauert über die Hochzeit oder den Beginn der ersten Partnerschaft fürs Leben hinweg bis zur Familiengründung. Also bis zur Geburt des ersten Kindes. Abhängig vom Lebensmodell für eine frühe oder eine späte Familie dauert diese Phase etwa bis zum Alter von 30 oder 40 Jahren.

- Dann kommt Phase 4, die **Familienphase**. Egal wie dynamisch und mobil die vorhergehende Phase gewesen sein mag, jetzt geht es in den meisten Fällen um die Entscheidung für den Ort, an dem die Kinder aufwachsen sollen. Diese Phase dauert meist an, bis das letzte geplante Kind etwa 4-5 Jahre alt geworden ist, also bis zum Alter von ca. 38 oder 48 Jahren. In dieser Phase wird das Leben ruhiger und sesshafter. Es entstehen Bindungen an Orte, Unternehmen und Menschen. Oft zeigt sich allerdings, dass auch dies nur Bindungen auf Zeit sind.

- Denn in der 5. Phase kommt das **Nomadentum** zurück. Das ist jene Zeit, über die Thomas sich früher mit seinem Vater häufig gestritten hat. Denn der hatte Stein und Bein geschworen, dass eine Familie, die einmal sesshaft geworden ist, an diesem Ort auch für den Rest ihres Lebens bleibt. Aber das war wohl eher der Wunsch der Elterngeneration, dass ihre Kinder auch so leben mögen wie sie selbst. Doch die Wirklichkeit sieht anders aus: Die Menschen sind mitnichten dauerhaft sesshaft geworden. Im Gegenteil: Nachdem die Kinder aus dem Gröbsten heraus sind, setzt eine neue, oft noch dynamischere Form des Nomadentums ein. Für die Verwirklichung in Job und Karriere werden Wohnorte genauso gewechselt wie Unternehmen und Branchen. Die Flugmeilenkonten wachsen ins Unermessliche. Es ist die Phase, in der es wieder um die Selbstverwirklichung und das Geldverdienen geht. Thomas weiß, wovon er spricht: Mit seinen 56 Jahren liegt das alles noch nicht allzu weit zurück.

- Wenn er ehrlich ist, dann hat er selbst schon die 6. Phase erreicht. Hier sind die eigenen Kinder endgültig aus dem Haus. Die Eltern sind dann zwischen 52 und 62. Typisch für diese Phase, hat Thomas beobachtet, ist im besten Fall die **Neuausrichtung des Familienlebens**: Eine Rückbesinnung auf eine Zweierpartnerschaft, die aber zugleich die **Selbstverwirklichung** der beiden Partner ermöglicht. Bei den meisten seiner Kollegen führt das dazu, dass sie irgendwann zu dem Entschluss kommen, das gemeinsame Haus und die bisherige Heimat aufzugeben. Einige hängen länger daran als andere. Aber um die Partnerschaft neu zu beleben und im Beruf die vermeintlich letzten Stufen der Karriereleiter zu erklimmen, kommt kaum jemand daran vorbei. Aber auch wenn die 6. Phase für ihn selbst gerade die aktuelle und herausfordernde ist, so ist sich Thomas sicher, dass die interessanteste Phase erst noch kommt.

- Phase 7 findet Thomas deshalb so interessant, weil sie für viele Menschen völlig neu ist. Erst seit einigen Jahren kann man beobachten, dass es diese Phase überhaupt gibt. Es ist die Phase des **Neuanfangs**! Thomas kennt immer mehr Menschen, die im Alter zwischen 50 und 60 Jahren noch einmal einen kompletten Neuanfang wagen. Sein Vater mag das Wort Neuanfang nicht. Aber Thomas ist sich sicher, dass er selbst sich auch mit diesem Gedanken trägt. Zuerst hatte er beobachtet, dass im Bekanntenkreis seiner Eltern viele anscheinend glückliche Ehen kaputt gehen. „Warum?", fragte er sich. Und: „Warum ausgerechnet jetzt? Nach 30 Jahren Ehe?" Irgendwann im Gespräch mit seinem Vater kam er dann auf die Antwort: Die Generation der 50- bis 60-Jährigen begreift gerade, dass noch ein ganzes Drittel des Lebens vor ihr liegt. Die durchschnittliche Lebenserwartung liegt inzwischen bei 90 Jahren, nicht mehr bei 75, wie nach dem Krieg. Was tun Menschen, die Geld und Lebenserfahrung gesammelt haben und sich zwischen 50 und 60 noch kraftvoll und aktiv fühlen? Sie hinterfragen ihr eigenes Leben und erfinden sich neu. Es ist die Phase, in der sie sich nochmals einen neuen Job suchen, eine neue Heimat oder gar eine neue Beziehung. Im Unterschied zu ihrer Elterngeneration haben sie verstanden, dass die kommenden Jahre nicht nur ein Absitzen des Lebensrests sein können, sondern eine bislang nicht für möglich gehaltene letzte Phase der Selbstverwirklichung. Diese Phase dauert dann - je nach körperlicher Konstitution - bis zum Alter von 80 Jahren.
- Und erst die achte Phase ist nach Thomas' neuer Lebens-Phasen-Rechnung wirklich die Phase des **Zurücklehnens**. Sie unterscheidet sich gar nicht wesentlich von den früheren Vorstellungen des Lebensabends. Solange es körperlich möglich ist, bleiben die Alten im eigenen Haushalt, danach in Pflegeeinrichtungen. Thomas muss insgeheim grinsen, als er an das Gespräch mit seinem Vater denkt. Der hatte verblüfft dagesessen. Sprachlos! … und dies geschieht nicht oft. Also hatte Thomas damals zu Ende doziert: „Der wichtige Unterschied zu eurer früheren Vorstellung ist in dieser Phase nur das Alter. Es ist eben nicht die dritte Lebensphase ab 60, sondern die achte Phase ab 80."

Die schöne Stewardess blickt ihn etwas irritiert an, Thomas blinzelt entschuldigend. Da muss er sich wohl in Gedanken an das Gespräch mit seinem Vater so wohl gefühlt haben, dass er sie ungeniert angegrinst hat. Diese Charmeoffensive hat sie offenbar leicht überfordert. Aber sie nimmt es locker: „Haben Sie noch einen Wunsch?" Thomas lässt sich noch einen Tee bringen. Mit Marmelade. Der ist Weltklasse!

Die leere Seite auf seinem Bildschirm füllt sich rasch mit Namen. Fast fühlt Thomas sich überrascht, wie schnell es geht, die Lebenswege der Menschen nachzuverfolgen. Obwohl er es natürlich genau weiß. Denn das ist ein großer Teil seines Jobs. Aber heute geht es nicht um den Job. Das hier ist privat. Ob man auch sein eigenes

Leben so einfach nachverfolgen kann? Thomas tippt seinen Namen in das Such-feld: Thomas Krüger. Als er das Ergebnis sieht, rückt er sich erleichtert in seinem Flugzeugsitz zurecht. Mehr als 10 Millionen Treffer, und auf der ersten Seite strei-ten sich ein Politiker, ein Buchautor und ein Immobilien-Sachverständiger um die besten Plätze. Offensichtlich hat Thomas die Gnade des banalen Namens.

Doch fast alle anderen seiner ehemaligen Kommilitonen hat Thomas inzwischen auf dem Schirm. Die meisten sind tatsächlich in die Personalbranche gegangen. Klaus ist Headhunter geworden, Uwe ist Personalchef bei einem großen Versiche-rer in Karlsruhe, Hartmut ist wohl in die USA gegangen und inzwischen eine große Nummer in einem IT-Konzern. Ein Professor für Human Resources ist dabei, einer ist offenbar in Paderborn geblieben und dort Leiter des Jugendamtes. Alexander steckt im Silicon Valley. Und Melanie, Martin und die anderen sind offenbar als Per-sonaler in Deutschland unterwegs.

Thomas lehnt sich zurück. „Verrückt, wie unterschiedlich die Lebenswege verlau-fen. Obwohl wir alle gleich alt sind und damals in Paderborn auch ungefähr die gleiche Lebenseinstellung hatten!", geht es ihm durch den Kopf. Einige der Lebens-läufe passen perfekt auf Thomas' 8-Phasen-Modell, andere scheinbar überhaupt nicht. „Ob meine Theorie doch nicht zutrifft?" Noch einmal vertieft er sich in die Lebensläufe. Je mehr er liest, desto mehr kommt ihm ein Verdacht: Könnte es sein, dass die Menschen die genannten Lebensphasen in unterschiedlichen Geschwin-digkeiten durchlaufen? Die Hauptdifferenz in den Lebensläufen liegt offensichtlich beim Zeitpunkt der Familiengründung. Kann es sein, dass es ‚frühe Familien' und ‚späte Familien' gibt[3]? Und wenn ja, warum? Was treibt sie?

Unweigerlich kommt Thomas die jüngste Umfrage unter seinen Mitarbeitern in den Sinn. „Was sind die wichtigsten Entscheidungskriterien für einen Job?", hatte er gefragt. Die Hauptantworten lagen klar auf der Hand:

1. Persönliche Herausforderung,
2. Gesellschaftlicher Sinn,
3. Gutes Team.

Als er diese Top 3 zum ersten Mal gesehen hatte, hielt sich Thomas' Überraschung in Grenzen. „Natürlich", hatte er seinen Mitarbeitern erklärt: „Die grundlegenden Triebfedern der Menschen sind Anerkennung und Zugehörigkeit. Anerkennung be-komme ich durch Herausforderungen; Sinn und Zugehörigkeit bekomme ich durch das Team."

---

[3] Jánszky, 2020 – So leben wir in der Zukunft, 2009, S. 78ff.

Sollte es bei seinen ehemaligen Kommilitonen ähnlich sein? Zugehörigkeit finden sie in ihren Familien, Anerkennung im Beruf. Für die einen war die Zugehörigkeit wichtiger als die Anerkennung. Deshalb haben sie schon früh, d.h. zwischen 20 und 30 Jahren, ihre Familien gegründet, zum Teil noch während des Studiums. Die Verwirklichung im Beruf ist zwar auch wichtig, jedoch zweitrangig. Sie wird später vollzogen. Das lässt sich an den Lebensläufen gut erkennen.

Das zweite Lebensmodell gewichtet die beiden Hauptwerte in umgekehrter Reihenfolge. Die Kommilitonen, deren Hauptwert die Anerkennung ist, gefolgt von der Zugehörigkeit, haben sich mit der Familiengründung viel mehr Zeit gelassen. Sie sind die späten Familien. Sie haben zunächst nach persönlicher Anerkennung gestrebt und die Phase zwischen 25 und 35 Jahren genutzt, um sich in Beruf und als Person zu verwirklichen. Auch sie hatten natürlich Partnerschaften, aber keine Kinder und keine Hochzeit. Die starken Bindungen sind sie nicht eingegangen. Erst später, zwischen 35 und 45 Jahren, hatten diese Menschen so viel Anerkennung im Beruf bekommen, dass sich ihr Verständnis von anerkennenswerten Leistungen veränderte. Plötzlich konnte auch die Gründung einer Familie zu einem Anerkennungsgewinn führen. Diese Leute hatten erst zwischen 35 und 45 Jahren geheiratet. Doch auch nach der Familiengründung scheint für sie Anerkennung wichtiger als Zugehörigkeit zu sein.

Je länger Thomas über die verschiedenen Lebenswege seiner ehemaligen Mitstudenten nachdenkt, desto klarer wird ihm der Unterschied zur jüngsten Diskussion mit seinem Vater. Dessen Generation hatte die Arbeit noch als lästiges Übel empfunden, ohne das man nicht genügend Geld für eine erfüllte Freizeit zur Verfügung hat. Doch offenbar hatte es schon in Thomas' Generation eine Umkehr gegeben. Seine Mitstudenten verstehen ihre Jobs als wesentlichen Teil der Selbstverwirklichung.

„Das macht unseren Job nicht einfacher", denkt er, als er den Laptop herunterfährt und den Sicherheitsgurt wieder schließt. „Alles wird komplexer. Dass wir künftig länger und flexibler arbeiten, ist nichts Neues. Für uns als Personaler stehen immer mehr die ganz individuellen Lebenswege, die vielfältigen Wechsel durch Ausstiege und Einstiege, zwischenzeitliche Bindungen, vorübergehende Sesshaftigkeit und neu aufflammende Dynamik im Mittelpunkt des Geschäfts! Das, was die Zukunft der Arbeitswelt wirklich prägt, ist die ‚Workforce of One'. Jeder folgt seinen individuellen Wünschen und Zwängen. Na, halleluja!"

Warum wir alle studieren müssen

Summary

Die demografische Entwicklung führt bis zum Jahr 2025 zu einem erheblichen Mangel an Mitarbeitern auf allen Qualifikationsebenen. Damit verschwindet eine Urangst der vergangenen Generationen aus dem Bewusstsein der Menschen: die Angst vor der Arbeitslosigkeit. Mit der neuen Sicherheit macht sich ein neues Selbstbewusstsein breit. Gewinner der Entwicklung sind die Hochqualifizierten und Studierten. Im Vergleich zu den Arbeitgebern sitzen sie am längeren Hebel: Sie werden umworben, genießen steigende Löhne und können sich ihre Jobs aussuchen. Auch für Facharbeiter und Mitarbeiter auf mittlerem Qualifikationsniveau wird es immer einen Job geben. Allerdings werden diese aufgrund des Mangels an Hochqualifizierten mehr und mehr in Jobs eingesetzt, die über ihre Qualifikation hinausgehen. Die Folge sind Unzufriedenheit, Depression und das Gefühl dauerhaft den Anforderungen hinterherzuhinken. Allein im Segment der Niedrigqualifizierten gibt es noch genügend verfügbare Arbeitskräfte in Deutschland. Sie werden hauptsächlich als Assisted Worker eingesetzt: Ein IT-System analysiert ihre Fähigkeiten und Kompetenzen, es gibt vor, welche Arbeitsschritte sie im komplexen System durchzuführen haben, und es kontrolliert die Ergebnisse. Dies ist das Workforce-Management der Zukunft. Die logische Folgerung: Jeder muss Abitur machen! Jeder muss studieren!

Sonntag, 13. April 2025, abends

Es ist schon spät, als Thomas die Tür zu seinem Haus aufschließt. Der Kleine wird hoffentlich schon im Bett sein, geht es ihm durch den Kopf. Paul ist 13 und muss morgens als Erster in die Schule. „Schade, dass ich ihn heute nicht mehr sehen kann." Bei seinen längeren Reisen wird Thomas ab und zu von Sehnsucht gepackt. Am Ende ist er immer froh, wieder zu Hause zu sein. Heute stehen die Chancen nicht schlecht, dass er wenigstens seine Frau Ulrike noch begrüßen kann. Vielleicht auch Emma, die 16-Jährige? Wobei deren Tagesablauf inzwischen so unkalkulierbar geworden ist, dass man als Vater Glück haben muss, noch etwas Aufmerksamkeit abzubekommen.

„Hallo Papa!" Emma steckt den Kopf aus dem Wohnzimmer. „Hallo Schätzchen!" Sie kann sein glückliches Gesicht in der Dunkelheit vermutlich nicht sehen. „Komm rein. Wir haben auf dich gewartet." Thomas stutzt: „Ob das wohl ein gutes Zeichen ist?"

Warum wir alle studieren müssen

Zwei erwartungsvolle Augenpaare blicken ihn an, als er endlich auf der Couch sitzt. „Was ist los?", fragt Thomas und schaut irritiert zurück. „Emma will mal mit dir reden", sagt Ulrike und nickt ihrer Tochter aufmunternd zu. „Na wenigstens scheint es keine Schwangerschaft zu sein", denkt Thomas noch, bevor Emma anfängt. „Dann würde meine Frau hier nicht so ruhig sitzen."

„Ich wollte mit dir darüber reden, ob ich wirklich studieren soll", fällt die Tochter gleich mit der Tür ins Haus: „Julia und Anna wollen erst mal ein Jahr durch die Welt fahren und dann eine Lehre machen. Und ich würde so gern mitfahren!" Bei Thomas läuten alle Alarmglocken. Er ahnt, was jetzt gleich kommt. Schnell blickt er zu seiner Frau hinüber. Aber Ulrike scheint gar nicht beunruhigt zu sein.

„Heißt das, du willst das Gymnasium abbrechen?" Thomas' Stimme klang wohl drohender als gewollt. Jedenfalls zuckt seine Tochter merklich zusammen: „Du findest das wohl nicht so gut? Aber Mama hat gesagt, dass das meine Entscheidung ist." Am schuldbewussten Blick seiner Frau erkennt Thomas, dass auch ihr nicht wirklich wohl bei der Sache ist.

„Emma, ich will dir mal etwas erzählen", beginnt Thomas. Immer wenn er so beginnt, weiß die Familie, dass er jetzt zu einem längeren Monolog ausholen will. „Ich war ja gerade in Usbekistan. Weißt Du, warum ich dort war?" Eine rhetorische Frage. Er beantwortet sie gleich selbst: „Weil es bei uns zu wenige arbeitende Menschen für zu viele Jobs gibt. Also versuchen wir gerade, so viele Ausländer wie möglich zu uns zu holen." Emma unterbricht ihn: „Aber es gibt doch auch in Deutschland immer noch Arbeitslose. Warum nehmt ihr nicht zuerst die?" „Das will ich dir ja gerade erklären. Sie sind nicht gut genug ausgebildet. Diese Niedrigqualifizierten sind die einzige Gruppe, von denen es noch mehr gibt, als die Unternehmen brauchen. Der Grund ist, dass die einfachen Jobs, die diese Leute machen könnten, inzwischen fast komplett aus Europa verschwunden sind. Erst sind sie nach China gegangen, dann in Asien umhergewandert, und jetzt wandern sie gerade weiter nach Afrika. Das ist der Grund, warum unsere Unternehmen ganz dringend Mitarbeiter suchen, aber auf der anderen Seite trotzdem noch viele Leute zum Arbeitsamt müssen."

Emma nickt: „Aber was hat das mit mir zu tun?" „Na ja. Du wirst vermutlich nie zum Arbeitsamt gehen. Aber wenn du nicht gut genug ausgebildet bist, dann wirst du das tun müssen, was wir in unserer Firma als Assisted Working eingeführt haben. Da sagen Maschinen den Facharbeitern, was die wann zu tun haben. Und die Maschinen geben nicht nur Anweisungen, sondern kontrollieren zugleich die Qualität und Geschwindigkeit. Wir nennen das Workforce-Management. Das klingt modern, aber es heißt nichts anderes, als dass Maschinen deine Fähigkeiten und Kompetenzen beobachten und dir genau sagen, welchen Arbeitsschritt du jetzt im komplexen System zu tun hast. Das gibt es schon überall, in der Autoproduktion, auf Flughäfen, in Krankenhäusern. Und irgendwann werden diese Berufe ganz aussterben. Taxifahrer, Piloten, Chirurgen … irgendwann gibt es die einfach nicht mehr. Auch wenn wir uns das vielleicht nicht wünschen, in deinem Leben wirst du sehen, dass es für Niedrigqualifizierte die einzige Chance ist, sich von Maschinen bestimmen zu lassen und zum Rädchen im großen Getriebe zu werden. Das blüht dir auch, wenn du nur eine Lehre machst. Willst du das?"

„Natürlich nicht!", Emma verdreht die Augen: „Ein bisschen was habe ich ja schon gelernt", gibt sie genervt zurück. „Warte, ich war noch nicht fertig", geht Thomas wieder dazwischen. „Dann gibt es noch die Facharbeiter. Das ist vermutlich das, was Julia und Anna machen wollen." Emma nickt. „Okay, pass auf. Die Facharbeiter sind das größte Problem in den Unternehmen. Weil es zu wenige gibt." Emma blickt erstaunt auf. „Aber das ist doch gut für mich. Oder? Wenn es zu wenige gibt, dann verdiene ich doch besser." „So einfach ist das nicht. Was würdest du als Unternehmen machen, wenn du massenhaft unbesetzte Stellen hast und keine gut qualifizierten Mitarbeiter findest?" Emma zuckt mit den Schultern. „Es ist ganz einfach: Erst suchst du ewig und wenn du dann kapiert hast, dass du keinen Geeigneten finden wirst, dann nimmst du jemanden, der nicht so gut geeignet ist."

Thomas merkt, wie er sich in Rage redet: „Das heißt, die Leute mit den mittleren Qualifikationen werden immer höher qualifizierte Jobs machen müssen, die sie eigentlich gar nicht können. Die arbeiten und arbeiten, aber können mit sich nie zufrieden sein, weil sie immer zu schlecht ausgebildet sind für ihren Job. Und was machen sie dann? Sie nehmen dieses neue Körperdoping: Braindrinks, die das Hirn schneller machen. Energydrinks, die angeblich mehr Kraft geben." Emma zuckt mit den Schultern, als wollte sie sagen: „Na und?!" Dieses angeblich schlimme Brainfood und Powerfood ist für sie weder neu noch bedenklich. Völlig normal. Alle in der Klasse nehmen das. Genau wie Beautyfood und Medical Food.

Thomas redet weiter: „Ja, ich weiß, dass ihr das alle nehmt. Aber es gibt nicht nur die, die das gut finden. Es gibt auch die, die es nicht gut finden und trotzdem mitmachen, weil sie denken, dass sie sonst nicht mitkommen." Emmas Blick wandert ungeduldig zur Seite. „Emma, was ich dir sagen will: Wenn du dich nur als Facharbeiterin ausbilden lässt, dann wirst du dein Leben lang nicht glücklich werden. Du wirst zwar immer einen Job haben. Aber egal wo du arbeitest: du wirst immer den Anforderungen hinterherhinken. Und das ist auf Dauer echt deprimierend."

Ulrike ist ganz still geworden. Ihr ging es immer darum, ihre Tochter glücklich zu sehen. Deshalb soll Emma selbst ihre Entscheidungen treffen. Aber in diesem Licht hatte sie Emmas Entwicklung noch nie gesehen. Halb wütend, halb anklagend schaut sie Thomas an: „Und was soll Emma nun tun?"

„Studieren natürlich!" Der Satz peitscht wie ein Schuss durch den Raum. Ulrike schaut erschrocken auf ihren Mann: „Du musst nicht schreien!" Thomas senkt schuldbewusst die Stimme: „Es ist doch so. Nicht nur von den Facharbeitern werden wir in Deutschland zu wenige haben, sondern auch von den Studierten. Es wird viele Jobs geben. Aber für die allermeisten braucht man ein Studium. Deshalb muss eigentlich jeder Schüler in Deutschland Abitur machen. Und jeder, der Abitur macht, muss studieren. Denn wer studiert hat, der hat die Macht! Bei dem ruft der Headhunter zweimal in der Woche an. Der kann heute kündigen und morgen bei 10 anderen Unternehmen anfangen! Ich sehe das doch jeden Tag!"

Thomas schaut Ulrike an. Sie spürt, wie sein Blick sanfter wird. ‚Ulrike, das ist nicht mehr wie bei uns früher: „Die jungen, hoch qualifizierten Leute haben keine Angst mehr vor Arbeitslosigkeit. Die wollen auch nicht mehr ihr Leben lang bei einem Unternehmen bleiben. Die haben ein wahnsinniges Selbstbewusstsein. Sie suchen sich einfach immer die interessanten Projekte heraus und lassen sich von einem Unternehmen dafür einstellen. Aber wenn sie das nächste interessante Projekt angeboten bekommen, dann kündigen sie und gehen zum nächsten Unternehmen. Bei uns im Unternehmen ist das heute schon so: Die bleiben im Durchschnitt nur noch zwei oder drei Jahre bei uns. Und das sind inzwischen ein Drittel aller Arbeitnehmer in Deutschland. Bei uns im Unternehmen sind es sogar mehr als die Hälfte."

„Und das soll Emma auch machen?" In Ulrikes Frage kann man ihre Ablehnung schon hören. „Natürlich, Ulrike! Diesen Leuten gehört die Zukunft. Sie können alles machen, was sie wollen. Ihnen liegt die ganze Welt zu Füßen. Das ist nicht mehr so wie bei uns früher."

Bei den letzten Worten war Thomas fast flehend geworden. Er hofft inständig, seine Frau und seine Tochter mögen ihn verstehen. Natürlich wird Emma letztendlich selbst entscheiden, wie sie es für richtig hält. Aber vielleicht kann er sie vorher ja zum Nachdenken bringen. Derzeit sieht es noch nicht so aus! „Also muss ich studieren?", fragt Emma trotzig. „Ja", sagt Thomas: „Und Julia und Anna auch! Ihr könnt gern ein Jahr durch die Welt fahren. Aber erst macht ihr das Abi fertig!"

5   Das Verschwinden des Stellenprofils

Summary

Es gibt im Jahr 2025 keine Stellenprofile mehr. Sie starben aus, als deutlich wurde, dass sich auf ein ausgeschriebenes Profil kein einziger passender Kandidat mehr meldet, weil der Arbeitsmarkt leer gefegt ist. Es gibt zwei Alternativen für die HR-Abteilung der Zukunft: Die teurere Variante besteht darin, Spezialisten aktiv bei der Konkurrenz abzuwerben. Kostengünstiger ist es, jene Kandidaten zu verpflichten, die auf dem Arbeitsmarkt noch vorhanden sind. Diese haben allerdings häufig nicht alle benötigten Kompetenzen. Jobs müssen somit neu auf die Kompetenzen der verfügbaren Mitarbeiter zugeschnitten werden, das heißt, die Jobs passen sich den Menschen an, nicht mehr umgekehrt. In der veränderten Recruiting-Strategie gehen wesentliche Aufgaben auf die Führungskräfte über: Von ihrem Netzwerk (Think Tank) und ihrer Kommunikationsfähigkeit hängt es ab, ob das Unternehmen für die hoch qualifizierte Gruppe der Projektarbeiter attraktiv ist. Diese treffen ihre Entscheidungen für oder gegen Unternehmen nach neuen Kriterien, deren Top 3 sind:

- Persönliche Herausforderung,
- Gesellschaftlicher Sinn,
- Exzellentes Team.

Mittwoch, 16. April 2025

„Armin, gut dass du da bist. Komm rein!", Thomas' ausladender Schwung mit dem Arm scheint den Kollegen geradezu durch die Tür zu ziehen. „Hallo Thomas", kommt die zögerliche Antwort. Armin Schneeberg war noch nicht oft hier oben in der Management-Etage gewesen. Seine Welt ist das Usability Testing. Mit seinem Team testet er jede programmierte Software auf Fehler und Nutzerfreundlichkeit. Er ist der Beste, den Thomas sich als Abteilungsleiter für diese Aufgabe vorstellen kann: akkurat, exakt und penibel genau. Ein Fachmann durch und durch. Und ein bisschen old school. Das ist der Grund, warum er jetzt zur Tür hereinkommt.

„Armin, setz dich bitte!", Thomas zeigt auf die Ledercouch hier mitten in der Großraumetage. Früher hatte er solche Gespräche lieber in seinem Büro geführt. Aber seit selbst hier auf der Managementetage niemand mehr einen eigenen Schreibtisch hat, hat er diese Projektinseln in sein Herz geschlossen. Überall im Haus sind sie verteilt und haben tatsächlich eine gewisse Lockerheit und Lounge-Atmosphäre in die steife Bürowelt gebracht.

„Willst du einen Latte Macchiato?" Armin nickt. „Croissant dazu?" Kopfschütteln. Thomas stellt trotzdem den Teller mit den Schokohörnchen auf den Tisch. Armin schaut skeptisch. Offensichtlich weiß er nicht, was ihn hier beim Personalchef erwartet. „Hab ich etwas falsch gemacht?", bricht es aus ihm heraus, noch ehe sich Thomas in den schweren Ledersessel fallen lassen kann.

Thomas grinst: „Nicht direkt." Armin sieht nicht so aus, als würde ihn diese Antwort beruhigen. „Nein, du hast nichts falsch gemacht, Armin. Ich will mit dir nur über deine Stellenausschreibung reden." Armins Miene hellt sich auf: „Okay?! Was ist denn damit?"

Es ist erst 2 Tage her, da hatte Thomas diese E-Mail von Armin erhalten. Eigentlich ging die E-Mail gar nicht an ihn, sondern an Armins Teamassistenten. Aber Armin hatte ihn in cc gesetzt. Die E-Mail war eine Stellenausschreibung. Thomas wusste, dass in Armins Abteilung ein junger Usability-Tester gekündigt hatte. Der musste so schnell wie möglich ersetzt werden. Doch Thomas war durch seine Taschkent-Tage noch nicht dazu gekommen, mit Armin darüber zu sprechen. „Armin, ich finde das sehr gut, dass du selbst nach neuen Kandidaten suchst", beginnt Thomas. Armin nickt verhalten. „Aber die Form ist nicht die richtige." Thomas versucht in Armins Augen zu erkennen, ob der Kollege schon ahnt, was er falsch gemacht haben könnte. Aber gerade sieht er nur Fassungslosigkeit. „Was soll denn an der Form falsch sein?"

„Armin, wir arbeiten schon seit 2 Jahren nicht mehr mit Stellenprofilen!" An Armins ungläubigem Blick erkennt Thomas, dass er offensichtlich weiter ausholen muss. „Hast du das Stellenprofil schon veröffentlich?", beginnt er vorsichtig. „Ja." „Und hast du eine Bewerbung bekommen?" „Nein, bisher noch nicht." „Das wird auch so bleiben, Armin." „Wieso?" „Weil es da draußen keinen einzigen Menschen gibt, der auf dein Stellenprofil passen würde und der gerade eine Arbeit sucht." Armin schaut irritiert.

„Wie lange habt ihr keinen Personalwechsel mehr bei Euch im Team gehabt?", versucht es Thomas von einer anderen Seite. „Seit 3 Jahren, dreieinhalb!", verbessert sich Armin. „Dann seid ihr bisher verschont geblieben. Ich erzähle dir mal, in welchem Dilemma wir beim Recruiting stecken, okay?" Armin nickt wortlos.

„In der Personalabteilung haben wir schon seit 8 oder 9 Jahren festgestellt, dass sich immer weniger Menschen auf unsere Ausschreibungen bewerben", beginnt Thomas seine Erklärung. „Vielleicht erinnerst du Dich? Damals haben wir auch in den Führungskräftemeetings viel über Fachkräftemangel geredet. Aber aus heutiger Sicht hatten wir damals keine Vorstellung, welch radikaler Wandel uns wirklich bevorsteht.

Vor 5 Jahren hat es dann begonnen. Wir haben Stellenausschreibungen gemacht wie immer. Aber wir haben keine Bewerbung mehr darauf bekommen.' Thomas schaut prüfend in Armins Gesicht. Hat er die Tragweite des Satzes verstanden? Er entscheidet sich, lieber noch einmal deutlicher zu werden. „Wir haben nicht weniger Bewerbungen bekommen als bis dato. Nein: Wir haben gar keine mehr bekommen!"

Armin neigt ungläubig den Kopf. Thomas weiß schon, welche Frage jetzt kommen wird.

„Warum denn das? Was habt ihr falsch gemacht?" „Wir haben eigentlich gar nichts falsch gemacht. Wir haben alles gemacht wie immer. Aber die Welt um uns herum hat sich verändert." Armins Augen sind größer geworden. „Wir leben inzwischen in einer Zeit der Vollbeschäftigung. In den letzten 10 Jahren ist die Generation der Babyboomer in Rente gegangen. Zugleich sind die geburtenschwachen Jahrgänge nachgerückt, aber das waren viel weniger. Insgesamt gibt es heute im deutschen Arbeitsmarkt 6,5 Millionen weniger arbeitende Menschen. Für die gleiche Anzahl der Jobs!"

Das hatte Armin schon gehört. Die Fernsehnachrichten sind ja voll von diesen Statistiken. „Aber was hat das mit mir zu tun?", fragen seine Augen. „Armin, es gibt da draußen keinen einzigen Menschen, der auf deine Stellenbeschreibung passt. Deshalb wird sich auch kein Einziger bewerben. Deshalb macht dein Stellenprofil keinen Sinn!"

„Aber was soll ich denn dann tun? Ich brauche doch einen neuen Projektleiter!", Armin klingt, als würde er befürchten, den Job künftig allein machen zu müssen. „Na ja, eigentlich ist es ganz einfach." Thomas versucht, zu beschwichtigen: „Wenn für dein Stellenprofil kein passender Mitarbeiter gefunden werden kann, dann werden wir jemanden einstellen, der nicht passt." Für einen kurzen Augenblick verliert Armin die Kontrolle über seine Gesichtszüge. Doch bevor er etwas sagen kann, redet Thomas weiter: „Es gibt genau 2 Möglichkeiten: Entweder wir suchen jemanden, der am nächsten an deine Wünsche herankommt. Oder wir werben jemanden bei der Konkurrenz ab. Das wird aber teuer."

Thomas kennt diese Gespräche schon. Er weiß, dass sich Armin jetzt gedanklich an die Abwerbeoption klammert. Das haben alle anderen vor ihm auch schon gemacht. Deshalb lässt Thomas keine Pause zu: „Aber stell dir vor was geschieht, wenn von deinen anderen Teammitgliedern ungefähr 40 Prozent in den kommenden 3 Jahren gehen?" Armin verzieht das Gesicht als hätte er Schmerzen: „Na …" Thomas unterbricht sofort: „Wir haben in Deutschland laut Statistik derzeit 40 Prozent Projektarbeiter, die entweder nach 2 oder nach 3 Jahren den Job wechseln. In unserer Branche sind es vermutlich sogar noch mehr. Armin! Dass deine Abteilung bisher davon verschont war, ist ein absolutes Wunder. Oder sie hat eine tolle Führungskraft." Armin gelingt ein kleines Lächeln.

„Für jemanden wie Armin, der sein gesamtes Berufsleben in ein und demselben Unternehmen verbracht hat, muss das schwer zu verstehen sein", geht es Thomas durch den Kopf. „Lass uns über eine realistische Strategie reden: Wir besetzen die Stelle mit jemandem, der nicht so ideal ist, wie sein Vorgänger. Und du verteilst die Aufgaben neu. Das was er nicht kann, gibst du an andere Mitarbeiter. Dafür kann er vielleicht etwas anderes ganz gut, das er dann zusätzlich übernehmen kann. Dafür hilft uns allerdings dein Jobprofil nicht weiter. Leg es in die Schublade. Wir passen es dann den Fähigkeiten des Neuen an, wenn wir ihn haben."

Thomas kann die Gedanken erahnen, die jetzt in Armins Kopf rattern. Denn so banal diese Strategie klingt, so anspruchsvoll ist sie für die Führungskräfte. Denn natürlich gerät auf diese Weise mit jedem Mitarbeiterwechsel die Balance der Job- und Mitarbeiterprofile ins Schwimmen. Sie muss permanent neu angepasst werden. Nahezu monatlich muss das Portfolio der Tätigkeiten auf die verfügbaren Mitarbeiter neu zugeschnitten werden. Eine Wahnsinnsaufgabe!

„Keine Angst, Armin", versucht Thomas zu beruhigen. „Das ist nicht nur dein Job. Das ist die Hauptaufgabe von uns Personalern. Wir sind nicht mehr die, die nur Recruiting und Personalentwicklung machen. Wir sind inzwischen ganz gut darin, diese fluiden Aufgabenrochaden zu managen. In anderen Abteilungen machen wir das längst. Immer öfter sogar über die Abteilungsgrenzen hinweg. dein Job ist es dann aber, für die wichtigste Sache zu sorgen. Die hat mit dem Mindset deiner Mitarbeiter zu tun. Stell dir vor: Was müssen die können, wenn wir denen jeden Monat Aufgaben wegnehmen und neue Aufgaben geben?" Armin zuckt mit den Schultern: „Flexibel sein?" „Ja, aber das reicht nicht." Thomas kann mit diesen Allgemeinplätzen nichts anfangen. Das konnte er noch nie. Er spricht lieber plakativ: „Armin, deine Mitarbeiter müssen das Vergessen lernen!" Den irritierten Blick auf diesen Satz kennt Thomas auch schon. „Dieser permanente neue Zuschnitt von Jobprofilen geht nur gut, wenn deine Mitarbeiter in der Lage sind, die bisherigen Aufgaben und Regeln möglichst schnell zu vergessen und an neue Wahrheiten zu glauben. Sie müssen lernen, zu vergessen! Wer nicht schnell genug vergisst, gibt den überkommenen Regeln mehr Bedeutung, als sie haben. In unserer Branche, wo ständig neue Technologien und Geschäftsmodelle auftauchen, kann dies für Unternehmen sogar tödlich sein."

Das sind große Worte. Armin ahnt, dass das alles andere als banal sein wird. Bisher arbeitet er ja in einer Welt der ständigen Erinnerung. Derjenige, der sich am besten erinnert, ist der Erfahrenste. Der Beste! Bei denjenigen, die sich nicht gut erinnern konnten, sorgen Wissensmanagement-Systeme für die Erinnerung. Und das soll künftig nicht mehr richtig sein? Darüber wird wohl noch zu reden sein.

„Okay!", Armin scheint sich schneller seinem Schicksal zu ergeben, als Thomas es vermutet hatte. „Und wie kommen wir jetzt zu dem ungeeigneten Mitarbeiter?" Der Unterton verrät Thomas, dass er doch noch kein Heimspiel hat. „Wir machen genau zwei Dinge: Erstens schaust du in deinem Netzwerk, ob du jemanden kennst, den du interessant findest und mit dem du gern arbeiten möchtest. Lass dir von deinen Kontakten jemanden empfehlen. Parallel dazu werde ich auf den Projektarbeiter-Plattformen nach jemandem suchen, der ganz gut zu deiner Abteilung passen könnte." Armin nickt. Vermutlich glaubt er, dass das Gespräch gleich vorbei sein wird. Dabei hat es noch gar nicht richtig angefangen. Thomas kann sich ein Schmunzeln nicht verkneifen.

Armin hat es gesehen. Er ist irritiert. „Und wenn wir einen Kandidaten gefunden haben, willst du dann bei seinem Bewerbungsgespräch dabei sein?" „Armin, es wird kein Bewerbungsgespräch geben. Jedenfalls keins, wie du es kennst. Du denkst jetzt an ein Gespräch, bei dem sich der Kandidat bei uns bewirbt. Das wird er aber nicht tun. Im Gegenteil! Wir werden uns bei ihm bewerben!" Damit hatte Armin nicht gerechnet. Er wirkt ähnlich schockiert wie vorhin.

„Armin, das ist doch ganz klar. Derjenige, der den anderen braucht, der bewirbt sich bei ihm. Früher waren das die Arbeitslosen, die Jobs gesucht haben. Heute sind das die Unternehmen, die Mitarbeiter suchen. Wir bewerben uns." „Und wie machen wir das?" „Du sprichst mit ihm. Du hast vorher herausgefunden, welche Ziele und Wünsche der Kandidat in seinem Leben mittelfristig verfolgt. Und du wirst ihm erzählen, wie unser Unternehmen ihm dabei helfen kann, auf seinem Lebensweg ein paar schnelle Schritte voranzukommen."

Diese Gespräche hat Thomas schon oft geführt. Er weiß, dass er nach dem Termin mit Armin seinem Abteilungsleiter noch das übliche Hintergrundpaket zur anstehenden Kandidatensuche schicken wird. Darin wird auch die neuste Studie sein, die untersucht hat, nach welchen Kriterien sich die Projektarbeiter für oder gegen ein Projekt entscheiden. Selten hat er so klar schwarz auf weiß die Erklärung gesehen, wodurch sich Projektarbeiter von ihren Eltern und den Vertretern der früheren Industrie- und Angestelltenkultur unterscheiden. Während es früher um den Aufstieg durch Hierarchiestufen und Lohngruppen ging, lauten die Top 3-Entscheidungskriterien der heutigen Projektarbeiter für oder gegen ein Unternehmen:

- Ist das Projekt eine **persönliche Herausforderung**?
- Hat das Projekt einen **größeren Sinn** für die Gesellschaft?
- Arbeite ich im Projekt mit **exzellenten Menschen** zusammen?

Vermutlich wird Thomas auch noch die Kurzbeschreibung der Identitätsanker beilegen. Unternehmen, die eine hohe Identifikation bei ihren Mitarbeitern erreichen wollen, arbeiten schon länger nach dem Konzept der Identitätsanker. Google hatte damit einst begonnen. Der coole Internetgigant trug das Konzept von Mastery, Autonomy und Impact in die Welt. Obwohl Google ein typisches Unternehmen der Projektarbeiterbranche und somit mit ständigen Zu- und Abgängen konfrontiert war, sollten diese drei Identitätsanker bei den Mitarbeitern dafür sorgen, dass sie sich mit Google identifizierten und weniger schnell das Unternehmen wechselten.

- **Mastery** steht dabei dafür, jedem Mitarbeiter zu ermöglichen, im Unternehmen jene Bestleistungen zu erbringen, die er als seine persönliche Meisterschaft empfindet.
- **Autonomy** steht für die Freiheitsgrade innerhalb seines Arbeitsbereichs im Verhältnis zu seinem Autonomiebedürfnis.
- Und **Impact** steht für das intrinsische Bedürfnis nach einer Aufgabe, die einen echten Wert für das Unternehmen hat. Die eigene Aufgabe muss eine Relevanz haben und diese Relevanz muss auch für andere sichtbar sein[4].

Für Führungskräfte wie Armin ist dieses Denken nicht einfach zu verstehen. Immer wieder hat Thomas in den vergangenen Jahren staunend beobachtet, wie seine Führungskräfte mit diesem Strategiewechsel umgehen. Insgeheim weiß er schon jetzt, was Armin tun wird. Es ist immer wieder das gleiche Spiel. Der Abteilungsleiter zögert die Gespräche mit den Personalern erst noch ein paar Wochen hinaus. Er hofft, dass er doch eine Reihe von Bewerbungen auf seine Stellenausschreibung bekommt. Irgendwann merkt er, dass diese Hoffnung unrealistisch ist. Dann schwenkt er auf Thomas' Strategie ein. Aber auch dann geht es nicht schnell. Zwar sind üblicherweise rasch einige Kandidaten identifiziert, aber keiner von denen wohnt in der Region. Die meisten davon sogar nicht einmal in diesem Land. Dann wird es spannend, denn dann entscheidet sich erst, ob der Abteilungsleiter seiner künftigen Aufgabe gewachsen ist. So einleuchtend es auch theoretisch ist,

---

[4]   Rede von Frank Kohl-Boas, Personalchef Google DACH & Nordics auf dem 2b AHEAD Zukunftskongress (http://www.2bahead.com/nc/tv/rede/video/vom-glueck-ein-googler-zu-sein).

dass die entmaterialisierte Büroarbeit problemlos von jedem Computer dieser Welt machbar ist, … so bekannt es ist, dass die heutigen Jobnomaden englisch sprechen, … so klar es ist, dass sie nicht nur häufig den Arbeitgeber wechseln, sondern auch die Weltregion, in der sie arbeiten, … so schwer ist es, die Führungskräfte davon zu überzeugen, dass dies auch für ihre Abteilung gilt.

In ihrem Gespräch ist eine Pause eingetreten. Armin denkt wohl noch darüber nach, wie er seinen ungeeigneten Kandidaten für den nächsten Schritt auf dessen Lebensweg beraten und dabei auch noch den Job in seiner Abteilung in das rechte Licht rücken soll. „Macht ihr eigentlich immer noch eure Hackerabende am Mittwoch?" Thomas' Frage trifft ihn unerwartet. Woher weiß Thomas das eigentlich? „Jaaa …" Armin ist nicht sicher, was jetzt kommen wird. Ob Thomas tatsächlich erfahren hat, dass sie neulich versucht haben, die Personaldatenbank der Firma zu hacken?

Thomas lächelt süffisant: „Dann stell den Termin doch als erstes einmal bei Careerdate ein. Du wirst sehen, dein ungeeigneter Kandidat wird schnell auf der Bildfläche erscheinen. Und wahrscheinlich hast du auch noch jede Menge Spaß mit ihm."

Wie ein fluider Personaler denkt

Summary

Die Strategie der fluiden Unternehmen der Zukunft basiert auf einer stetigen Mitarbeiterfluktuation. Etwa 40 Prozent der Gesamterwerbstätigen werden sogenannte Projektarbeiter sein, in einigen Branchen liegt der Anteil noch deutlich höher. Die Jobnomaden wechseln projektweise das Unternehmen, jeweils nach etwa 2-3 Jahren. Diese enorme Fluktuation prägt die HR-Strategien der Unternehmen: die Unternehmen bewerben sich bei den Mitarbeitern, die ihre Dienste auf Web-Plattformen zu Maximalpreisen versteigern. Auf der anderen Seite verauktionieren große Konzerne ihre Projekte im Internet an interne und externe Projektteams. Der Begriff des fluiden Unternehmens rührt also nicht von der Mitarbeiterfluktuation, sondern daher, dass die Tätigkeiten und Abteilungsgrenzen im Unternehmen permanent im Fluss sind. Einen wesentlichen Anteil daran haben künftige IT-Systeme. In ihnen wird die heutige ERP-Software mit automatisierten Kompetenzanalysetools verschmelzen. Es entstehen algorithmenbasierte, intelligente Personalplanungssysteme, die ideale Teams nach Kompetenz, Alter, Kultur und Geschlecht zusammenstellen und auch noch deren perfekte Auslastung steuern.

Montag, 28. April 2025

Noch vor 2 Wochen hätte Thomas nicht gedacht, dass er für diese E-Mail so lange brauchen würde. Damals hatte er im Flugzeug aus Taschkent binnen weniger Stunden nahezu seine komplette ehemalige Studiengruppe recherchiert. Er war fest entschlossen, die Kommilitonen so schnell wie möglich zum Klassentreffen zusammenzubringen.

Doch dann hatte ihn der Alltag wieder in Beschlag genommen. Abend für Abend kämpfte er sich durch unerledigte E-Mails. Das richtige Gefühl für die Gemeinsamkeiten vor 40 Jahren wollte sich nicht einstellen. Doch heute würde es soweit sein. Schon seit heute Mittag hat Thomas den festen Plan. Und nun sitzt er hier auf der Couch. Seine Frau Ulrike ist mit Sohn Paul beim Training, Tochter Emma ist mit ihren Freundinnen unterwegs.

„Verdammt, ist das schwer! Das hätte ich nicht für möglich gehalten!" Zehn Minuten hat er jetzt auf die leere Seite auf dem Bildschirm gestarrt. Wie beginnt man einen Brief an Menschen, die einst sehr vertraut waren, die man aber 40 Jahre nicht gesehen hat? Schreibt man eine Einladung nach 40 Jahren sachlich, nüchtern, kurz und knackig oder überfällt man die Empfänger mit seiner ganzen Lebensgeschichte. Thomas ahnt, dass Ersteres richtig wäre. Dennoch tendiert er zur zweiten Variante:

Liebe 85er Paderborner HR-Studenten,

vermutlich erinnert Ihr euch nicht mehr an meinen Namen. Ich bin Thomas Krüger. Wir haben alle gemeinsam 1985 an der Uni in Paderborn begonnen, Wirtschaftswissenschaften mit Schwerpunkt Human Resources zu studieren. Die meisten von uns haben das Studium wohl 1989 abgeschlossen. Ein paar wenige, wie ich, haben das Studentenleben noch etwas länger genossen. Ich bin derjenige, der damals in der WG mit Martin Zweibrück gewohnt hat. Das war die WG direkt neben dem Studentenclub ‚Turm'. Dort kannten wir uns gut aus. Und Martin hat dafür gesorgt, dass ich nicht nur in den ‚Turm', sondern ab und zu auch mal durch eine Prüfung kam. (Dafür wollte ich mich schon lange mal bedanken.)

Jedenfalls habe ich neulich festgestellt, dass unser Studienbeginn nun genau 40 Jahre her ist. Einige von uns haben den Kontakt wohl gehalten. Andere haben sich seit 40 Jahren nicht mehr gesehen. Ich finde, das ist Anlass genug, uns in diesem Jahr noch zu einem Klassentreffen zu treffen. Es gibt vermutlich einiges zu erzählen, wie es uns ergangen ist.

Ich selbst bin heute Personalchef einer bekannten IT-Firma in München. Wer hätte damals im Studium gedacht, dass die Hauptaufgabe eines Personalchefs eines Tages in der Big-Data-Analyse von vermeintlichen Entwicklungswünschen gänzlich unbekannter Personen liegen würde? So ist es aber. Wir sind eines dieser Unternehmen, die auf neudeutsch ‚Fluide Unternehmen' heißen. Etwa die Hälfte unserer Mitarbeiter sind Projektarbeiter, von denen viele weder München noch Deutschland je in ihrem Leben gesehen haben.

Erinnert Ihr euch noch an die Seminare zur Personaleinsatzplanung? Damals dachten wir, das wäre die hohe Kunst der Personalarbeit. Heute machen das bei uns Algorithmen. Sie erkennen die Wünsche der Mitarbeiter, noch bevor diese ausgesprochen sind. Mitarbeiter können den optimalen Einsatzplan wählen, und trotzdem gewährleistet der Algorithmus die perfekte Auslastung der Abteilung. Und noch dazu eine gute Durchmischung der Projekte nach Alter, Kultur und Geschlecht der Mitarbeiter!

Erinnert Ihr Euch an Professor Gahmann? Hätten wir ihm geglaubt, wenn er gesagt hätte, dass in 40 Jahren die hoch qualifizierten Mitarbeiter ihre Dienste auf Web-Plattformen anbieten und zu Maximalpreisen versteigern? Und nicht nur das. Sie bewerten auch die Unternehmen, bei denen sie angeheuert haben, und lassen sich von denen bewerten. Was hätten wir gesagt, wenn unsere Theorieauf-

gabe gewesen wäre, eine neue Arbeitskultur zu entwickeln, mit Projektarbeitern die nur zwei Jahre im Unternehmen sind?

Was hätten wir gesagt, wenn in unseren Büchern gelehrt worden wäre, dass es sich die Unternehmen sehr genau überlegen werden, wie sie mit den Projektarbeitern umgehen, weil auch sie in den Portalen bewertet werden: Nach Bezahlung, Fairness, Arbeitsatmosphäre, aber auch nach der Qualität der Führungskräfte, Innovationsfreude und nachhaltigem Verantwortungsbewusstsein? Und wer schlecht bewertet ist, der bekommt einfach keine Mitarbeiter mehr.

Wobei natürlich auch diese Projektarbeiter nicht tun können, was sie wollen. Wenn sie eine Minderleistung abliefern, vorzeitig aus einem Projekt aussteigen oder ihren Vertrag brechen, gibt es Vertragsstrafen oder Ablösegebühren wie bei Profifußballern und ein schlechtes Ranking in den Bewertungsportalen.

Und wer hätte es damals geglaubt, dass die großen Konzerne als Konsequenz daraus ziehen, dass sie mehr als die Hälfte ihrer Projekte per Internet an interne und externe Projektteams verauktionieren? Sie schaffen künstliche Marktstrukturen innerhalb des eigenen Unternehmens und die Mitarbeiter können weltweit ihre Projekte ersteigern.

Und was haben wir damals alles über Recruiting und Mitarbeiterbindung gelernt?! Das stimmt ja inzwischen alles nicht mehr. Bei uns geht es schon lange nicht mehr um Mitarbeiterbindung. Im Gegenteil. Wir stoßen unsere besten Mitarbeiter gezielt ab und nennen das After Employment Marketing. Weil wir wissen: Wenn sie zeitiger gehen, ist die Chance viel höher, sie irgendwann wieder zu bekommen. Eigentlich besteht mein Job heute darin, zu erahnen, wann es für einen Mitarbeiter am schönsten bei uns ist. Um ihn dann zu kündigen und auf ein neues, herausforderndes Projekt in unserem Partnernetzwerk zu vermitteln.

Was hätten wir damals dazu gesagt? Wir hätten vermutlich gelacht, oder? Und dann hätten wir ungläubig gefragt, welche Rolle der Mensch, seine Emotionen und Wünsche, denn dabei noch spielen?

Hätte damals jemand geantwortet, dass der Personaler in diesem Szenario noch eine ziemlich große Rolle spielt, weil er ständig ungeeignete Mitarbeiter einstellen muss, und deshalb fast täglich die Aufgabenbereiche und Verantwortlichkeiten zwischen Personen und Abteilungen hin und her schiebt ... ich hätte ihn ausgelacht. Heute tue ich genau das selbst. Der Begriff Fluides Unternehmen kommt ja nicht von der Mitarbeiterfluktuation, sondern daher, dass die Tätigkeiten und Abteilungsgrenzen permanent im Fluss sind.

Das wird euch nicht anders gehen. Hätte mir damals jemand gesagt, dass ich mich als Unternehmen eines Tages um Mitarbeiter bewerben werde und ihnen schon beim Erstgespräch sagen muss, was ich dafür tun kann, dass sie sich in kurzer Zeit wieder aus dem Unternehmen herausentwickeln ... ich hätte ihn für komplett verrückt erklärt. Heute ist genau das mein wichtigstes Ziel als Personalchef. Ansonsten bekomme ich die Leute einfach nicht.

Jetzt habe ich Euch schon viel zu lange über mich erzählt. Ich würde mich sehr freuen, auch Eure Geschichte zu hören. Es wäre toll, wenn wir in diesem Jahr nach so langer Zeit zu einem Klassentreffen zusammenkämen. Bitte gebt mir doch kurz Bescheid, ob ihr dabei wäret oder nicht.
Viele Grüße,
Thomas Krüger

7 Wie eine Caring Company tickt

Summary

Die alternative Strategie zu fluiden Unternehmen sind Caring Companies. Diese oft mittelständischen Unternehmen stehen vor dem Problem, dass sie ihren Standort außerhalb der großen Metropolen haben. Es gelingt ihnen nicht, die hoch qualifizierten Projektarbeiter in ausreichender Zahl an ihren Standort zu locken. Aus diesem Grund versuchen Caring Companies, ihre Mitarbeiter mit allen Mitteln zu binden. Dabei geht es nicht mehr um die direkten Bindungen zum Mitarbeiter wie in heutigen Employer-Branding-Strategien. Stattdessen werden Bindungen in das soziale Umfeld des Mitarbeiters aufgebaut, zu seinen Kindern, seinen Eltern, seinem Lebenspartner, seinen Sport-, Kultur- und Freizeitinteressen. Sie pflegen ein Corporate Life mit Angeboten für Wohnen, Familienplanung, Gesundheit und Vorsorge. Die Recruiting-Strategien der Caring Companies konzentrieren sich auf Nischen-Zielgruppen sowie die Schnellausbildung von minder qualifizierten Kandidaten. Das Hauptaugenmerk liegt auf den Älteren: Caring Companies können überleben, weil sie ihre Mitarbeiter auch über das gesetzliche Rentenalter hinaus beschäftigen. Bei einer durchschnittlichen statistischen Lebenserwartung um die 90 Jahre im Jahr 2025 werden Mitarbeiter in Projekten und Teilzeit bis zum Alter von 75 oder sogar 80 arbeiten wollen.

Dienstag, 29. April 2025

Studenten bevölkern den Hasselbachplatz. Lärm und Lachen liegen in der Luft, ab und zu unterbrochen vom schrillen Klingeln der Straßenbahn, wenn wieder ein übermütiger Radfahrer quer über den Kreisverkehr schießt und die Tram zur Notbremsung zwingt. Alles wie immer also. Melanie spaziert mit gelassenem Schritt auf den Hasselbachplatz zu. Gleich wird sie um die Ecke biegen und den ganzen Platz sehen. Links kommt dann das große Schaufenster ihres Lieblingscafés. Mit geübtem Blick wird sie dann schon erkennen können, ob hinten auf der kleinen Empore ihr Stammplatz frei ist. Dann erst wird sie die große Schwingtür zum ‚M2' öffnen.

Melanie muss grinsen. „Früher habe ich in dieses Schaufenster geschaut, um zu beobachten, wie die jungen Männer mich heimlich mustern. Heute schaue ich nach meinem Stammplatz", sagt sie wie zu sich selbst. Sie hat Glück. Der Stammplatz ist frei. Von hier hat man den besten Blick auf den ‚Hassel'. Nichts vom studentischen Treiben entgeht ihr, wenn sie hier ihren Kaffee und später ein, zwei Cocktails trinkt. Ein Wunder, dass hier noch kein Schild über der Couch hängt: ‚Melanie Polenz. Umsatzrekordhalterin. Zu alt für das hier, aber das interessiert sie nicht!'

Melanie ist oft hier. Man könnte sagen, das M2 ist ihr zweites Wohnzimmer. Nicht dass ihr eigenes Wohnzimmer zu klein wäre. Im Gegenteil: In ihrer Wohnung, nur zwei Nebenstraßen entfernt, hätte gut und gern eine vierköpfige Familie Platz. Melanie lebt allein dort. Aber ihre Abende verbringt sie lieber hier unten im Café. Hier liest sie Bücher, schreibt E-Mails und ab und an auch einen Brief. Aber heute wird es eine lange E-Mail werden. Darauf freut sie sich schon seit gestern Abend. Sie war im Auto unterwegs gewesen, als ein kurzes Piepen die neu angekommene Message ankündigte. Schnell hatte sich Melanie die E-Mail in der Windschutzscheibe anzeigen lassen. Das ist zwar verboten. Jedenfalls wenn man selbst fährt. Doch die Polizei war weit weg.

Diese E-Mail hatte ihre Aufmerksamkeit erregt. Zuerst weil sie schon lange keine E-Mail bekommen hat. Keiner der Bewerber schickt heutzutage noch E-Mails. Und dann wegen des Absenders: Thomas Krüger. Irgendetwas sagt ihr der Name, auch wenn sie nie von allein darauf gekommen wäre, woher sie ihn kennt. Doch nach der ersten Zeile war ihr Thomas wieder präsent. *„Liebe 85er Paderborner HR-Studenten, …"* Na das ist ja mal eine Überraschung! Offensichtlich hat Thomas kaum noch Kontakt zu den ehemaligen Mitstudenten. „Komisch! Das ist bei mir anders", denkt Melanie und zählt in Gedanken durch. Mit 6 der Kommilitonen hat sie nach wie vor tun zu. Mehr beruflich als privat, aber immerhin.

Offensichtlich war auch Thomas Personalchef geworden. Genau wie Melanie. Allerdings liest sich seine Jobbeschreibung völlig anders, als ihre. Wenn sie sich richtig erinnert, war Thomas schon damals eher der Draufgänger gewesen. Ein sympathischer Typ. Sie waren oft zusammen im ‚Turm'. Aber als sie kurz vor Ende des Studiums René kennengelernt hatte, ihren späteren Ehemann, war sie bald weniger mit den anderen unterwegs. Und dann war das Studium sowieso schnell zu Ende gewesen. Direkt danach war sie mit René auf Weltreise gegangen. Erst wollten sie ein Jahr unterwegs sein, am Ende waren es fast 2 Jahre. Und als sie zurückkamen, konnte sich Melanie ein Leben in Paderborn überhaupt nicht mehr vorstellen. Eigentlich in keiner deutschen Stadt. Außer Berlin vielleicht. Also zogen Melanie und René 1992 in den Bezirk Prenzlauer Berg.

Melanie erinnert sich gern an damals. Es waren wilde, ungezwungene Zeiten. Der Prenzlberg war das Paradies für alle, die wie sie der Enge der Provinz entfliehen wollten. Hier gab es scheinbar keine Grenzen. Jeder konnte alles machen. Erst später hatte Melanie festgestellt, dass plötzlich doch alle dasselbe machten. Da wurde ihr dann auch der Prenzlberg wieder zu eng. Aber das war erst später.

1992 hatte sie erst einmal ihren ersten Job gefunden. Mit viel Mühe und Hilfe ihres ehemaligen Professors. Zu dem hatte sie den Kontakt gehalten, egal, wo auf der Welt sie war. Und als sie dann nach Berlin ging, stellte er ihr den Kontakt zu dieser kleinen, privaten Personalberatung her. Drei Jahre lang versuchte sie, Arbeitslose in Jobs zu vermitteln. Keine leichte Aufgabe, wenn die Konkurrenz das staatliche Arbeitsamt ist, mit seinen überquellenden Listen von tausenden Arbeitslosen.

Nach 2 Jahren wurde Melanie schwanger, 28 Jahre war sie damals. Sie fand sich ziemlich jung als Mutter. Sie blieb 3 Jahre mit ihrem Sohn zu Hause. Dann bekam Tom einen Kindergartenplatz und Melanie kehrte zurück zur Personalberatung. Da machte die Arbeit schon mehr Spaß: Sie hatte deutlich mehr Vermittlungserfolge als früher. Allerdings war die Firma nach wie vor so klein, dass es keinerlei Aufstiegschancen gab. Obwohl es höchste Zeit für den nächsten Karriereschritt gewesen wäre, blieb Melanie noch 3 Jahre. Wenn sie heute zurückdenkt, waren es wohl 3 verschenkte Jahre. Doch das konnte sie damals nicht wissen. Insgeheim warteten René und sie ja darauf, dass es mit dem zweiten Kind klappen würde. Doch es klappte nicht. Drei Jahre lang.

Es war im Jahr 2001, als Melanie zum ersten Mal wieder eine Initiativbewerbung abgeschickt hatte. Und ein Jahr darauf hatte es auch geklappt. Die Firma fand sie cool! Eine Bekleidungsmarke für junge Frauen. International orientiert. Marktführer in einigen Ländern. Ihren Job fand sie auch gut: Als Unit-Leiterin innerhalb der Personalabteilung sollte sie für das komplette Recruiting verantwortlich sein. Dass sie dafür die Beste war, daran hatte sie keinen Zweifel. Schließlich hatte sie das bei der Personalberatung ja auch gemacht. Nur den Firmensitz fand sie nicht so cool: Niederndodeleben. Wo war das denn?

Ihre neue Firma war ein typisches, mittelständisches Unternehmen. Durch und durch geprägt durch den starken Charakter des Gründers und Inhabers. „Ein Patriarch neuen Typs", hat Melanie ihn einmal genannt. Das fand der nicht einmal schlimm. Im Gegenteil. Es schien sogar, als fühle er sich geehrt. Irgendwann in ihren ersten Tagen hatte Melanie die Gelegenheit ergriffen, ihn zu fragen, warum er seine Firma ausgerechnet in Niederndodeleben gegründet hatte. Die Antwort war wenig überraschend. Die logistische Lage ist perfekt am Kreuz der Autobahnen A2 und A14. Und in der Region gab es damals eine hohe Arbeitslosigkeit. Also viele gut ausgebildete, kostengünstige, sofort verfügbare Mitarbeiter! Was kann es Besseres geben für ein Unternehmen. Heute ist die Lage anders!

Aber damals war Melanie jeden Tag zwischen Berlin und Niederndodeleben gependelt. 90 Minuten hin, 90 Minuten zurück ... wenn kein Stau war. Und es war oft Stau. Das war auch der Grund, warum Melanie später ohne zu zögern umgezogen war, als die Ehe mit René in die Brüche ging. Tom war damals zehn. Keine gute Zeit für ihn und Melanie, für René vermutlich auch nicht. Aber je mehr der Alltag in die einst wilde Beziehung eingezogen war, desto mehr verlor sich erst das Begehren und dann auch die Achtung voreinander. Eigentlich war es ein Wunder, dass sie es insgesamt 16 Jahre miteinander ausgehalten hatten.

Was hatten ihre Freunde sie vor dem Mief der Provinz gewarnt, als Melanie mit Tom aus Berlin wegzog. Sie hatten natürlich recht. Aber was sie nicht wussten: Auch im Mief lebt es sich ganz kuschelig. Melanie war natürlich nicht nach Niederndodeleben gezogen, sondern in die nächstgrößere Stadt. Nach Magdeburg, oder wie die Einheimischen sagen: in die Landeshauptstadt Magdeburg.

Schnell stellte Melanie fest, dass man hier erstaunlich gut leben kann. Der Mief bringt es eben mit sich, dass man den Theaterdirektor persönlich kennt, wenn man öfter als zweimal im Jahr ins Theater geht. Ebenso wie den Kultur-Bürgermeister. Irgendwann in diesen Jahren hatte sie einmal eine Affäre mit dem Rektor der Hochschule. Das war die Zeit in der sie ernsthaft überlegt hatte, ob sie eine Professur für Human Resources annehmen könnte. Aber so, wie die Affäre bald vorbei war, legte sich auch ihr Interesse an der Professorenstelle. Melanie genießt diese Enge der Stadt. Jetzt ist sie schon seit 22 Jahren hier. Und sie lebt immer noch allein.

Tom wohnte noch lange mit ihr in der riesigen Wohnung. Er hatte in Magdeburg Neurowissenschaften studiert. Warum sollte er sich eine eigene Wohnung suchen, wenn er hier mehr Zimmer für sich allein hatte, als er selbst jemals bezahlen könnte, hatte er Melanie einmal als Antwort gegeben. Seitdem fragte sie nicht mehr. Doch eines Tages eröffnete Tom ihr, dass er ins Silicon Valley ziehen werde. Sie hatte ihn darin bestärkt. Insgeheim war sie sicher, dass er nach einem langen Urlaub an der Westküste wieder zurückkommen würde. Das war vor zwei Jahren. Seitdem hat sie ihn nur einmal gesehen: als sie sich kurzentschlossen ins Flugzeug setzte und nach San Francisco flog, um nach dem Rechten zu sehen.

Erst dort hatte sie realisiert, dass er es ernst meinte. Tom hatte mit Freunden zusammen ein kleines Unternehmen gegründet. Seine Tage und auch seine Nächte verbringt er in einem Hackerspace für Biotech. BioCurios stand am Eingang der nüchternen Fabrikhalle, vor der Melanie damals stand, nachdem der Taxifahrer sie zu Toms Adresse gebracht hatte. Als sie ihn an diesem Abend fragte, was sein Start-up denn macht, hatte sie nur die Hälfte seiner Antwort verstanden. Offenbar forschen sie an Ampakines, an Wirkstoffen von denen sie glauben, dass diese das menschliche Hirn tatsächlich schneller machen, den Menschen konzentrierter machen und ihn zudem noch besser lernen lassen. Und das offensichtlich nicht nur vorübergehend, sondern dauerhaft. Angeblich gibt es kaum Nebenwirkungen. „Wenn das stimmen sollte", hatte Melanie damals bei sich gedacht, „dann spielt

Tom Gott. Er experimentiert mit der Schöpfung!" Seit diesem Tag ist sie sich nicht sicher, ob sie ihrem Sohn Erfolg wünschen soll oder lieber maximalen Misserfolg.

„Bitte schön. Wie immer!" Melanie schreckt hoch und schaut in ein strahlendes Mädchenlächeln. „Danke!", sagt sie und schaut ihrer Lieblingsbedienung hinterher. Offensichtlich hat sie während ihrer gedanklichen Zeitreise nicht gemerkt, dass ihre Standardbestellung schon auf den Tisch gekommen ist: ein großer Latte Macchiato und ein kleiner Pfirsichsaft mit zwei Eiswürfeln. Später würde sie noch ihren Lieblings-Cocktail bestellen. Aber vorher will sie dringend diese E-Mail von Thomas beantworten. Schnell beginnt sie zu schreiben:

Lieber Thomas,
ich habe heute deine E-Mail bekommen und will dir gleich antworten. Wie schön, von dir zu hören. Nach so langer Zeit! Wann haben wir uns das letzte Mal gesehen? War es 1992, als wir mit Martin und René noch mal zusammen im ‚Turm' waren? 32 Jahre!
Ich bin natürlich beim Klassentreffen dabei. Hast du schon eine Idee, wann es stattfinden soll? Falls du Hilfe bei der Organisation brauchst, übernehme ich auch gern etwas. Hast du denn schon den Kontakt zu allen, die damals mit uns studiert haben?
Ich selbst lebe schon seit 22 Jahren in Magdeburg. Ich bin auch Personalchefin. Bei einer bekannten internationalen Modemarke. Allerdings sitzen wir in der Provinz und sind eher ein mittelständisches Unternehmen. Als ich deine E-Mail las, dachte ich mehrfach: Komisch, wie grundlegend sich die Strategien unterscheiden, obwohl wir die gleiche Positionsbezeichnung auf der Visitenkarte stehen haben. Meine Arbeit läuft komplett anders ab als bei Dir.
Wir sind wohl so etwas, was die Wissenschaftler und Berater eine typische ‚Caring Company' nennen würden. Bei deiner E-Mail habe ich gedacht, dass wir fast so etwas wie ein Gegenentwurf zu deinem fluiden Unternehmen sind. Bei uns geht es nicht darum, die Projektarbeiter anzuziehen und wieder abzustoßen. Um ehrlich zu sein: Die wirklich guten kommen sowieso nicht nach Niederndodeleben. Deshalb versuchen wir das, was ihr offensichtlich schon aufgegeben habt. Wir versuchen, die Mitarbeiter mit allen Mitteln zu binden. Diese Mitarbeiterbindung hat natürlich nichts mehr mit dem zu tun, was wir damals bei Professor Gahmann gelernt haben. Eigentlich geht es auch nicht mehr um die Bindung zum Mitarbeiter, sondern zum sozialen Umfeld des Mitarbeiters: zu seinen Kindern, seinen Eltern, seinem Sport, seinem Kulturverein, seinem Versicherungspaket, seinem Einfamilienhaus, seiner Urlaubsreise usw. Die Japaner haben das früher Corporate Life genannt. Das trifft es ganz gut.
Wir versuchen, mit jedem Mitarbeiter einen langfristigen Entwicklungsplan zu machen und verbinden den mit Angeboten für Wohnen, Familienplanung, Frei-

zeitgestaltung, Gesundheit und Vorsorge. Nicht nur für den Mitarbeiter, sondern für seine ganze Familie. Manchmal denke ich, dass wir als Unternehmen inzwischen das tun, was früher der Staat getan hat. Vielleicht übernehmen Unternehmen ja wirklich einmal den Charakter kleiner Staatsgebilde. Jedenfalls schaffen wir heute schon eine ähnliche Infrastruktur mit unternehmenseigenen Häusern für die Familien, unternehmenseigener Schule für die Kinder und unternehmenseigenem Pflegedienst für die Eltern der Mitarbeiter[5].

Aber das klingt natürlich einfacher, als es ist. Natürlich sind auch bei uns alle Billiglohnjobs zuerst nach Asien gegangen. Jetzt ziehen sie gerade weiter nach Afrika. Und für die verbliebenen mittel und hoch qualifizierten Jobs finden wir kaum neue Mitarbeiter. Besonders die Facharbeiter fehlen an allen Ecken und Enden. Deshalb stellen wir inzwischen sogar ungelernte Mitarbeiter ein und versuchen, sie in Schnellkursen für Jobs zu qualifizieren, die vorher nur Facharbeiter gemacht haben.

Ab und an finden wir mal neue Mitarbeiter, die gerade eine Familie gegründet haben und für die nächsten Jahre etwas Stabilität und Sicherheit in ihr Leben bringen wollen. Die können wir dann meist für ein paar Jahre halten. Manchmal auch länger. Eigentlich tun wir heute genau das, wie wir damals im Studium ziemlich blauäugig als das ideale Personalmanagement beschrieben haben, mit Lebensarbeitszeitkonten, Sabbatical, flexiblen Arbeitszeitmodellen und der fließenden Verbindung von Arbeiten und Weiterbildung. Für jemanden, der eine sichere Zukunftsplanung möchte, sind wir perfekt. Nur wer sucht das heutzutage noch?

Deshalb ist es eigentlich mein Hauptjob, mich um die ‚Alten' zu kümmern. Bei uns arbeiten inzwischen sogar 75-Jährige. Die sagen frei heraus, dass sie keine Lust darauf haben, jahrzehntelang Urlaub zu machen. Zum Glück! Die Lebenserwartung liegt ja inzwischen um die 90 Jahre. Also sorge ich dafür, dass die in Projekten und Teilzeitarbeit weiter dabeibleiben.

Wie du siehst: Es gibt nicht nur fluide Projektarbeiter. Auch die gute alte Mitarbeiterbindung hat noch ihre Berechtigung. Aber was mich in deiner Mail am meisten fasziniert hat, ist euer Ansatz, dass sich das Unternehmen bei den potenziellen Mitarbeitern bewerben muss. Und dass ihr die Kandidaten mit der Argumentation überzeugt, dass ihr sie weiterentwickelt und dann auch wieder aus dem Unternehmen herausentwickelt.

Das finde ich absolut einleuchtend. Aber wie hast du denn deinen Vorstand von dieser Strategie überzeugt? Weiß der überhaupt davon?

Viele Grüße und bis hoffentlich sehr bald!

Melanie

---

[5] PwC International, Managing tomorrows people: Future of work, 2010.

8   Das wichtigste Recruiting-Versprechen: Wir steigern Ihren Markenwert

Summary

Die Recruiting-Strategie der fluiden Unternehmen basiert auf dem Minderangebot hoch qualifizierter Mitarbeiter am Arbeitsmarkt. Dieser ist zu einem Arbeitnehmermarkt geworden, Arbeitnehmer sitzen am längeren Hebel. Sie diktieren den Arbeitgebern ihre Bedingungen. Um nicht zum Spielball in einer immer weiter steigenden Lohnspirale zu werden, verschieben die Recruiting-Strategien der fluiden Unternehmen den Fokus. Sie konzentrieren sich darauf, dem Mitarbeiter jeweils die größte persönliche Herausforderung und individuelle Weiterentwicklung zu versprechen. Dass dies realistischerweise nicht dauerhaft im eigenen Unternehmen geschehen wird, ist dabei einkalkuliert. Deshalb besteht die HR-Strategie der fluiden Unternehmen aus einem gezielten Anziehen und Abstoßen der Projektarbeiter. Es ist nicht mehr Ziel die Mitarbeiter zu binden. Stattdessen werden die innovativen Köpfe des Unternehmens gezielt gekündigt und auf neue herausfordernde Aufgaben im eigenen Netzwerk vermittelt. Auf diese Weise bleibt der Kontakt bestehen und eine spätere Neuanwerbung wird wahrscheinlich. Projektarbeiter erwarten, dass die HR-Abteilung ihnen erklärt, was sie dafür tun wird, die Mitarbeiter wieder aus dem Unternehmen herauszuentwickeln. Damit verschiebt sich der strategische Fokus der HR: Um die besten Mitarbeiter zu gewinnen, wird die Steigerung der persönlichen Markenwerte der Mitarbeiter zum wichtigsten Ziel.

Dienstag, 29. April 2025

Piep! Thomas schaltet instinktiv seine Datenbrille an: „War das schon Zusage Nummer 9?" Er wagt einen kurzen Kontrollblick auf das Display in seiner Brille: „Yes!" Beim gemeinsamen Abendessen gibt es in der Familie die Regel, dass alle Kommunikationsgeräte beiseitegelegt werden. Aber: jeder erlaubt sich mal eine Ausnahme. Und die anderen schauen großzügig darüber hinweg.

Dies ist schon die 9. Antwort auf seine Einladung zum Klassentreffen. Die erste kam nur wenige Minuten nach seiner Mail. Und dann ging es Mail auf Mail. Zwischendurch wurde Thomas richtig euphorisch. „Die scheinen nur auf eine solche Initiative gewartet zu haben", dachte er. Nun also Zusage Nummer 9 beim Abendbrot. Und von wem? „Melanie!", sagt Thomas leise, aber doch deutlich hörbar. Ulrike schaut ihn an: „Wie bitte?!" Thomas muss lachen: „Ich habe heute eine E-Mail an alle meine ehemaligen Kommilitonen geschickt. Wir haben doch in diesem Jahr das 40-jährige Jubiläum unseres Studienbeginns. Da habe ich gefragt, ob wir mal ein Klassentreffen machen wollen Und jetzt hat gerade Melanie geantwortet. Das ist schon die 9. Zusage!", sagt Thomas stolz. „Na dann lies mal in Ruhe deinen Liebesbrief!" Ulrike sagt es mit einem Schmunzeln, steht auf und verschwindet in der Küche.

„Eine schöne Mail", denkt Thomas, als er Melanies Zeilen überflogen hat. Er bekommt immer mehr Lust, die alten Freunde zu treffen und zu erfahren, was sie heute tun. Und warum sie es tun.

Und die Frage von Melanie am Ende ihrer Mail ist wirklich eine wichtige: Wie hat Thomas damals den Vorstandsvorsitzenden überzeugt, dass es die richtige Strategie sei, die Mitarbeiter so lange weiterzuentwickeln, bis sie zu gut sind und aus dem Unternehmen herauswollen?

„Das muss damals bei der Vorstandsklausur auf der Berghütte am Wilden Kaiser gewesen sein", geht es ihm durch den Kopf. Sechs Jahre ist das schon wieder her. Sein Vorstandsvorsitzender war schon immer ein Naturbursche gewesen, der es nicht ausstehen konnte, für Klausurtagungen mit den Vorständen stundenlang im Flieger zu sitzen und viel Geld an teure Luxushotels zu zahlen. Also bat er die Vorstände immer wieder, sich ins Auto zu setzen, eine Stunde aus München hinauszufahren und ihn in seinem Haus am Wilden Kaiser zu besuchen. Dann gingen sie meist gemeinsam auf eine der Hütten hoch und besprachen die Dinge beim Wandern. Bei vielen Vorständen waren diese Klausurtagungen gefürchtet, denn es wurde immer gewandert. Selbst wenn es in Strömen regnete.

Doch an jenem Tag war es anders. Es war ein großartiger Sommertag gewesen. Die Gespräche waren gut und in der Hütte floss auch das eine oder andere Bier … über den Durst. Beim Abstieg hatte es sich zufällig ergeben, dass Thomas eine Zeit lang neben seinem obersten Chef lief. Dieser erzählte von seiner kleinen Tochter. Er hatte vor einigen Jahren seine Ehefrau für eine Jüngere verlassen. Die unappetitliche Story war ein ganzes Jahr lang das wichtigste Kantinenthema gewesen. Sehr schnell wurde seine neue Frau schwanger und nun war die kleine Tochter gerade 3 Jahre alt geworden. Während ihres Abstiegs kam er aus dem Schwärmen gar nicht wieder heraus. Welches Glück es sei, der Kleinen zuzusehen, wie sie sich ihre eigene Meinung zu dieser Welt bildet. Wie sie gerade beginnt, ständig „Warum" zu fragen. Wie er diese Fragen endlos beantwortet, weil sie ihn selbst so glücklich machen. Und wie er sich ab und zu selbst fragt, warum dieses und jenes zwar schon immer so ist, aber nicht einfach mal anders gemacht werden kann.

Thomas hatte schweigend zugehört. Innerlich empfand er zuerst ein bisschen Neid. Natürlich kannte er diese Phase auch von seinen Kindern. Zu gern hätte er sie nochmals erlebt. Aber Paul, sein Jüngster, war damals schon 9 und hatte ganz andere Dinge im Kopf als die kindlich naive Warum-Frage.

Später, als sein Chef immer noch nicht aufhören konnte, amüsierte sich Thomas innerlich über das kindliche Schwelgen seines Vorstandsvorsitzenden. Doch dann kam ihm ein Gedanke: Als sie eine kurze Weile schweigend nebeneinander herge-laufen waren, fragte er den Vorstandsvorsitzenden, ob er sich vorstellen könne, was seine Tochter eines Tages alles über das Leben und die Welt wissen würde? Er erntete einen komischen Blick. War das eine blöde Frage? Die Antwort klang halb ironisch, halb genervt: „Na hoffentlich mehr als ihr Vater!" Doch Thomas blieb am Thema. Er berichtete von der neuen Studie, nach der im Jahr 1983 der durchschnitt-liche Arbeitnehmer noch 73 Prozent des für die Arbeit nötigen Wissens in seiner Ausbildung gelernt hatte. Im Jahr 2013 waren es nur noch 10 Prozent.

Der Vorstandsvorsitzende stieg ein: „Na dann sind das doch heute höchstens noch 5 Prozent. Und später bei meiner Tochter vielleicht drei Prozent. Die Vermehrung des Wissens geht doch genauso exponentiell weiter wie das Moore'sche Gesetz!" Aber das sei ja gar nicht schlimm, ergänzte er sich selbst. „Das ist nun mal der Lauf der Dinge, dass die Kinder immer schlauer werden müssen als die Eltern. Sonst gäbe es ja auch keinen Fortschritt im Land!"

Thomas nickte. Dann schaute er seinen Chef durchdringend an: „Aber wenn das stimmt, was Sie sagen, dann gilt das doch auch für unsere jungen Mitarbeiter und die älteren Führungskräfte, oder?" „Natürlich", kam es postwendend zurück. „Die Jungen müssen irgendwann mehr können als die Alten. Sonst treten wir auf der Stelle."

Darauf wollte Thomas hinaus. Um die Aussage zu bekräftigen, fragte er sicher-heitshalber nochmals nach: „Dann heißt das für unsere Personalarbeit ja aber, dass es die Aufgabe des Unternehmens sein muss, junge Mitarbeiter so weit zu entwi-ckeln, bis sie kompetenter sind als ihre Führungskräfte?" Der Vorstandsvorsitzende nickte heftig. Thomas legte nach: „Das wird aber zur Folge haben, dass die Jungen irgendwann zu kompetent werden für das klassische Geschäftsmodell des Unter-nehmens." Das Nicken hatte eine Verzögerung von einigen Sekunden. Aber es kam.

Jetzt hatte Thomas das Gefühl, dass die Zeit reif war für einen bisher undenkbaren Gedanken. „Wenn das stimmt, muss dann nicht das oberste Ziel unserer Personalstrategie sein, die innovativen Köpfe des Unternehmens gezielt zu kündigen und auf neue herausfordernde Aufgaben in unserem Netzwerk zu vermitteln?" Er erntete einen schrägen Blick: „Das passiert ja automatisch. Aber warum sollte das unser Ziel sein?" „Weil wir mit dieser Aussage immer neue interessante Kandidaten ins Unternehmen hineinbekommen. Dann wäre unsere wichtigste Recruitingbotschaft: ‚Wir helfen Ihnen, Ihren persönlichen Markenwert zu steigern!'"[6]

Der Vorstandsvorsitzende lächelte süffisant. „Ich stimme Ihnen zu, aber nur unter zwei Bedingungen", gab er zurück. „Erstens: Das gilt nur, solange das Unternehmen an seinem klassischen Geschäftsmodell festhält. Wenn wir neue Geschäftsmodelle einführen, dann will ich die Überqualifizierten wieder dabei haben!" Thomas nickte: „Kein Problem. Das werden die auch wollen." „Und zweitens: Sie dürfen unsere guten Leute nur wegschicken, wenn sie gleichzeitig dafür sorgen, dass die mir dafür ewig dankbar sind. Und das sie motiviert zurückkommen, wenn wir sie für ein neues, herausforderndes Projekt brauchen. Dann stimme ich zu!"

Noch bevor sie an diesem Abend das Nachtquartier erreicht hatten, vereinbarte Thomas jenen berühmten Vorstandstermin, der die Personalstrategie des Unternehmens für die Zukunft radikal verändern sollte. Und aus heutiger Sicht nicht nur die Personalstrategie, sondern die komplette Unternehmensstruktur.

---

[6]   Casnocha/Hoffman/Yeh, Harvard Business Manager 2/2014, S. 44.

9 Die HR-Strategie der fluiden Unternehmen

Summary

Die Veränderung der HR-Strategien ist nicht selbst gewählt. Sie beruht auf der demografischen Entwicklung, nach der bis zum Jahr 2025 etwa 6,5 Millionen Menschen vom deutschen Arbeitsmarkt verschwinden. In der Prognose klafft dann in Deutschland eine Arbeitskräftelücke von 2 bis 5 Millionen Menschen. Einige Branchen und Regionen sind davon stärker betroffen als andere, doch die Auswirkungen dieses Recruiting-Dilemmas werden alle spüren: Fluide Unternehmen werden im Jahr 2025 nur noch ein passender oder unpassender Teil der Persönlichkeitsentwicklung der Mitarbeiter sein. Die folgerichtige Recruiting-Strategie ist die Orientierung auf eine neue Employee Value Proposition des Unternehmens. Diese ist für jeden Mitarbeiter individuell und sagt aus, wie das Unternehmen dem Mitarbeiter helfen kann, seinen persönlichen Markenwert zu steigern. Die strategischen Aufgaben der HR-Abteilung verschieben sich dabei enorm: Einerseits gewinnt die Personalstrategie stark an Bedeutung und rückt auf Vorstandsebene auf. Zugleich gibt die HR-Abteilung eine Vielzahl der administrativen Funktionen ab. Die Hauptaufgaben des neu entstehenden Chief Change Officer (CCO) im Vorstandsrang werden sein, die permanenten Tätigkeitsrochaden über Abteilungsgrenzen hinweg zu steuern und die Führungskräfte bei deren Recruiting und Mitarbeiterentwicklung zu unterstützen. Ob dies noch in einer eigenen HR-Abteilung geschieht oder in einer neuen Struktur, wird je nach Unternehmen unterschiedlich entschieden.

Rückblick, Mittwoch, 29. Mai 2019

Thomas hatte damals nur 3 Wochen Zeit erhalten, um aus seiner Idee eine Strategie zu machen. Schon bei der nächsten monatlichen Vorstandsklausur stand sein Thema als wichtigster Tagesordnungspunkt auf der Agenda. Der Vorstandsvorsitzende hatte vorab noch eine E-Mail an alle Vorstände geschickt und sie gebeten, auf jeden Fall zu erscheinen, denn es gäbe eine Idee zu besprechen, die die Zukunft des Unternehmens sichern könnte. Thomas wollte erst seinen Augen nicht trauen. Natürlich war es gut, dass nun jedes Vorstandsmitglied dabei sein würde. „Aber ganz so hoch hätte die Latte nicht hängen müssen", dachte er insgeheim.

Es war die übliche Sitzungsatmosphäre, als er das Wort erteilt bekam. Ein souverän moderierender Vorsitzender und um ihn herum seine Vorstände, die sich mehr oder weniger an ihren Multitasking-Fähigkeiten probierten. Der eine schaute abwesend in seine Datenbrille. Offenbar las er E-Mails. Die Vorstandskollegin für Finanzen tippte ständig auf ihr Tablet. Sie war nach Thomas mit einer Präsentation dran und bereitete offensichtlich noch ihre Charts vor. Und die anderen spielten mehr oder weniger mit ihrem Smartphone. Ob jemand von denen das Handout zur Lagebeschreibung am Arbeitskräftemarkt gelesen hatte, das sie eine Woche zuvor von ihm bekommen hatten?

Spontan entschloss sich Thomas, nicht direkt mit der Strategie-Präsentation zu beginnen. Ohne die Angst vor der bedrohlichen Lage im Umfeld würde ihn sowieso niemand ernst nehmen. Also begann er mit einer Einleitung.

„Meine Damen und Herren, wir alle können das Gerede vom Fachkräftemangel nicht mehr hören. Deshalb lassen Sie es mich kurz machen: Wir werden in Kürze unsere Produkte nicht mehr produzieren können, weil wir an den entscheidenden Stellen keine Mitarbeiter mehr haben. Ich rede nicht von zu wenig Mitarbeitern oder einem Engpass. Ich meine: KEINE! Das wird Auswirkungen auf die Unternehmensbilanz haben. Sie wird sinken. Auch unsere persönlichen Boni, die sich aus dem Gewinn berechnen. Und unsere Aktionäre werden uns fragen, was wir getan haben, um diese Situation abzuwenden. Ich möchte Ihnen heute eine Idee davon vermitteln, was wir konkret tun können.

Zunächst müssen wir verstehen, warum das so kommen wird. Wir sehen schon seit 5 Jahren Tag für Tag, wie die älteren Kollegen massenhaft in Rente gehen. Das Problem ist, dass gleichzeitig kaum junge Menschen ins Unternehmen kommen: Ausgerechnet hier haben wir jetzt die geburtenschwachen Jahrgänge. Rein statistisch betrachtet geht das ungefähr noch 6 Jahre so weiter, im Jahr 2025 werden wir das Ergebnis sehen. Im deutschen Arbeitsmarkt wird es dann 6,5 Millionen weniger Erwerbspersonen geben als noch 2010. Davon müssen Sie die damalige Arbeitslosenzahl abziehen und auch noch eine Million Jobs, die durch die Automatisierung von Computern übernommen werden. Es gibt verschiedene Studien dazu. Die Optimisten sagen, dass in Deutschland im Jahr 2025 2 Millionen[7] Arbeitsplätze unbesetzt bleiben. Die Pessimisten sagen, es sind 5,4 Millionen[8]. Das hat nichts mit falschem Recruiting zu tun. Es gibt diese Menschen einfach nicht!

---

[7] Prognose von McKinsey für das Jahr 2020, McKinsey & Company, Wettbewerbsfaktor Fachkräfte. Strategien für Deutschlands Unternehmen, 2011, S. 12 (http://www.mckinsey.de/downloads/presse/2011/wettbewerbsfaktor_fachkaefte.pdf).

[8] Prognose des Instituts für Arbeitsmarkt- und Berufsforschung (IAB) für 2025.

Wann es wirklich dramatisch wird, ist von Region zu Region und auch von Branche zu Branche unterschiedlich[9]. Klare Verlierer sind die Unternehmen in den sekundären Dienstleistungsberufen, also wir als ITler, die Juristen, Manager, Geistes- und Sozialwissenschaftler, Gesundheits- und Sozialberufe. Hier steigt die Anzahl der zu besetzenden Jobs stark an. Aber das Angebot an Arbeitskräften nimmt nur leicht zu und in manchen Prognosen sogar ab.

Ähnlich dramatisch wird es für Unternehmen mit den primären Dienstleistungsberufen, wie Verkäufer, Vertriebler, Büro- und kaufmännische Dienstleistungsberufe, Transport, Sicherheits- und Wachberufe, Gastronomie und Reinigungsberufe. Hier steigt die Anzahl der zu besetzenden Jobs leicht an, während das Arbeitskräfteangebot deutlich zurückgeht.

Am unproblematischsten haben es noch die produzierenden Unternehmen, etwa in der Rohstoffgewinnung, Be- und Verarbeitung, Wartung und Steuerung von Maschinen und Anlagen. Hier werden 2025 etwas weniger Arbeitskräfte gebraucht. Allerdings sinkt die Anzahl der verfügbaren Arbeitskräfte noch schneller.

Schauen Sie sich bitte die Zahlen selbst an. Ich habe sie Ihnen in der vergangenen Woche zugeschickt. Meine Konsequenz daraus ist: Wenn wir so weitermachen wie bisher und jetzt nicht handeln, dann werden uns unsere Aktionäre in Kürze dafür verantwortlich machen. Vermutlich werden wir das alle noch persönlich erleben."

Stille im Raum. Jeder schaute ihn an. „So viel Aufmerksamkeit hatte ich noch nie in dieser Runde", ging es ihm durch den Kopf. Er konnte sich ein Lächeln nicht verkneifen. Vermutlich war das gerade unpassend. Schnell startete Thomas seine Präsentation:

„Ich möchte Ihnen einen Vorschlag unterbreiten, wie wir auf das Problem reagieren können. Natürlich wird sich diese Arbeitskräftelücke nicht gleich verteilen. Es wird Unternehmen geben, die können alle ihre Stellen besetzen. Und es wird Unternehmen geben, bei denen fehlen richtig viele. Es wird also Gewinner und Verlierer geben. Was müssen wir tun, um zu den Gewinnern zu gehören?

Als Erstes müssen wir uns eines klar machen: Wenn es immer weniger potenzielle Mitarbeiter in unserer Branche gibt, dann sind die wenigen heiß umworben. Bei denen klingelt jede Woche zweimal der Headhunter. Was tun die dann? Die wech-

9 Helmrich/Zika, Beruf und Qualifikation in der Zukunft. BIBB-IAB-Modellrechnungen zu den Entwicklungen in Berufsfeldern und Qualifikationen bis 2025, in: dies. (Hg.), Beruf und Qualifikation in der Zukunft, 2010, S. 21ff.

seln öfter das Unternehmen. Wir rechnen damit, dass im Jahr 2025 etwa die Hälfte der Mitarbeiter nicht länger als 2 bis 3 Jahre bei uns bleiben. Wir müssen uns nichts vormachen: Diese Mitarbeiter sitzen dann am längeren Hebel. Nicht sie bewerben sich bei den Unternehmen, sondern die Unternehmen bewerben sich bei ihnen. Die Mitarbeiter haben die Wahl. Die Unternehmen nicht. Deshalb werden die Mitarbeiter die Konditionen diktieren.

Welche Unternehmen kommen dann auf die Gewinnerseite? Es werden die Unternehmen sein, die ihre Mitarbeiter um ihrer selbst willen fördern. Ich sage es mal ganz simpel: Unser Unternehmen wird den künftigen Mitarbeitern erklären müssen, warum es für deren persönliche Entwicklung von Vorteil ist, hier bei uns zu arbeiten. Wir brauchen also eine neue Employee Value Proposition, die den künftigen Mitarbeitern erklärt, wie wir ihnen helfen, ihren persönlichen Markenwert zu steigern! Wenn wir das schaffen, dann ist das oberste Gebot das Prinzip der Gegenseitigkeit: Beide Seiten wissen, dass sie eine freiwillige Beziehung eingehen, von der beide Parteien profitieren wollen und sollen.

Um das klar zu sagen: Unser Unternehmen steht dann nicht mehr im Zentrum der Welt. Die Mitarbeiter sind nicht mehr die möglichst kostengünstigen Erfüllungsgehilfen für vorbestimmte Tätigkeiten. Wer so denkt, der wird mit seiner Attitüde demnächst keine Stelle mehr besetzen. Die Wahrheit ist, dass wir als Unternehmen nur noch ein passender oder unpassender Teil der Persönlichkeitsentwicklung der Mitarbeiter sind."

Thomas schaute in die Runde. Er wusste genau: Wenn hier schon Widersprüche und Diskussionen auftauchten, dann würde es schwer werden mit seiner Strategie. Aber noch sah es gut aus. Alle schienen seinen Argumentationsstrang mitzugehen. Also weiter:

„Meine Damen und Herren, was heißt das konkret? Als Allererstes ist die HR-Abteilung dann kein Business Partner der Linienfunktionen mehr. Falls es noch eine HR-Abteilung gibt, dann ist sie der Entwicklungspartner der Mitarbeiter. Aber ich bin mir gar nicht sicher, ob es die HR-Abteilung noch gibt. Jedenfalls nicht so, wie wir sie kennen. Lassen Sie mich das erklären:

Wir werden oft Situationen im Unternehmen haben, in denen einer unserer Abteilungsleiter eine dringend benötigte Position nicht neu besetzen kann, weil sich auf seine Stellenausschreibung niemand meldet. Es gibt einfach keinen passenden Kandidaten mehr da draußen. Dann gibt es zwei Möglichkeiten. Beide sind nicht ideal, aber eine ist deutlich besser als die andere. Die schlechtere Möglichkeit ist, dass der Abteilungsleiter seine Position nicht besetzt, die Ergebnisse der Abteilung sinken und Sie ihn ständig zum Reporting zitieren, ohne dass sich etwas ändert.

Die bessere Möglichkeit ist, dass wir auf diese Stelle einen unpassenden Kandidaten einstellen. Idealerweise können wir den mit Schnellqualifizierungsmaßnahmen zum passenden Kandidaten machen. Aber wahrscheinlicher ist, dass er einfach nicht alle Teile des komplexen Stellenprofils erfüllen kann. Was dann? Dann werden wir das Stellenprofil verändern. Wir werden ihm die Tätigkeiten wegnehmen, die er nicht kann, und sie einer anderen Person angliedern. Allerdings wird das vermutlich ständig passieren, bei fast jeder Neueinstellung. Also werden in unserem Unternehmen ständig die Tätigkeiten und Verantwortungsbereiche hin- und her geschoben, teilweise auch abteilungsübergreifend. Heute erscheint uns das noch schwer vorstellbar. Aber in ein paar Jahren werden wir ohnehin mehr als 50 Prozent Projektarbeit im Unternehmen haben. Dann ist die permanente Neuausrichtung völlig normal. Dieses Im-Fluss-Sein der Verantwortlichkeiten macht ein fluides Unternehmen in Zukunft aus.

Die wichtige Frage dabei ist aber: Wer wird derjenige sein, der das steuert? Denn der wird dann sozusagen das operative Herz des Unternehmens sein. Wer wird das machen? Ich schlage Ihnen vor, dass Sie dafür im Vorstand einen Chief Change Officer (CCO) einführen. Sein Team wäre dann zentral zuständig für die Steuerung der Kompetenzen und Verantwortlichkeiten über alle Abteilungen hinweg. Natürlich in Abstimmung mit den Abteilungsleitern. Nach meiner Prognose wird die HR-Abteilung zu einem großen Teil in diesem Team aufgehen."

Thomas machte eine kurze Pause. Er sah einen der Vorstände zustimmend nicken. Peter Seedorf, den Innovationsvorstand. Alle anderen schauten halb betroffen, halb fasziniert auf die Präsentation. Aber Thomas war noch nicht fertig:

„Ich will Ihnen einen Eindruck vermitteln, was dieser Chief Change Officer und sein Team meiner Meinung nach tun müssen. Als Erstes möchte ich Ihnen sagen, was er vermutlich nicht machen muss: Er muss nicht den administrativen Teil der bisherigen HR-Arbeit machen, also die Verträge und die Finanzen. Diese Funktionen gehen entweder in die Fachabteilungen Finanzen und Legal über oder sie werden an einen externen Dienstleister outgesourct. Er muss auch kein Weiterbildungsangebot planen. Das macht entweder die interne Akademie oder auch der externe Personaldienstleister.

Wenn der Chief Change Officer das also nicht tut, was sind dann seine Ziele? Ich denke, es sind drei Ziele:

- Der CCO muss **das Unternehmen innovationsfähig halten**. Er wird zentral steuern, welche Veränderungsprojekte im Unternehmen derzeit laufen, welche Priorität sie haben und welche beendet werden müssen, um Ressourcen für die anderen zu haben. Er wird die Innovationsfähigkeit und Kompetenz-Bilanz des Unternehmens messen und sich daran messen lassen.

- Der CCO wird **die Führungskräfte unterstützen, ihre Projektteams best-möglich zusammenzustellen**. Er wird ihnen helfen, neue Mitarbeiter zu rekrutieren. Er wird Verantwortungsbereiche und Tätigkeiten zwischen den Projekten und Abteilungen koordinieren und steuern. Die Führung der Projektteams erfolgt jedoch in weitgehender Selbstorganisation.
- Der CCO wird **die Führungskräfte unterstützen, ihre Mitarbeiter weiterzu-entwickeln** und aus dem Unternehmen hinauszuentwickeln. Sein Ziel ist die Strategie der ‚Workforce of One', also eine individuelle und adaptive Ansprache und Förderung der Mitarbeiter. Falls im Einzelfall eine Clusterung nötig ist, dann muss sie hochdifferenziert sein, nach Region, Saison, Geschlecht, Lebensphase, Motivation und Zielen der Mitarbeiter.

Wie kann er diese Ziele erreichen?

- Ich habe ich Ihnen ja schon beschrieben, wie der CCO die Verantwortlichkeiten zwischen den Projekten und Teams fluide hin- und her schiebt. Die Messung der Innovationsfähigkeit wird vermutlich auf Basis vieler Daten durch einen Algorithmus erfolgen. Der erfasst die Skills und Kompetenzprofile aller Mitarbeiter und deren Veränderungen. Er erfasst den Fortschritt und die Ergebnisse der Projektteams, die Budgets für Innovationsprojekte, die Anzahl der neuen Projekte ebenso wie die neuen Patente und neuen Produkte. Am Ende wird es eine klare Aussage geben, ob das Unternehmen im letzten Berichtszeitraum innovativer geworden ist oder nicht. Hier werden aber auch Projekte beendet, die zu langsam sind und keinen echten strategischen Nutzen mehr haben. Diese Mitarbeiter können an anderen Stellen gewinnbringender eingesetzt werden.
- Der zweite große Bereich für den CCO ist die Hilfe beim Recruiting und Zusammenstellen der Projektteams. Wir müssen uns hier von einer Vorstellung verabschieden: von den klassischen Stellenprofilen. Wer im Jahr 2025 noch ein klassisches Stellenprofil entwirft und ins Internet oder ans Schwarze Brett hängt, der wird keine einzige Bewerbung bekommen. Was also tun? Das Recruiting wird auf drei verschiedenen Ebenen ablaufen: Zum einen werden die Führungskräfte selbst in ihren individuellen Netzwerken rekrutieren. Das ist die effektivste Art. Zum Zweiten werden externe und interne Headhunter beauftragt, teilweise übernehmen diese auch als dauerhafte Dienstleister wesentliche Aufgaben des klassischen HR-Managements. Und drittens werden der CCO und seine angegliederten HR-Experten zu professionellen Datenanalysten. Sie pflegen ein Computersystem, das gezielt die Daten über potenzielle Mitarbeiter sammelt und auswertet. Dabei geht es nicht mehr um statische Daten wie Abschlüsse und Zeugnisse. Die Lernbereitschaft und

Neugier potenzieller Kandidaten sind weitaus wichtiger als ihr abrufbares Wissen. Mehr und mehr wird es um das proaktive Erkennen der Entwicklungsziele, Wünsche und Potenziale der möglichen Kandidaten gehen, noch bevor diese ihre Wünsche explizit gegenüber dem Unternehmen geäußert haben. Zu diesem Zweck wird der CCO auch Schnittstellen zu den Skill-Informationen der Business-Netzwerke und den neu entstehenden Projektarbeiter-Plattformen bekommen. All diese Datenanalysen für potenzielle Kandidaten wird der CCO auch den Führungskräften zur Verfügung stellen. Und diese werden das System als ‚menschliche Sensoren' mit ihren Informationen über potenzielle Kandidaten füttern. Dies ist die Basis für ein professionelles Zu- und Abwanderungsmanagement, das vom CCO koordiniert werden muss.

Vielleicht kennen Sie Dave Ulrich, einen der theoretischen Vordenker der HR-Szene. Nach seiner Definition besteht Talent aus:

- **Skills**,
- **Commitment** und
- **Contribution**.

Genau diese drei Aspekte werden unsere Algorithmen künftig erkennen. Das Ergebnis unserer Big-Data-Analysen wird nicht eine Liste von Kandidaten sein, die sich beworben haben oder passende Zeugnisse haben. Das Ergebnis wird eine Liste von Menschen sein, für die das gerade startende Projekt eine Herausforderung sein kann, einen persönlichen Entwicklungsschub bringen würde und für die das Projekt im Einklang mit ihren persönlichen Zielen steht. Das ist der Grund, warum der professionelle HRler zu einem großen Teil zum Datenanalyse-Experten werden wird.

- Und der dritte Tätigkeitsbereich schließlich ist die Hilfe bei der persönlichen Entwicklung der Mitarbeiter, auch aus dem Unternehmen hinaus. Diese Entwicklung ist zuallererst die Aufgabe der Führungskräfte. Aber der CCO wird die Führungskräfte bei dieser Aufgabe steuern und unterstützen. Einen wesentlichen Grund habe ich vorhin schon genannt: Wenn es eine lebenslange Loyalität der Mitarbeiter in unserer Branche nicht mehr geben wird, … wenn wir als Unternehmen auf der anderen Seite auch keinem Mitarbeiter mehr eine lebenslange Anstellung zusichern können, … dann führt es auch zu nichts, einander das Gegenteil vorzugaukeln. Das bringt nur Misstrauen, weil es Unternehmen und Mitarbeiter zwingt, sich gegenseitig etwas vorzumachen.

Es entstehen daraus 3 Konsequenzen, die wir beachten sollten[10].

- Meine erste Konsequenz ist, dass wir keine unbefristeten Arbeitsverträge, sondern konsequent nur noch Arbeitsverträge auf Zeit abschließen sollten. Mein

---

[10] Casnocha/Hoffman/Yeh, Harvard Business Manager 2/2014, S. 45.

Vorschlag lautet 2-3 Jahre, weil das der typische Zeitraum ist, den unsere Projekte in Anspruch nehmen. Nach diesem Zeitraum verhandeln wir entweder einen Anschlussvertrag, oder unser Unternehmen sorgt dafür, dass der Mitarbeiter in unserem Partnernetzwerk einen neuen Vertrag bekommt.

- Die zweite Konsequenz ist, den Aufbau von externen Netzwerken durch jeden Mitarbeiter intensiv zu fördern. Für die dabei anfallenden Kosten muss das Unternehmen aufkommen. Denn das individuelle Netzwerk eines Mitarbeiters ist ein ergebnis- und bilanzrelevanter Wert für fluide Unternehmen. Selbst wenn ein Mitarbeiter das Unternehmen verlässt, bleibt das Netzwerk dieses Mitarbeiters wertvoll, solange auch die Verbindung zum Mitarbeiter bestehen bleibt.
- Und die dritte Konsequenz ist der Aufbau eines lebendigen Ehemaligen-Netzwerks, das zu langen und andauernden Beziehungen zwischen aktuellen Mitarbeitern und früheren Beschäftigten führt. Das Ziel ist, über dieses Netzwerk die ehemaligen Mitarbeiter wieder für Projekte ins Unternehmen hereinzuholen.

Soweit meine Gedanken zum nötigen Wandel in unserer HR-Strategie für die nächsten Jahre. Vielen Dank für Ihre Aufmerksamkeit."

Thomas schaute in die Runde. Schweigen. Offensichtlich hatte er die Vorstände beeindruckt. So oder so. „Mein lieber Herr Krüger", brach der Vorstandsvorsitzende das Schweigen, bevor es peinlich werden konnte. „Das war ja weit mehr, als Sie angekündigt haben. Sie haben ja nicht nur eine Idee präsentiert, sondern unsere Unternehmensstruktur neu erfunden." Thomas wusste nicht so recht, was er von diesem Satz halten sollte. Meinte der das positiv oder negativ?

An dieser Stelle sprang Peter Seedorf für ihn in die Bresche: „Also, Kollegen, aus meiner Sicht war das die kompetenteste und wichtigste Zukunftsprognose, die ich in den vergangenen 12 Monaten hier in unserer Runde gehört habe. Und nicht nur hier! Eine vollständige Strategie ist es natürlich noch nicht, aber die Eckpunkte sind aus meiner Sicht alle richtig. Ich glaube, wir haben damit gerade eine große Chance vor uns. Wir sollten sie ergreifen!"

Thomas nickte ihm dankbar zu. Die Zustimmung tat gut. Er wusste ja selbst nicht, ob er zu weit gegangen oder noch auf halber Strecke stehen geblieben war. Da meldete sich wieder der Vorstandsvorsitzende: „Also auf solch ein Konzept waren wir natürlich alle nicht vorbereitet. Deshalb können wir jetzt auch nicht darüber beschließen. Aber ich denke, wir sollten noch unsere Fragen an Herrn Krüger loswerden und uns bis zur nächsten Sitzung in die Details vertiefen, damit wir das dann tiefer diskutieren können. Hat jemand für heute noch Fragen an Herrn Krüger?"

Thomas schaute in die Runde. Er wusste instinktiv, dass er so einfach nicht davon kommen würde. Als Erstes meldete sich die Finanzchefin zu Wort: „Ich habe eine Frage zu Ihrem letzten Vorschlag, dass wir den Aufbau der persönlichen Netzwerke der Mitarbeiter mitfinanzieren sollen. Erstens: Was meinen Sie damit genau? Und zweitens: Mitarbeiter, die ein großes Netzwerk haben, werden vermutlich das Unternehmen auch schneller wieder verlassen. Warum sollen wir ausgerechnet das mitbezahlen?"

Das war in der Tat eine berechtigte Frage. Thomas ahnte, dass sie mit ihrer These sogar recht haben würde. Deshalb entschied er sich für die Flucht nach vorn: „Ja, Sie haben recht!", sagte er: „Die besten Mitarbeiter werden das Unternehmen wieder verlassen. Es gibt keine Loyalität auf Lebenszeit mehr in unserer Branche. Die aktuellen Studien besagen, dass es 40 Prozent Projektarbeiter geben wird, die jeweils für 2-3 Jahre bleiben. Das bedeutet: Wir müssen alle 3 Jahre 40 Prozent unserer Mitarbeiterschaft neu rekrutieren. Je eher wir das akzeptieren, desto eher werden wir echte Lösungen dafür entwickeln. Und diese echten Lösungen können nur in der ehrlichen partnerschaftlichen Beziehung zu jedem einzelnen Mitarbeiter liegen. Von der Beziehung müssen beide etwas haben, das Unternehmen und der Mitarbeiter. Konkret würde das meiner Meinung nach bedeuten, dass das Unternehmen alle Kosten übernehmen sollte, die beim Aufbau und der Pflege des individuellen Netzwerkes des Mitarbeiters anfallen: also z.B. Teilnahmegebühren an Kongressen, Spesen für Treffen mit interessanten Personen und Gebühren für die Nutzung der Business-Netzwerke. Im Gegenzug sollten wir dem Mitarbeiter meiner Meinung nach nur sagen, dass wir erwarten, dass er sein Netzwerk auch in den Dienst des Unternehmens stellt. Ich bin sicher, wir bekommen dabei mehr zurück, als wir zahlen."

„Aber warum sollten wir nicht versuchen, die besten Mitarbeiter für immer zu halten?", mischte sich der Marketingvorstand ins Gespräch ein: „Warum diese Zeitverträge? Damit programmieren wir die große Fluktuation doch selbst vor!"

Diese Frage hatte Thomas erwartet: „Ich bin überzeugt, dass die Fluktuation ohnehin eintritt. Wir kommen da nicht drum herum. Wenn wir Zeitverträge machen, werden die Auswirkungen der Fluktuation geringer sein und auch berechenbarer als bei den bisherigen, unbefristeten Verträgen. Grund dafür ist, dass die Aussagen in den bisherigen Verträgen schwammig sind. Und das macht sie unehrlich. Denn was steckt zwischen den Zeilen dahinter? Wir erwarten vom Mitarbeiter eine lebenslange Loyalität, das Unternehmen aber hält sich die Tür offen, jederzeit zu kündigen. Das schürt Misstrauen. Ich würde behaupten, dass die unbefristeten Verträge die Mitarbeiter wegtreiben, sobald sie ein attraktives Angebot bekommen. In diesen Situationen ist das dann für unser Unternehmen unerwartet und stellt uns vor Probleme. Zeitlich befristete Verträge werden dagegen von den Mitarbeitern meist zu Ende gebracht und sind für uns berechenbarer."

Doch der Marketingchef ist noch nicht zufrieden: „Aber was ist denn dann die Alternative? Wollen Sie alle Verträge auf Zeitverträge umstellen?" Dazu hatte Thomas eine klare Meinung: „Meiner Meinung nach sollten wir uns mit den wichtigsten Mitarbeitern hinsetzen und gemeinsam formulieren, welche gegenseitigen Verpflichtungen es gibt, welche konkreten Ziele und welche klaren Erwartungen. Das Ganze immer zeitlich begrenzt. Und wir sollten dabei immer prüfen, ob wirklich beide Seiten profitieren und sich weiterentwickeln können."

An dieser Stelle schaltete sich der Vorstandsvorsitzende wieder ein. „Na da haben Sie ja eine ganz schöne Aufgabe vor sich", sagte er. Die Ironie in seinem Tonfall verriet Thomas immer noch nicht, ob er ihn auf seiner Seite hatte oder nicht. Also blieb er sachlich: „Diese individuellen Abkommen lassen sich sicher nicht durch die zentrale Personalabteilung realisieren. Hier geht es ja in erster Linie nicht um den Vertrag und die Unterschrift darunter. Sondern hier geht es darum, dass die Führungskraft mit dem Mitarbeiter einen Pakt eingeht. Es geht um die individuellen Fähigkeiten und Entwicklungswünsche des Mitarbeiters. Und es geht um Vertrauen. Ich denke, dass diese Gespräche immer nur der jeweilige Vorgesetzte führen kann."

Der Vorstandsvorsitzende nickte und schaute in die Runde. Doch bevor er die Debatte für beendet erklären konnte, meldete sich noch der Vertriebsvorstand zu Wort. Thomas kannte ihn oder vielmehr seinen Ruf. Als innovationsfreudig galt er nicht, ganz im Gegenteil. Das sah man auch jetzt in seinem Gesicht. „Ich habe mal eine etwas ketzerische Frage", begann er mit süffisantem Lächeln: „Woher wissen wir denn, dass dieses Problem wirklich auf uns zukommt. Wer sagt uns denn, dass wir nicht in 3 Jahren überflutet werden von einer Masse gut ausgebildeter Fachkräfte aus Südeuropa, weil dort wieder mal die Wirtschaft zusammenbricht und alle hierherkommen. Dann haben wir hier das halbe Unternehmen umgebaut für eine Situation, die gar nicht eintritt. Oder?"

Dieses Killer-Argument hatte Thomas befürchtet. Doch ehe er nach einer Antwort suchen konnte, schaltete sich Peter Seedorf in die Diskussion ein: „Keiner von uns ist natürlich Wahrsager", begann er, die Schärfe aus der Frage zu nehmen. „Aber all die von Herrn Krüger zitierten Prognosen basieren auf stichhaltigen Daten verschiedener Studien. Vermutlich können wir es uns einfach nicht leisten, darauf zu warten, ob diese Prognosen auch tatsächlich bis auf die letzte Kommastelle eintreten. Denn dann haben uns die Aktionäre längst abgesetzt. Wir müssen also einen Weg finden, wie wir in die vorgeschlagene Richtung gehen und trotzdem flexibel bleiben für Anpassungen und Adaptionen der Strategie an neue Situationen oder neue Prognosen. Und was die Südeuropäer betrifft: Die Studien, die ich kenne, gehen alle davon aus, dass der Traum von gut ausgebildeten Fachkräften aus Spanien, Italien und Griechenland für die deutschen Unternehmen tatsächlich nur ein Traum ist. Denn diese Länder haben eine ähnliche demografische Entwicklung wie wir. Auch dort altert die Bevölkerung, die Jungen fehlen und die Fachkräfte werden knapp. Sobald die ihre Wirtschaft wieder im Griff haben, ziehen all diese Fachkräfte wieder nach Hause in die Heimat. Dann ist die Zuwanderung aus Südeuropa nicht größer als die Abwanderung Deutscher in diese Richtung."

„Okay, dann beenden wir hier diese Diskussion." Der Vorstandsvorsitzende übernahm wieder das Wort. „Herr Krüger, ich würde vorschlagen, dass Sie sich in den nächsten Wochen einmal mit Herrn Seedorf zusammensetzen und Ihr Konzept gemeinsam in eine Strategie bringen, die wir dann mit etwas mehr Vorlauf hier intensiv diskutieren können. Einverstanden?" Peter Seedorf nickte ihm zu.

Thomas hatte das Gefühl, dass hier etwas wirklich Wichtiges begonnen hatte. Wenig später sollte sich herausstellen, dass es genauso war.

10 Wieso Personaler zu Datenanalysten werden

Summary

Wesentliche Prozesse des Personalmanagements haben bereits in den vergangenen Jahren eine durchdringende Digitalisierung erfahren: von der elektronischen Personalakte im Self-Service-Modus über die Personaleinsatzplanung bis zur Etablierung von Recruitingportalen im Internet. In den kommenden Jahren wird ein wesentlicher Trend der Digitalisierung hinzukommen, den der HR-Bereich bis heute verschlafen hat: die smarte Prognostik. Intelligente Algorithmen werden in den kommenden Jahren die Ziele, Wünsche und Bedürfnisse jedes Mitarbeiters individuell analysieren. Insbesondere die bislang unausgesprochenen Gedanken der Mitarbeiter zu persönlichen Herausforderungen, individuellen Werten und inspirierenden Teammitgliedern kann Technologie besser prognostizieren als die soziale Intelligenz von Menschen. Mitarbeiter werden diese intelligenten Karriere-Apps stets auf ihren Smartphones und Laptops verfügbar haben. Eine wesentliche Herausforderung der künftigen HR-Abteilung wird es sein, einen strategischen Einfluss auf diese Algorithmen zu gewinnen. Die Folge ist eindeutig: Die entscheidende Frage für einen Recruitingerfolg fluider Unternehmen ist nicht die Frage, ob die Firma eine tolle Employer Brand ist. Entscheidend ist, ob sie die Macht über die Intelligenz dieser IT-Prognostiksysteme hat. Die HR-Abteilung der Zukunft wird somit zum großen Teil aus Datenanalysten bestehen.

Rückblick, Montag, 3. Juni 2019

„Herr Krüger!" Der Ruf ließ Thomas erschrocken zusammenzucken. Es war nur ein paar Tage nach seinem Vortrag in der Vorstandsrunde gewesen. Thomas stand in der Kantine und hatte gerade seine Chipkarte auf die Kasse gelegt. Da winkte ihm Peter Seedorf vom Vorstandstisch aus zu. Der Innovations-Vorstand! „Wollen wir zusammen essen?", rief der durch den ganzen Raum. Das war Thomas etwas peinlich. Nicht dass er noch nie am Vorstandstisch gegessen hätte, im Gegenteil: Seine Beziehungen, besonders zum Vorstandsvorsitzenden, waren sehr gut. Aber das musste ja nun nicht gerade die gesamte Kantine erfahren. Thomas pflegt seine Beziehungen lieber diskret.

Aber natürlich hatte er damals den Wunsch von Peter Seedorf angenommen und war an den Vorstandstisch gegangen. Sie beide waren an diesem Tag die Einzigen dort gewesen. Nachdem sie sich gegenseitig einen guten Appetit gewünscht hatten, war Peter Seedorf gleich auf den Punkt gekommen. „Das, was Sie in der Vorstandssitzung gesagt haben, hat mir gut gefallen", begann er. „Besonders Ihre Prognose, dass das Recruiting in der Welt der Projektarbeiter zu einer Aufgabe für Datenanalysten wird." Thomas nickte. „Ich ahne schon, welche Überlegungen Sie zu dieser Aussage gebracht haben. Aber können Sie dazu noch ein paar Worte mehr sagen?" Thomas musste kurz überlegen. Er war dankbar, dass der Innovations-Vorstand ihn nicht in den üblichen 0815-Small-Talk verwickelte, sondern sich ernsthaft interessierte.

Thomas hatte seine Gabel beiseitegelegt und begonnen, zu erklären: dass die Entwicklung des Personalmanagements in den vergangenen Jahren eine durchdringende Digitalisierung erfahren habe; dass von der elektronischen Personalakte im Self-Service-Modus bis zur Personaleinsatzplanung schon alles digital war; und dass sich die Internet-Business-Plattformen von Xing bis LinkedIn zu Recruitingportalen entwickelt hätten. Doch einen wesentlichen Trend der Digitalisierung in anderen Gebieten hatte der Human-Resources-Bereich bis dato verschlafen: die smarte Prognostik. Während in Marketing und Sales schon lange die Algorithmen analysierten, welches Bedürfnis ein Kunde gerade hatte, war diese Logik in die HR-Systeme noch nicht eingedrungen. Thomas versuchte, seinen Gedanken anhand eines Bildes aus der Produktion klarzumachen: „Während in den digitalisierten Fabrikhallen schon lange das Werkstück auf seinem Weg durch die Maschinen die Information mit sich trägt, was an welcher Stelle mit ihm passieren soll, gehen die HR-Strategien immer noch von der Frage aus, was die Maschinen leisten können!"

Peter Seedorf runzelte die Stirn, als hätte er es nicht ganz verstanden. Deshalb setzte Thomas nochmals an: „Es ist doch so: Jeder dieser Projektarbeiter hat andere Ziele, Wünsche und Bedürfnisse. Jeder hat eine andere Vorstellung davon, was für ihn eine persönliche Herausforderung wäre, was er für sinnvoll für sich und die Welt hält und wie ein Team aussehen müsste, in dem er sich wohlfühlt und inspiriert wird. Vieles davon wird der Projektarbeiter noch nie in Worten gefasst haben. Vielleicht ist es ihm auch gar nicht bewusst. Aber in Zeiten von Big Data ist es doch ein Leichtes, genau diese Faktoren zu analysieren, noch bevor der Projektarbeiter danach fragt. Wir könnten also unsere Jobs und Abteilungen so ausrichten, dass sie den Bedürfnissen und Fähigkeiten des Projektarbeiters perfekt entsprechen. Oder in dem Maschinen-Bild ausgedrückt: Nicht die Funktionen der Maschinen, also die klassischen Jobprofile unserer Abteilungen, bestimmen die Art der Zusammenarbeit, sondern die Bedürfnisse des Werkstücks, also des Projektarbeiters."

Peter Seedorf hatte die ganze Zeit unmerklich genickt. Jetzt fing er an, zu reden: „Wenn das so wäre, dann wäre ja die entscheidende Frage für unseren künftigen Recruiting-Erfolg gar nicht die Frage, ob wir eine tolle Employer Brand sind, sondern ob wir die Macht über die Intelligenz dieser IT-Prognostiksysteme haben." Thomas nickte heftig. Er fühlte sich verstanden. „Und ob wir die Ergebnisse der Systeme eher haben, als die Konkurrenz", ergänzte er.

Peter Seedorf war mit seinen Gedanken offenbar schon weiter gewesen: „Und wie müsste ein solches System aussehen?" Thomas zögerte keine Sekunde: „Ein typisches Cloud-System. Wobei es bei der Cloud natürlich nicht darum geht, auf welchem Server irgendwelche Daten gespeichert werden, oder ob das in Europa oder Übersee geschieht. Bei der Cloud geht es ja darum, über Objekterkennung, Bilderkennung und beobachtende Interfaces alle möglichen Bewegungsdaten der Menschen zu erfassen und über maschinelle Algorithmen zu kombinieren, um am Ende in Echtzeit individuelle und situationsbezogene Prognosen über die momentanen Bedürfnisse der Nutzer zu erstellen. Oder einfacher gesagt: Es geht um die Bedürfniserkennung des Nutzers … das Prognostizieren seiner Wünsche, bevor er sie ausgesprochen hat."

Thomas hatte den ungeduldigen Ausdruck in Peters Gesicht schon erkannt, da war er noch gar nicht fertig mit seinem Satz. „Okay, aber was heißt das konkret?", insistierte Peter sofort. „Na prima", schoss es Thomas durch den Kopf. „Das wird ja eine fordernde Zusammenarbeit." Plattitüden und Gedankenpausen waren bei Peter Seedorf verpönt. Thomas hatte das in dieser Sekunde erkannt.

„Konkret heißt das, dass das ‚Phänomen der Masse' aus der HR-Arbeit verschwindet", sagte Thomas. Die Falte auf Peters Stirn wurde noch tiefer. Thomas versuchte, seinen Gedanken zu erklären: „Jeder dieser Projektarbeiter wird eine Karriere-App auf dem Smartphone haben, einen elektronischen Job-Assistenten. Diese Software analysiert automatisch im Hintergrund, welche Projekte ihr Besitzer am liebsten macht, welche Aufgaben er besonders gut kann, mit welchen Menschen er besonders gern redet, welche Informationen ihn interessieren, welche sozialen Projekte er unterstützt, welche Wertvorstellungen er hat, und so weiter. Aus all diesen Daten erstellt die Software ein individuelles ‚Next-Project-Bedürfnisprofil'.

Peters Falte war verschwunden. „Und das muss wirklich alles automatisch laufen?", fragte er. Thomas nickte: „Natürlich kann jemand auch bewusst seinen Job-Assistenten mit Informationen füttern oder bestimmte Dinge besonders hervorheben", ergänzte er. „Aber niemand ist dazu gezwungen. Eigentlich läuft alles automatisch im Hintergrund. Und mit diesem Bedürfnisprofil sucht der Assistent dann in den üblichen Internetplattformen nach passenden Projekten und stellt den Kontakt her. Und das wiederum bedeutet für das Unternehmen, …" Thomas versucht merkbar, den Bogen zu seinem eher philosophischen Anfang zu schlagen. „… dass es keine ‚lenkbare' Masse an Bewerbern auf ein Profil mehr gibt, sondern mit jeder Person ein 1:1-Dialog über ihre Jobwünsche und Bedürfnisse geführt werden muss."

Thomas merkte es deutlich: Jetzt war Peter in der Geschichte drin: „Und wie geht das? Was tun HR-Berater in diesem Szenario noch?" Die Frage war eine Steilvorlage. Thomas fragte zurück: „Heutige HR-Berater? Nichts! Niemand braucht einen Berater, wenn eine App ihm viel kompetenter sagt, welches Projekt als nächstes zu ihm passt." Peters Falte kam wieder. Offenbar hatte ihn Thomas schon wieder unterfordert. „Das ist klar. Aber wer hat die strategische Macht über diese Assistenten. Also wie können wir steuern, dass wir trotzdem immer die passenden Mitarbeiter in unsere Projekte bekommen?"

Über diese Frage hatte Thomas auch schon oft nachgedacht. Wenn er jetzt ehrlich gewesen wäre, hätte er zugeben müssen, dass er keine wirklich gute Antwort darauf hatte. Aber er versuchte einen anderen Weg: „Es wird ja nicht nur einen Anbieter für solche Job-Assistenten geben. Im Gegenteil: Viele werden es sein! Zunächst von den Spezialplattformen wie Xing und LinkedIn. Sicher auch von Google und Facebook. Irgendwann vermutlich auch von den Unternehmen, die heute die Talentmanagement-Software verkaufen. Vielleicht auch von Verlagen und auf jeden Fall von Headhuntern und Personaldienstleistern. Ich glaube sogar, dass wir eine Chance hätten, als ganz neuer Anbieter einen Job-Assistenten zu platzieren. Wenn wir nur schnell genug sind."

„Und sollten wir das tun?" In Peters Stimme schwang weniger Skepsis als Neugier. „Ich glaube ja", antwortete Thomas. „Wenn wir damit schon nicht den Personalmarkt aufmischen, dann bekommen wir mindestens das modernste Alumni-Management-System der Welt." Peter nickte heftig. Er war wohl überzeugt. „Ich glaube sogar", sagte er, „dass wir eine ernsthafte Chance hätten, den Recruiting-markt aufzumischen. In der IT gilt ja nach wie vor das Moore'sche Gesetz: Alle 18 Monate verdoppelt sich die Leistungsfähigkeit von Computerchips[11]. Das heißt: Normale PCs für 1.000 Dollar werden im Jahr 2020 die Leistungsfähigkeit eines menschlichen Gehirns erreichen. Und im Jahr 2040 wird die Leistungsfähigkeit aller menschlichen Gehirne durch einen einzigen Computer emuliert werden[12]. Das be-

---

[11] Moore sprach von der Komplexität integrierter Schaltkreise, andere Quellen von der Integrationsdichte. Die Angabe des Zeitraumes variiert je nach Quelle von 12 bis 24 Monaten.

[12] Ein menschliches Gehirn schafft etwa 10^{13} Rechenoperationen pro Sekunde, Supercomputer schaffen heute bereits bis zu 10^{14} Rechenoperationen pro Sekunde. Bei gleichbleibendem Tempo der Technologieentwicklung entstehen im Jahr 2020 bzw. im Jahr 2040 die beschriebenen Szenarien. Vgl. Rede von Dr. Stefan Sigrist, Direktor des W.I.R.E. ThinkTanks auf dem 10. 2b AHEAD Zukunftskongress (http://www.2bahead.com/tv/rede/video/wie-unsere-koerper-den-wettlauf-mit-computern-bestehen).

deutet, dass wir hier in den kommenden Jahren mindestens 3 Generationswechsel an Technologie haben werden. Jeder bietet neuen Anbietern eine neue Chance. Und wenn sich die demografischen Zahlen nur halb so dramatisch entwickeln, wie Sie es im Vorstand beschrieben haben, dann geht es doch vor allem darum, diese strategische Position so schnell wie möglich zu besetzen. Egal womit!"

Thomas staunte nicht schlecht. Ihm war es bisher um den Gedanken gegangen, die Arbeitsfähigkeit seiner HR-Abteilung für die Zukunft zu sichern. Als neues Geschäftsfeld für das Unternehmen hatte er das noch nie gesehen. Aber das, was Peter Seedorf sagte, ergab Sinn. „Was ich noch nicht verstehe", unterbrach der Innovations-Vorstand Thomas' Gedanken, „auf welche Art kommen dann die Daten zu den Bedürfnissen des einzelnen Projektarbeiters und zu den Projekten der Unternehmen zusammen?"

Thomas versuchte ein Lächeln: „So genau weiß ich das auch noch nicht. Ich vermute, dass in der Realität in großen Projektarbeiter-Portalen sowohl die Projektarbeiter durch die Unternehmen bewertet werden als auch die Unternehmen durch die Projektarbeiter. Wenn ein Unternehmen ein neues Projekt ausschreibt, wird es die ausführliche Projektbeschreibung einstellen, aus der der intelligente Algorithmus dann relevante Daten erkennt und mit den Bedürfnisprofilen der einzelnen Projektarbeiter vergleicht. So wie es heute die Suchmaschinenoptimierung von Texten gibt, gibt es dann vermutlich auch so etwas wie die Job-Assistant-Optimierung. Und Unternehmen werden vielleicht sogar versuchen, den Spieß herumzudrehen. Vielleicht versuchen sie, ihre Projekte zu verauktionieren. Sie könnten Auktionsportale aufbauen, ihre Projekte einstellen und auf Komplettangebote von Projektteams warten. Auf jeden Fall brauchen aber alle diese Portalen offene Schnittstellen, um miteinander zu kommunizieren."

An dieser Stelle hatte Peter Seedorf zweifelnd den Kopf geschüttelt. „Ob es die wirklich geben wird, da bin ich mir nicht sicher", hatte er gesagt und war aufgestanden. „Ich muss los. Machen Sie doch bitte mit meinem Assistenten einen Termin. Wir sollten daraus schnell etwas machen, was wir der Vorstandsrunde vorlegen können."

11   Wie das Büro der Zukunft aussieht

Summary

Das Ende der Vorstellung vom Büro als kleine, gemütliche, private Arbeitsbox hat bereits begonnen. Schon heute werden neu gebaute Bürohäuser von neuen Raumkonzepten geprägt. Dies wird sich bis 2025 in den meisten Branchen und den meisten Unternehmen durchgesetzt haben. Das Bürohaus der Zukunft enthält drei unterschiedliche Raumtypen: einerseits Co-Working Spaces mit Loungecharakter, die ideal auf die Bedürfnisse von gemeinsam arbeitenden Teams abgestimmt sind; andererseits Silent Rooms, die ein ungestörtes Lesen, Denken und Schreiben befördern; und drittens Communication Rooms, die mit neuen Kommunikationstechniken die dreidimensionale, lebensechte Projektion von Personen oder Gegenständen in Räume ermöglichen und weltweit miteinander vernetzbar sind. Computer sind kaum noch zu sehen, sie verschwinden in Tischen, Glasscheiben und Wänden. Die Menschen steuern sie über Gesten und sprechen mit ihnen wie mit anderen Menschen, egal in welcher Sprache: Die Übersetzerfunktion in Echtzeit ist zur regulären Standardsoftware geworden.

Mittwoch, 7. Mai 2025

„Hallo Thomas!" Melanies Stimme klingt fast etwas aufgeregt. „Das ist ja schön, dass wir uns wieder mal hören. Nach so langer Zeit!" Thomas schmunzelt in sich hinein. Das hat er auch gerade gedacht. Nach Melanies Antwort auf seine E-Mail war alles ganz schnell gegangen. Einige E-Mails hin und her. Und dann hatte Thomas vorgeschlagen, sich doch einmal zum virtuellen Meeting im Communication Room zu treffen. Danach war zwei Tage Funkstille. Thomas verstand zunächst nicht so recht, warum Melanie zuerst so überschwänglich war und sich dann gar nicht mehr meldete. Bis ihm einfiel, dass es sein könnte, dass sie über gar keinen Communication Room für virtuelle Meetings in ihrem Unternehmen verfügte. Genauso war es dann auch.

Deshalb sitzt er nun hier in seiner mit Hightech vollgestopften Kommunikationszentrale und redet auf die leere, weiße Wand ein. Normalerweise erscheinen hier die Gesprächspartner dreidimensional vor ihm und sie können sich gemeinsam an den echten Tisch setzen und reden. Oder sie schauen sich gemeinsam Präsentationen und Dokumente an, die wie auf einer unsichtbaren Glasscheibe mitten im

Raum hängen. Das gute alte Telefon hatte er schon lange nicht mehr in der Hand gehalten. Außer natürlich das Telefon in seiner Brille mit den Ohrstöpseln, mit dem er in seiner Freizeit die normalen Anrufe entgegennimmt.

Wer hätte das noch vor 10 Jahren gedacht? Damals begannen die ersten Unternehmen, neue Headquarters zu bauen. Er kann sich gut erinnern, wie er die Präsentationen dieser futuristischen Bürowelten auf den einschlägigen Personalkongressen für spinnerte Visionen einiger Designer hielt. Aber es dauerte keine 6 Jahre, da hatte er in seinem Unternehmen ebenfalls eine Arbeitsgruppe ins Leben gerufen, die den Umbau ihres Bürogebäudes plante. Das war das Ende der früheren Vorstellung vom Büro als kleine, gemütliche, private Arbeitsbox. Wie alle anderen modernen Bürohäuser hatten auch sie damals einen Dreiklang neuer Raumkonzepte geplant.

- Zentrales Element sind große **Co-Working Spaces**. Sie ähneln einer gemütlichen Lounge mit bequemen Sesseln, haben aber auch große Küchentische und bieten optimale Bedingungen für Meetings von kleinen und großen Teams. Der größte Streitpunkt bei der Einführung war, dass es plötzlich kein Mein und Dein mehr gab. Die Arbeitsplätze waren nicht mehr einzelnen Personen zugeordnet. Jeder musste seine wichtigen Unterlagen im Laptop-Koffer stets dabeihaben. Die Umstellung lief erstaunlich problemlos.
- Thomas hatte mit mehr Widerstand gerechnet, vor allem von den Langzeitmitarbeitern. Aber diese wurden damals besänftigt durch eine zweite Art von Räumen. Die kleineren Denker- und Schreiberstübchen, in die man sich bei Bedarf allein zurückziehen kann, die **Silent Rooms**. Sie sind nach wie vor hochbeliebt. In regelmäßigen Abständen muss Thomas sein Team durch das Haus schicken, um jene Mitarbeiter auszuquartieren, die einen der Silent Rooms dauerhaft blockieren.
- Und dann gibt es natürlich die dritte Raum-Kategorie für den Kontakt nach außen, die **Communication Rooms**. Diese Kommunikationsräume sind meist ebenso kleine Räume wie die Silent Rooms. Die Tapeten bestehen jedoch komplett aus Displays und lassen sich virtuell mit jedem Ort der Welt vernetzen. Hier arbeiten die Mitarbeiter gemeinsam in virtuellen Räumen an 3-D-Objekten, auch wenn geografisch tausende Kilometer zwischen ihnen liegen.

Man sieht in diesen neuen Bürohäusern natürlich viel Glas, dafür aber kaum noch einen Computer. Das bedeutet nicht, dass es keine mehr gibt, im Gegenteil: Es gibt tausende davon. Sie sind jedoch verschwunden in Tischen, Glasscheiben und Wänden. Diese Wände passen sich dem Bedürfnisprofil des gerade dort arbeitenden Menschen an. Sie erkennen Stimmungen und unterstützen die Arbeit mit passenden Farben und Bildern. Das Bürohaus ist nicht mehr nur individuell, sondern es passt sich jederzeit adaptiv den Nutzern und deren Nutzungssituationen an. Die

Tische und Glasscheiben bekamen die Funktionen früherer Computerdisplays. Sie sind zu intelligenten Assistenten geworden. Maus und Tastaturen sind verschwunden, die Menschen steuern diese Computer per Gesten und sprechen mit ihnen wie mit anderen Menschen, egal in welcher Sprache: Die Übersetzerfunktion in Echtzeit ist zur regulären Standardsoftware geworden.

Thomas konnte sich für diese technischen Spielereien nie richtig erwärmen. Für deren großen Nutzen jedoch schon. Seit seine Mitarbeiter die wichtigen Informationen jederzeit passgenau in die jeweilige Arbeitssituation eingespielt bekommen, sind diese viel effizienter geworden! Natürlich gab es auch Diskussionen und Vorbehalte. „Wir wollen uns nicht von Maschinen bevormunden lassen", meinten die Kritiker. Doch die Realität zeigte schnell, dass es darum nicht ging. Niemand wurde zu etwas gezwungen. Man konnte diese Informationsangebote jederzeit annehmen oder ablehnen. Man konnte die Geräte auch ausschalten. Doch die Realität sah natürlich anders aus. Denn wer die Technologie nutzte, arbeitete wesentlich schneller und konzentrierter. Das Nutzungsverhalten veränderte sich gewaltig.

Andererseits war auch nicht alles Gold, was glänzte. Dadurch, dass in den letzten Jahren viele Einrichtungs- und Gebrauchsgegenstände zu Internetempfängern geworden waren, passten sich ständig alle Räume, Büros und Hotelzimmer dem Stil und Bedürfnis des einzelnen Menschen an: die Beleuchtung, die Atmosphäre, die Info-Screens an der Wand … alles war wie immer, iPad, iMirror, iTable und iWallpaper sei Dank! Doch so angenehm das anfangs schien, so schnell wurde klar, dass die Menschen ab und an auch Überraschungen lieben. Also wurden kurze Zeit später in die neu entstandenen Internetspiegel, -tische, -autos, -wände und -fenster auch Überraschungen einprogrammiert. Eine sehr technische Lösung, doch sie funktionierte. Die intelligente Technologie konnte analysieren, wann und in welcher Regelmäßigkeit ihr Benutzer überrascht werden will. Mit diesem Wissen begann sie, jede Situation adaptiv auf die Bedürfnisse ihres Nutzers einzustellen und auch noch jene Informationen in den Arbeitsalltag einzuspielen, nach denen die Menschen gar nicht suchten, weil sie (noch) gar nicht ahnten, dass sie nützlich sein könnten.

Thomas erinnert sich gut an Diskussionen über die vermeintlich schlimmen Folgen der technologischen Entwicklung. „Eines Tages werden die Geräte uns besser kennen als wir selbst!", war eine der apokalyptischen Prognosen, die auch Thomas hin und wieder in den Mund genommen hatte. „Aus heutiger Sicht", denkt Thomas und verzieht bei diesem Gedanken spöttisch den Mund, „ist es genauso gekommen. Nur niemand regt sich mehr auf. Offenbar ist es gar nicht so schlimm."

Thomas schaut auf die kahle, weiße Wand und ruft ihr zu: „Melanie! Was macht Niederndodeleben?"

12 Vom Personalberater zum persönlichen 360°-Manager

Summary

Die Strategien der Personalberater wandeln sich mit den HR-Abteilungen: Es entstehen neue strategische Partnerschaften. Unternehmen haben sogenannte Unternehmensaccounts bei ihrem Personalberater. Dieser kennt den Personalbedarf für einen Zeitraum, beobachtet permanent den Markt und vermittelt nicht nur auf aktuell vakante Positionen, sondern kontinuierlich für das gesamte Unternehmen. Im Ergebnis werden Personalberater zu persönlichen 360°-Managern der einzelnen Mitarbeiter. Wie bereits von den Spielervermittlern im Profifußball bekannt, werden Personalberater die Mitarbeiter individuell unter Vertrag nehmen. Zunächst suchen sie ihre Klienten in den Unternehmen, später als Talentagenturen bereits in den Schulen und Universitäten. Sie investieren in deren Kompetenzentwicklung und verdienen später an jedem neuen Vertrag eines Mitarbeiters. Wenn sie einen Kandidaten auf eine Position vermitteln wollen, deren Anforderungen er noch nicht ganz erfüllt, finanzieren sie auch die Schnellqualifizierung. HR-Abteilungen haben dabei keine Wahl: Sie begeben sich in ein neues Abhängigkeitsverhältnis: Personaldienstleister werden ihre besten Kandidaten poolen: Wer einen der Top-Kandidaten haben will, muss zugleich einige B- oder C-Kandidaten verpflichten.

Mittwoch, 7. Mai 2025

In Nieerndodeleben vergeht der Vormittag rasend schnell. Nach dem Telefonat mit Thomas findet Melanie kaum mehr Zeit, das Meeting mit Klaus vorzubereiten. Klaus ist Headhunter. Einer der Guten! Melanie ist mit Klaus per Du. Sie kennen sich schon ewig: seit dem Studium, damals in Paderborn. Danach hatten sie sich zwar einige Jahre wieder aus den Augen verloren. Aber als Melanie nach den Irrungen und Wirrungen ihrer Weltreise irgendwann als Personalchefin in Niederndodeleben angekommen war, hatte es nicht lange gedauert, bis Klaus sich meldete. „Kein Wunder!", hatte Melanie zuerst gedacht. „Der will mit mir ein Geschäft machen." Aber dann hatte sie ihre Bedenken beiseitegeschoben. Lieber machte sie mit jemandem Geschäfte, den sie mochte. Also kam Klaus zum ersten Mal in seinem Leben nach Niederndodeleben.

Und nun sitzt er schon wieder hier im Klinkerhof. Die rustikale Kneipe ist die einzige in der Nähe der Firma. Melanie und Klaus treffen sich eigentlich immer hier. Immer wenn sie etwas von ihm will. Aber heute wird es möglicherweise anders sein, denn heute hat er um das Gespräch gebeten. Melanie ist wirklich gespannt. Seit sie sich gegenübersitzen, versucht sie, in seinem Blick etwas über seine Absicht herauszulesen. Bisher hat sie es nicht geschafft. Also geht sie den direkten Weg:

„Was treibt dich denn heute in unser schönes Dorf?", beginnt sie den direkten Teil des Gesprächs. „Ich habe doch gar keinen Auftrag für dich heute?" „Langsam!", entgegnet Klaus mit einem süffisanten Grinsen: „Das wissen wir doch noch gar nicht." Melanie spürt in sich eine kleine Unsicherheit hochkommen. Weiß Klaus etwas, von dem sie noch nicht weiß? Sie hat schon von Kollegen gehört, die erst von ihren Personalberatern erfahren hatten, dass der wichtigste Mitarbeiter das Unternehmen verlassen würde. Zuweilen spielen die Personalberater ihre neue Macht unangenehm aus. Aber Klaus traut sie so etwas eigentlich nicht zu.

Er scheint ihre Gedanken zu ahnen: „Keine Angst, ich habe dir niemanden abgeworben! Aber ich habe vielleicht jemanden für Dich, von dem du noch gar nicht weißt, dass du ihn brauchst." Melanie blickt ihn skeptisch an, während er weiterspricht: „Ihr habt doch den Lingner, euren Chefdesigner!" „Jaaaaaa?!" In Melanies Stimme schwingt eine Vorahnung mit. „Was glaubst Du, wie lange der noch bei Euch bleibt?", fragt Klaus. „Oder anders gefragt: Willst du warten bis er von selbst kündigt?" „Wie meinst du das?" „Ganz einfach: Ich hätte jemanden für Dich, der wäre ideal auf dieser Stelle. Du könntest also einen völlig unkomplizierten Tausch machen und musst keine Angst mehr haben, dass dein Chefdesigner demnächst kündigt." „Du hast einen Chefdesigner, den ich gar nicht brauche?" Melanie schüttelt den Kopf. Klaus lächelt: „Nein, falsch: Ich habe einen Chefdesigner, von dem du noch nicht weißt, dass du ihn brauchst."

Melanie ist überrascht. Solch ein Angebot hat sie noch nie bekommen. Seit 5 Jahren hat sie den Unternehmensaccount bei Klaus. Der Account ist eine Art strategische Partnerschaft. Konkret heißt das: Immer wenn Melanie eine Führungsposition besetzen muss, wendet sie sich an Klaus. Der wiederum hat sich perfekt auf sie eingestellt. Er kennt ihre Führungskräfte, weiß um deren Stärken und Schwächen. Gemeinsam besprechen sie die Strategien jeweils für das kommende halbe Jahr. Sie verständigen sich darüber, wie hoch der Personalbedarf sein wird, nicht nur für eine bestimmte, augenblicklich vakante Position, sondern kontinuierlich für das ganze Unternehmen. Dann besorgt Klaus die nötigen Mitarbeiter.

Und auch um die Weiterbildung und das Coaching ihrer Top-Mitarbeiter kümmert er sich. Denn irgendwann in den vergangenen Jahren war Melanie über die Frage gestolpert, wie viel ihr Unternehmen in die Weiterbildung von Mitarbeitern investieren sollte, die das Unternehmen in absehbarer Zeit ohnehin wieder verlassen würden. Darüber hatte sie mit Klaus gesprochen. Gemeinsam entwickelten sie ein Modell, bei dem die wesentlichen Teile des früheren Weiterbildungsprogramms an Klaus' Firma outgesourct wurden. Der Vorteil dabei: Für Klaus steht immer der Mitarbeiter im Zentrum. Er hat nicht nur den aktuellen Arbeitgeber im Blick, sondern auch das Potenzial des Mitarbeiters für künftige Arbeitgeber.

Auf diese Weise war es möglich, die Weiterbildungskosten auch für das Unternehmen zu senken, denn bei einigen Arbeitnehmern übernahm Klaus' Firma die Kosten. Das waren jene Mitarbeiter, mit denen Klaus zugleich einen Managementvertrag abschließen konnte. Der Personaldienstleister wurde so zum 360°-Manager für seine Klienten.

Anfangs waren die noch zögerlich. Aber Klaus erklärte ihnen, dass er als ihr Manager alle Kosten der Weiterbildung und Vermittlung übernehmen werde. Einigen Ausgewählten sicherte er sogar zu, dass er für ihren Lohn aufkommen werde, falls sie übergangsweise einmal keinen Job hätten. Und wer dann immer noch zögerte, dem erzählte Klaus von Künstlern und Profifußballern. Dort war es ja seit Jahrzehnten normal, einen Manager zu haben. Dieser kümmert sich um alle Belange der Positionierung und Vermarktung und begleitet seine Klienten im besten Fall ein Leben lang, von Club zu Club und von Arbeitgeber zu Arbeitgeber.

Auf diese Weise begannen die Headhunter ein zweiseitiges Geschäft: Gegenüber den Unternehmen als Kandidaten-Broker und gegenüber den Mitarbeitern als persönliche Manager. Je mehr Führungskräfte ein Headhunter als Stammkunden gewinnen konnte, desto besser wurde seine strategische Position.

Das war auch der Grund, weshalb die Personaldienstleister irgendwann dazu übergingen, ihre Klienten nicht mehr nur in jenen Unternehmen zu suchen, die gerade Mitarbeiter entlassen mussten. Stattdessen boten sie auch Führungskräften in gesunden Unternehmen an, deren Weiterbildungs- und Coachingkosten zu übernehmen, wenn diese sich unter Vertrag nehmen ließen. Und als dieses Marktsegment abgeschöpft war, gingen die Headhunter an die Schulen und Universitäten. Hier gibt es seitdem fest installierte Talent Agents, die versuchen, schon mit 16-Jährigen einen langfristigen Karriere-Managementvertrag abzuschließen. Das Hauptargument: Es kostet die jungen Leute keinen Cent. Aber es bringt ihnen die Sicherheit, dass sie während der Ausbildung und danach rundherum betreut sind. Die neuen Talentagenturen der Headhunter übernehmen die Studiengebühren und garantieren dann nach dem Studium den besten Arbeitgeber.

Für die jungen Leute, besonders aber für deren Eltern, ist das die Garantie, ihre Zukunft in allerbeste Hände gelegt zu haben. Für die Headhunter ist es ein Geschäft: Zuerst zahlen sie Gebühren oder Spenden an die Schulen, Universitäten, Sportvereine und Jugendclubs als Preis dafür, in der Institution exklusiv anwerben zu können. Dann investieren sie in die Ausbildung der jungen Leute, bis diese marktreif sind. Danach erhalten die Talentagenturen 10 oder 20 Jahre lang durch die Wechselprovisionen und Ablösegebühren ein Mehrfaches ihrer Investitionen wieder zurück. Je öfter ein Mitarbeiter den Job wechselt, desto mehr verdienen sie.

Als Klaus damals mit diesem Vorschlag zu Melanie kam, war sie erst skeptisch. Doch dann wurde es zu einem Win-Win-Win-Geschäft. Melanies Unternehmen sparte Geld, die Mitarbeiter waren motivierter bei der Weiterbildung und Klaus hatte ein neues Geschäftsfeld. Nur bei einigen strategisch besonders wertvollen Mitarbeitern bestand Melanie darauf, dass weiterhin das Unternehmen für die Weiterbildung zahlte. Die Bindung zu diesen Mitarbeitern wollte sie auf gar keinen Fall aus der Hand geben.

„Klaus, warum sollte ich denn jetzt einen neuen Chefdesigner brauchen?" Melanie klingt fast genervt von diesem Ansinnen. „Ich will dir nichts aufschwatzen, Melanie", beschwichtigt Klaus. „Ich habe mir nur gedacht, dass es vielleicht an der Zeit ist, deinen Chefdesigner auf ein neues, herausforderndes Projekt zu vermitteln. Der ist jetzt schon mehr als 3 Jahre bei euch. Es würde mich nicht überraschen, wenn er schon selbst auf der Suche ist. Also nimm du das in die Hand. Vermittle ihm einen tollen neuen Job in deinem Netzwerk. Und er wird dir sein Leben lang dankbar sein." Melanie hat von diesen Strategien schon viel gehört. Auf Personalkongressen werden die hoch und runter gebetet. Aber normalerweise immer nur für fluide Unternehmen. „Aber Klaus, wir sind doch eine Caring Company!", sagt Melanie. „Wir versuchen, die Mitarbeiter zu binden und nicht zu kündigen." „Ja, aber auch bei euch bleibt doch die Zeit nicht stehen. Einige eurer Konkurrenten haben die Accounts mit ihrem Headhunter schon lange ausgeweitet. Dort beobachten wir permanent den Markt und stellen dann dem Unternehmen die Kandidaten proaktiv vor. Wer erst anfängt, zu suchen, wenn die Stelle frei ist, der verliert doch viel zu viel Zeit."

„Eigentlich hat er ja recht", geht es Melanie durch den Kopf. Aber zugeben möchte sie das eigentlich nicht. Klaus sagt: „Überleg es dir in Ruhe. Ich glaube, es spricht mehr dafür als dagegen. Wenn du jetzt den neuen Chefdesigner nimmst, dann hast du für die nächsten 3 Jahre auf dieser Position Ruhe." Melanie schaut ihn eindringlich an. Als ob er ihre Gedanken gelesen hätte! Manchmal ist Klaus ein wirklich guter Beobachter. „Viel zu gut!", denkt Melanie.

„Aber da ist noch etwas, das ich dir sagen muss" Klaus ist offenbar noch nicht am Ende des Gesprächs. „Du bist meine erste Wahl. Wenn du den neuen Chefdesigner haben willst, dann kriegst du ihn. Ich kann ihn dir aber nicht ganz allein geben." „Hääää …?" Melanie blickt verständnislos auf ihren Geschäftspartner. „Melanie, ich habe hier einen absoluten Top-Kandidaten. Wenn ich den einem Unternehmen gebe, dann möchte ich, dass dieses Unternehmen mir zugleich auch noch 6 andere Mitarbeiter abnimmt."

Melanie hatte genau zugehört. Erstaunlicherweise ist sie jetzt nicht überrascht. Das verblüfft wiederum Klaus. Doch Melanie war auf ein solches Angebot schon vorbereitet. In der Branche hatte sich bereits herumgesprochen, dass Personaldienstleister ihre besten Kandidaten ‚poolen'. Das heißt: Wer einen der Top-Kandidaten haben will, muss zugleich einige B- oder C-Kandidaten verpflichten. Auf diese Weise wird etwa ein hochbegehrter Spezialist mit einigen weniger begehrten Experten gepoolt. Dem Top-Kandidaten ist das meist egal, die weniger guten erhalten dadurch einen Karriereschub. Und die Headhunter verdienen Geld. „Wer die strategische Macht hat, der bestimmt eben die Regeln", denkt Melanie nur für sich. Aber warum hat sie jetzt gerade nur das Gefühl, der Verlierer dieses Gesprächs zu sein? Sie schaut Klaus eindringlich an und hört sich sagen: „Daran soll es dann auch nicht mehr scheitern!"

13 Wie Personalabteilungen mit Dienstleistern zusammenwachsen

Summary

Im Laufe der kommenden Jahre werden HR-Abteilungen noch stärker mit ihren Personaldienstleistern zusammenwachsen. Nachdem die Zusammenarbeit in Form von Unternehmensaccounts erfolgreich eingeführt wurde, übernehmen die Personalberater weitere Aufgaben der HR-Abteilung: die Weiterbildung, das Vertragsmanagement und das Rechnungswesen. Ein solches Outsourcing führt auf Unternehmensseite zu erheblichen Kosteneinsparungen, die noch weiter gesteigert werden, wenn von HR-Abteilung und Personalberater gemeinsame IT-Systeme genutzt oder über offene Schnittstellen verbunden werden. Doch in der Praxis wiegt die Qualitätskomponente weitaus schwerer: Bei partnerschaftlicher Steuerung der Zusammenarbeit steigt das Wissen über den Bedarf und die Kompetenzen im Unternehmen und damit auch die Qualität der vermittelten Kandidaten. Die Voraussetzung einer Zusammenarbeit in diesem hochsensiblen Bereich ist ein großes wechselseitiges Vertrauen. Am Ende können sich die Unternehmen diesem Zusammenwachsen kaum entziehen: zu groß ist die strategische Macht der Personalberater geworden, seit sie die besten Mitarbeiter persönlich unter Vertrag haben.

Mittwoch, 7. Mai 2025

Es sind nur 5 Fußminuten vom Klinkerhof zurück in Melanies Büro. Doch heute nimmt sie den Umweg über die Felder. Auf der kleinen Anhöhe hinter ihrer Firma sieht man auf der einen Seite ein Meer von Windrädern und auf der anderen Seite am Horizont die Autobahn. Melanie kommt oft hierher. Eigentlich immer, wenn sie einen Gedanken in Ruhe zu Ende denken will. Dann setzt sie sich auf den großen Stein am Rande des Feldweges und schaut über das Weizenfeld bis zum Horizont. Dieser Platz ist ideal, um die Gedanken in die Ferne schweifen zu lassen.

Melanie geht das Gespräch mit Klaus nicht aus dem Kopf. Am Ende fühlte sie sich von ihm fast ausgenutzt. Er wollte ihr eine Top-Führungskraft verkaufen, die sie noch gar nicht brauchte und für die sie auch noch einen Pool an B-Kräften mitkaufen sollte, die sie auch nicht brauchte. Ihre Intuition noch beim Mittagessen war gewesen, den Vorschlag rigoros abzulehnen und Klaus in seine Schranken zu weisen; schließlich war er nur ihr Dienstleister. Doch je länger sie darüber nachdachte, desto mehr kam sie zu dem Ergebnis, dass sie an Klaus' Gedanken Gefallen fand. Mehr noch: Eigentlich hätte sie selbst auf den Gedanken kommen müssen, proaktiv den Designchef auf ein neues Projekt zu vermitteln und durch einen neuen zu ersetzen. Hatte Klaus gerade Melanies Job gemacht? In dieser Situation waren sie sich nicht mehr als Auftraggeber und Dienstleister, sondern auf gleicher, strategischer Augenhöhe begegnet.

Melanie schaut über das Feld und erinnert sich. Es hatte schon einmal eine solche Situation gegeben. Auch damals fühlte sie sich zuerst unseriös von Klaus in die Ecke gedrängt. Dann aber hatte sie die beste Entscheidung ihrer Karriere getroffen. Das war damals beim ‚Talent Management Gipfel' in Heidelberg, ein paar Jahre ist das schon her. Der Kongress damals war interessant gewesen, inspirierender als die Personalkongresse vorher. Es ging um die Perspektiven der Branche. Bei der Abendveranstaltung standen Melanie und Klaus zusammen an der Bar und plauderten über die Zukunft. Und dann kam Klaus mit diesem unseriösen Vorschlag, so dachte sie jedenfalls damals.

Melanie kann sich noch gut an das Gespräch erinnern. Sie hatte zunächst ihr Leid geklagt: Kurz davor war sie zur Change Managerin für ein neues Programm ernannt worden, das sie selbst entwickelt hatte. Dieses bestand im Wesentlichen darin, in jedem neu geschaffenen Projektteam eine Person aus der Personalabteilung zu platzieren, die nicht fachlich mitarbeitete, sondern darauf achtete, ob das Team gut miteinander funktionierte. Das war besonders in den Innovationsprojekten mit gezielt heterogen zusammengestellten Teams wichtig. Das Programm war von Beginn an ein großer Erfolg, vielleicht auch weil am Anfang Melanie als Change Managerin selbst in viele Teams ging. Das machte ihr große Freude. Aber sie kam irgendwann kaum noch dazu, all die anderen Aufgaben abzudecken.

Klaus hatte ihr an besagtem Abend vorgeschlagen, die meisten operativen Tätigkeiten der HR-Abteilung outzusourcen; er könne als Personaldienstleister all diese Aufgaben übernehmen: Angefangen von der Pflege der digitalen Personalakten über die Organisation der Weiterbildungsangebote bis zum vorausschauenden Recruiting aus seinem Pool. Melanies erster Gedanke an jenem Abend war, dass Klaus jetzt zu weit ging. Niemals würde ein Dienstleister jenes Vertrauen des Vorstands und der Fachabteilungen bekommen, das nötig war, um solch ein Outsourcing umzusetzen. Andererseits stimmte es natürlich, dass die Personalabteilung damit erheblich Geld sparen und sich selbst auf die strategisch wichtigen Projekte konzentrieren konnte.

An diesem Abend hatten sie dann begonnen, eine Form der Zusammenarbeit zu erarbeiten, die es vorher noch nicht gegeben hatte. Klaus' Firma würde nicht mehr als Dienstleister, sondern als strategischer Partner fungieren. Ein Rahmenvertrag würde für wachsendes Vertrauen der HR-Abteilung und Klaus' Firma sorgen. Dazu sollten die Meetings von vornherein auf gleicher, partnerschaftlicher Ebene geführt werden. Die Projektteams würden gleichgewichtig bestückt und jeweils durch Klaus' Mitarbeiter geführt. Das Ziel am Ende sollte sein, dass Klaus die Bedürfnisse, Ziele und Zwänge von Melanies Personalabteilung bis ins Detail kennt und seine Kontakte bis in die Fachabteilungen des Unternehmens nutzt, um den exakten Bedarf und die richtigen Kandidaten zu identifizieren.

Melanie muss zugeben, dass sie am Anfang sehr skeptisch gewesen war. Es hatte eine Zeit gegeben, zu der sie nicht unglücklich gewesen wäre, wenn das ganze Projekt an die Wand gefahren wäre. Typisch: Im Abgeben von Verantwortung und Kontrolle tut sie sich schwer, wie viele Führungskräfte. Allen Befürchtungen zum Trotz stand jedoch am Ende keine Wand, sondern ein großer Erfolg! Der entscheidende Erfolgsgarant war, dass Klaus nicht nur die administrativen Aufgaben abarbeitete und Kandidaten vermittelte, sondern wirklich mitdachte. Zunächst stellte er den Fachabteilungen nur Kandidaten vor, die wirklich zu ihnen passten. Das war schon mal ein großer Zeitgewinn. Dann ging Klaus dazu über, potenzielle Kandidaten auf eigene Kosten zu schulen, wenn denen bestimmte Fähigkeiten und Skills für eine zu besetzende Stelle fehlten. Das Schließen dieser Kompetenzlücke durch gezielte Qualifikation betrachtete er als seine Aufgabe, noch bevor er die Kandidaten im Unternehmen anbot. Früher war das anders gewesen. Da wurde auch schon mal ein ungeeigneter Kandidat vermittelt. Die Qualität der vermittelten Kandidaten stieg sprunghaft. Das erkannten auch die Fachabteilungen.

Auf der anderen Seite war Klaus recht schnell mit dem Wunsch gekommen, einen Exklusivvertrag über dieses Outsourcing zu bekommen. Er argumentierte, dass sich sonst seine Investitionen nicht rechnen würden. Und auch das Vertrauensverhältnis könne sich nicht entwickeln, wenn er ständig befürchten müsse, dass der nächste Auftrag an die Konkurrenz vergeben wird.

An dieser Stelle war Melanie besonders skeptisch gewesen. Sie kannte ihre damalige Chefin und war sich sicher, dass diese auf einer gesunden Konkurrenz der Dienstleister bestehen würde. Verblüffenderweise war genau das Gegenteil passiert: Ihre Chefin fand den Vorschlag von Anfang an großartig. Sie war froh, dass sie damit die Kosten der Abteilung drastisch senken konnte. Das war seinerzeit die heimliche Währung in Vorstandskreisen. Es gab nur eine Bedingung, auf der die Chefin bestanden hatte: Klaus und seine Mitarbeiter müssten bereit sein, das Unternehmen so genau kennenzulernen, wie es vorher nur interne HR-Mitarbeiter konnten.

Als die Entscheidung für Klaus als Exklusivpartner getroffen war, ging alles noch schneller. Er und Melanie hatten begonnen, sein Team und ihre HR-Abteilung noch dichter zusammenwachsen zu lassen. Als Erstes programmierten die IT-Leute eine direkte Schnittstelle zwischen seinem und ihrem IT-System. Damit konnten Klaus' Mitarbeiter die Personalakten direkt verwalten. Als Zweites ließ Klaus das IT-System durch einen Employer-Self-Service ergänzen. Jeder Mitarbeiter bekam die Möglichkeit, sein Mitarbeiterprofil selbst zu pflegen, egal, ob es um persönliche Daten, Kompetenzen, Urlaub, Weiterbildungen oder Krankheit ging. Das Ganze kostete vergleichsweise wenig Geld, brachte aber erhebliche Zeiteinsparungen.

In der frei gewordenen Zeit schickte Klaus seine Mitarbeiter zu den Führungskräften in die Fachabteilungen. Sie sollten die Arbeitsbereiche, Arbeitsweisen und persönlichen Vorlieben der Führungskräfte kennenlernen. Sie sollten regelmäßig an den informellen Teammeetings teilnehmen und in der Zwischenzeit über Intranet und Social-Media den Kontakt halten. Klaus hatte damals zu seinen Mitarbeitern einen Satz gesagt, der Melanie heute noch nicht aus dem Gedächtnis geht: „Ich will, dass ihr die Produktwelt der Fachabteilungen besser kennt als die selbst. Nur dann könnt ihr denen Kandidaten vorschlagen, an die sie selbst noch gar nicht gedacht haben."

Melanie dreht sich um. Hinter ihr hebt sich die Silhouette der Werkhalle von dem gelben Getreide ab. „Der Schlüssel ist das Vertrauen", geht es ihr durch den Kopf. „Wäre es Klaus zuzutrauen, dass er seine strategisch wichtige Position ausnutzt, um ihr zu schaden?" Es hatte in den letzten Jahren eigentlich nur eine einzige Situation gegeben, in der Melanie diesen Verdacht hatte. Sie waren aneinandergeraten, als es darum ging, wer einen Kandidaten weiterbetreut, den Klaus vorgeschlagen hatte, der aber durch die Fachabteilung abgelehnt wurde. Melanie hatte den Abgelehnten sofort in ihr Alumniprogramm aufgenommen. Sie war sich sicher, dass er beim nächsten Versuch passen würde. Klaus hatte Melanie direkt zur Rede gestellt und gefragt, ob sie damit seine Provision umgehen wolle? Schließlich habe er ihn gefunden und vorgestellt. Und selbst wenn der Kandidat erst beim nächsten Mal passen würde, sei das doch wohl seine Leistung, die er nicht verschenken könne. Melanie hatte damals solche Gedanken weit von sich gewiesen. Aber insgeheim musste sie sich selbst doch eingestehen, dass Klaus' Verdacht nicht ganz unbegründet war.

Der Konflikt hatte sich wenig später dadurch gelöst, dass Klaus mit dem Kandidaten einen langfristigen Managementvertrag abgeschlossen und ihn in sein eigenes Betreuungsprogramm aufgenommen hatte. Dadurch war Klaus ab sofort sowieso an allem beteiligt, was der Kandidat in Zukunft machte und verdiente.

Langsam schlendert Melanie den Feldweg zurück auf die Umrisse der Werkhalle zu. „Dass er Geld verdienen will, kann man Klaus ja kaum verdenken", grübelt sie. „Solange das auch für uns einen Nutzen bringt, ist jedem geholfen." Für einen kurzen Moment sucht sie in sich noch den Ärger, der sie vorhin hier hoch auf das Feld getrieben hatte. Doch sie findet ihn nicht mehr. Da ist vielmehr ein anderer Gedanke, der sich in ihrem Kopf breitgemacht hat: Vielleicht sollte sie nachher einmal beim Chefdesigner vorbeigehen.

14 Wie der ‚War for Talents' einstige Konkurrenten zur Kooperation zwingt

Summary

In den kommenden Jahren verändert der ‚War for Talents' seine Gestalt. In Zeiten der Mitarbeiterknappheit tritt ein Phänomen zutage, das bislang kaum Beachtung findet: Je mehr die Digitalisierung unsere Konzeptions-, Produktions- und Verkaufsprozesse beeinflusst, desto weniger unterscheiden sich die realen Tätigkeiten, Arbeitsprozesse, Mitarbeitermotivationen und Anforderungsprofile über die Branchengrenzen hinweg. Damit entsteht nicht nur innerhalb der Branchen, sondern insbesondere zwischen den Branchen ein Wettstreit um die Schüler und Absolventen. Selbst direkte Konkurrenten innerhalb einer Branche müssen kooperieren, um die Talente für die eigene Branche zu sichern: Sie bieten unternehmensübergreifende Trainee-Programme an, in denen Schüler und Studenten Erfahrungen in verschiedenen Unternehmen Branchenerfahrung sammeln können. Erst später entbrennt dann der Wettbewerb um diese Talente auch zwischen den direkten Konkurrenzunternehmen.

Freitag, 9. Mai 2025

Selber Tisch, selbe Zeit! „Das ist ja mal ein echtes Déjà-vu!" Uwe Mehner schreckt hoch. Die Begrüßung hatte er eigentlich anders erwartet. Seit einer halben Stunde sitzt er schon hier in diesem Provinzgasthaus. Er war unerwartet schnell durch die Baustellen auf der A2 gekommen. Eine volle Stunde zu zeitig, war er in Niederndodeleben eingetroffen. Genug Zeit, um das Dorf ausgiebig von Süd nach Nord und Ost nach West in Augenschein zu nehmen. Ein Kulturschock für den Kölner! „Wie die Kollegen von der Konkurrenz es hier wohl aushalten?", fragte er sich insgeheim immer wieder. Und dann ertappte er sich bei dem Gedanken: „Man sieht es ihren Klamotten ja auch an, dass sie aus der Provinz kommen. Aber offensichtlich tut das den Verkaufszahlen keinen Abbruch!" Das würde er als waschechter Kölner nie verstehen.

Schnell steht er auf und reicht zur Begrüßung die Hand über den Tisch. „Hallo, Frau Polenz! Bin ich Ihr Déjà-vu? Wir haben uns doch über ein Jahr lang nicht gesehen!" Melanie lacht: „Hallo, Herr Mehner, willkommen in der Weltstadt!" Er grinst zurück, etwas gequält. „Nein, nicht Sie", erklärt Melanie. „Ich hatte vor zwei Tagen erst ein wichtiges Gespräch. Genau an diesem Tisch. Genau zur selben Zeit. Nur mit einem Kollegen aus Berlin." Uwe Mehner nickt: „Sie arbeiten mit Klaus Hartwig zusammen, oder?" Melanie fühlt sich ertappt. Hat sie schon zu viel verraten? Vermutlich nicht. Denn dass Klaus ihr strategischer Partner ist, das dürfte sich in der Branche schon lange herumgesprochen haben. „Ich muss trotzdem ein bisschen vorsichtiger sein", denkt sie. Schließlich ist Uwe Mehner der Personalchef der direkten Konkurrenz.

„Herr Mehner, was genau treibt Sie denn eigentlich zu uns ins Feindesland?", eröffnet Melanie den ernsten Teil des heutigen Mittagstermins. Mehner hatte zuvor eine gefühlte Ewigkeit in der Karte geblättert, sich kurz über die hausgemachte Sülze mit Remouladensoße mokiert und sich dann für die Kalbsbäckchen entschieden. Das kam dem verwöhnten Gaumen des Weltstädters offenbar am nächsten. Melanie hatte sich spontan umentschieden, als die Kellnerin am Tisch stand. Sie bestellte für sich: hausgemachte Sülze mit Remouladensoße und Bratkartoffeln!

Uwe Mehner quält sich ein Lächeln ab: „Na ja, Feindesland ist ja ein bisschen übertrieben. Oder? Wir haben doch durchaus unterschiedliche Zielgruppen." „Ja, bei unseren T-Shirts. Aber nicht bei unseren Mitarbeitern", gibt Melanie lächelnd zurück. Sie sieht, wie Mehners Gesicht ein wenig verkrampft. „Achtung, Melanie!", ermahnt sie sich in Gedanken selbst. „Ab sofort etwas freundlicher, bitte!" In der Tat ist es so, dass ihre beiden Unternehmen normale Alltagsbekleidung herstellen und verkaufen. Die Werbung suggeriert, dass Mehners Zielgruppe die jungen Erwachsenen sind, während Melanies Firma auf die Teenies abzielt. Im Endeffekt kaufen hier aber nicht nur die Teenies, sondern auch deren Mütter. In den letzten Jahren war Melanies Firma weit an den Konkurrenten vorbeigezogen, jedenfalls was den Umsatz in Deutschland betrifft.

Uwe Mehner gibt sich Mühe, den Gesprächsfaden sehr sachlich weiterzuführen: „Ja, das stimmt! Was unsere Mitarbeiter betrifft, sind wir bisher direkte Konkurrenten. Aber genau deshalb bin ich heute hier. Ich würde Ihnen gern eine Kooperation vorschlagen."

Melanie ringt kurz nach Worten. Diese Wendung hat sie nun gar nicht erwartet. Als Mehners Büro vor 3 Wochen nach diesem Termin gefragt hatte, war ihr klar gewesen, dass er wohl auf der Durchfahrt nach Berlin sei und sich bei der Gelegenheit einmal ein Bild vom direkten Konkurrenten machen wollte. Deshalb hatte sie ihn auch nicht in ihr Büro auf dem Firmengelände eingeladen, sondern hierher in den Klinkerhof.

„Wo könnten wir denn kooperieren?", entfährt es ihr, als sie die Sprache wiederfindet. Sie klingt fassungsloser, als sie es sich gewünscht hat. Uwe Mehner huscht ein Lächeln über das Gesicht. Die Überraschung ist ihm offensichtlich gelungen. „Wir wissen ja beide nur zu gut", beginnt er seine Erklärung, „wie schwierig die Lage auf dem Arbeitsmarkt ist. Besonders die Facharbeiter, die wir brauchen, gibt es ja kaum noch. Das wird Ihnen nicht anders gehen als uns." Mehner schaut Melanie direkt ins Gesicht. Sie nickt. „Deshalb habe ich einen Vorschlag, der Sie möglicherweise überraschen wird. Ich habe lange darüber nachgedacht, ich glaube, er ist vernünftig."

Melanie sagt nichts. Sie schaut Mehner wieder etwas zu keck ins Gesicht. Ihre Augen scheinen zu sagen: „Na, dann erzähl mir mal was!"

„Die wenigen jungen Menschen, die sich als Facharbeiter ausbilden lassen wollen, stellen sich heute nicht mehr als Erstes die Frage: ‚Gehe ich zu Frau Polenz oder gehe ich zu Herrn Mehner?' Die stellen sich die Frage: ‚Gehe ich in die Modebranche oder gehe ich in die Musikbranche?' Die Frage, ob Polenz oder Mehner, kommt erst zwei Jahre später. Um aber eine Zukunft zu haben, müssen wir beide es schaffen, dass die jungen Leute sich ganz zu Anfang für die Modebranche entscheiden. Bisher gehen wir davon aus, dass sie das automatisch tun. Das ist aber nicht mehr so. Es gibt viele Branchen, die sehr ähnliche Tätigkeitsbereiche haben und fast die selben Bedürfnisse bei den jungen Leuten ansprechen. Ich glaube, es liegt auf der Hand, dass wir als ganze Industrie im ersten Schritt gemeinsam die Talente überzeugen müssen, in unsere Branche zu kommen und nicht zu den anderen zu gehen. Wir sitzen hier in einem Boot! Erst später können wir dann versuchen, uns die Talente gegenseitig wegzunehmen."

Melanies Blick ist in den letzten Minuten ernster geworden. Instinktiv spürt sie, dass dieses Gespräch eine wichtige Weichenstellung für die kommenden Jahre sein könnte. „Das klingt logisch. Und haben Sie auch schon eine Idee, wie eine solche Kooperation aussehen soll?" „Ja! Ich glaube, wir sollten den Schülern nach ihrem Abschluss und den Studenten in ihrem Praxissemester ein gemeinsames Orientierungsprogramm anbieten. Das wäre ein Zwischending zwischen einem Trainee-Programm und dem, was früher die Praktika waren. Sagen wir: ein halbes Jahr lang. Von diesem halben Jahr verbringen die Teilnehmer zwei Monate bei Ihnen und zwei Monate bei uns. Und vielleicht noch zwei Monate bei einem dritten Kooperationspartner. In dieser Zeit lernen die Teilnehmer direkt im laufenden Betrieb, was es heißt, im jeweiligen Unternehmen beschäftigt zu sein."

Uwe Mehner hatte Melanie genau beobachtet, während er sprach. In ihren Augen glaubt er die erhoffte Reaktion schon erkannt zu haben: Sie hat Interesse. Aber offenbar will sie sich das noch nicht anmerken lassen: „Und nach einem halben Jahr hat der Kandidat dann drei Unternehmen gesehen. Und was dann?" Mehner ahnt, dass es jetzt zur entscheidenden Frage kommt: Welches Unternehmen bekommt am Ende das Talent? Er argumentiert bewusst vorsichtig: „Ich rede hier ja über ein unternehmensübergreifendes Trainee-Programm. Am Ende werden die jungen Leute selbst entscheiden, zu welchem der 3 Unternehmen sie sich hingezogen fühlen. Vermutlich wird das Entscheidende die Unternehmenskultur sein und die Frage, wo jeder Einzelne sich am wohlsten gefühlt hat. Die werden am eigenen Leib gespürt haben, wie das jeweilige Unternehmen mit seinen Mitarbeitern umgeht und was es heißt, Mitarbeiter des Unternehmens zu sein."

Melanie nickt nachdenklich. Stille. Als Uwe Mehner die Pause zu lang wird, legt er noch einmal nach: „Aber um die Frage konkret zu beantworten: Am Ende des Orientierungsprogramms können wir noch niemanden direkt einstellen. Die werden dann vielleicht einen Favoriten haben: entweder euch oder uns, oder den Dritten. Realistisch betrachtet werden die Studenten dann ihr Studium erst fortführen, die Schulabsolventen werden eine Ausbildung beginnen. Vielleicht schaffen wir es, dass die Studenten sich im Studium dann in einem Bereich spezialisieren, der eng an unseren Anforderungen dran ist. Dann nehmen wir die Leute in unsere Alumniprogramme hinein und versuchen, den Kontakt über den Rest des Studiums zu halten, sodass wir sie danach einstellen können."

Melanie schüttelt den Kopf. „Na, aber wenn wir schon so weit sind, dann sollten wir sie an der Stelle nicht wieder von der Angel lassen. Die dürfen dann nicht einfach so weiterstudieren. Dann wäre es doch logisch, dass wir uns auch an der weiteren Ausbildung beteiligen und die Studenten in betriebseigene Studiengemeinschaften aufnehmen!" Uwe Mehner nickt. Innerlich frohlockt er. Wie es aussieht, hat er Melanie Polenz mit seiner Idee infizieren können.

Aber Melanie hakt noch einmal nach: „Okay, aber warum wollen Sie dann außer uns noch jemanden anderen aus der Branche in die Kooperation einbeziehen? Das senkt doch am Ende unsere Chancen!" Uwe Mehner nickt: „Einerseits stimmt das. Andererseits geht es aber zuerst darum, die Leute in unsere Branche hereinzuholen. Dass wir innerhalb dieses Orientierungsprogramms dann zwischen uns einen Wettbewerb haben, um den Kandidaten zu beweisen, wer der richtige Arbeitgeber für ihre Bedürfnisse ist … das ist doch erst der zweite Schritt. Zunächst müssen die Leute sich für unsere Branche generell interessieren. Und je größer und attraktiver das Orientierungsprogramm ist, desto größer dürfte auch die Chance sein, die richtigen Leute für unsere Branche zu begeistern."

Diese Erklärung hätte es nicht mehr gebraucht. Melanie hat den Vorteil des Vorschlags klar vor Augen. Vor allem aber ist sie sich jetzt sicher, dass dieser Besuch des größten Konkurrenten tatsächlich kein Ausspähmanöver sein sollte. Uwe Mehner meint es ernst. Aber Melanie will nicht zu zeitig zusagen. Nicht jeder sinnvolle Vorschlag entspricht ja auch der Unternehmensstrategie. Also führt sie das Gespräch erst einmal in seichtere Gefilde. Als nach dem Essen Espresso und Cappuccino gebracht werden, sind Melanie und Uwe Mehner schon tief in den neusten Branchentratsch vertieft.

„Na, vielleicht treffen wir uns dann ja in Zukunft öfter einmal hier", sagt Melanie, als sie Uwe Mehner zum Abschied die Hand entgegenstreckt. „Ich kann die Sülze sehr empfehlen. Die Remouladensoße ist köstlich." Melanie grinst ihn an. Mehner verzieht scherzhaft sein Gesicht. „Ich komme gern wieder ins Feindesland", gibt er zurück. Doch Melanie ist schon ernsthaft geworden: „Ich brauche dafür ein bisschen Bedenkzeit. Der Vorschlag klingt logisch und sinnvoll. Aber wir sind im Augenblick schon so erfolgreich im Minderheiten-Recruiting in den Nischen. Wir haben aktuell eigentlich gar kein Recruitingproblem. Deshalb weiß ich einfach nicht, ob sich für uns die zusätzlichen Ausgaben strategisch wirklich lohnen. Das muss ich mir gut überlegen." Uwe Mehner nickt: „Klar, kein Problem. Ich werde in ein paar Wochen mal nachfragen. Vielen Dank für das gute Gespräch!" „Keine Ursache. Kommen Sie gut über die A2!"

Warum die besten Mitarbeiter gekündigt werden müssen

Summary

Fluide Unternehmen werden den bislang vorherrschenden Glauben an den Sinn von Mitarbeiterbindung verlieren. Sie werden erkennen, dass sie nicht in der Lage sind, ihre Mitarbeiter dauerhaft zu halten. Dies ist der Zeitpunkt, an dem sie zu der neuen Strategie des After Employment Marketings übergehen. Diese hat zum Ziel, die besten Mitarbeiter gezielt abzustoßen. Sie sorgt dafür, dass die Projektarbeiter in dem Moment gekündigt werden, wenn es gerade am schönsten ist. Diese Kündigung ist verbunden mit einer aktiven Vermittlung des Mitarbeiters durch die Führungskraft in ein neues Projekt außerhalb des Unternehmens. Auf diese Weise steigt die Wahrscheinlichkeit, dass der Mitarbeiter nach 2 bis 3 Jahren wieder für ein eigenes Projekt verpflichtet werden kann. Das Unternehmen agiert bei dieser Strategie des gezielten Abstoßens und Wiederanziehens von Projektarbeitern wie ein Magnet im Feld von freien Radikalen. Strategisch geht es für fluide Unternehmen nicht mehr darum, Beschäftigte im Unternehmen zu halten, sondern lebenslange Bindungen aufzubauen. Grundlage der Strategie sind große und aktive persönliche Netzwerke der Führungskräfte weit über das eigene Unternehmen hinaus. Die HR-Abteilung oder der neue Chief Change Officer wird einen Großteil seiner Aufmerksamkeit auf den Aufbau und die Pflege einer Vielzahl dieser Think Tanks legen.

Montag, 19. Mai 2025

Vor diesem Gespräch hatte sich Thomas seit Tagen gefürchtet. Gestern Abend noch hatte er wach gelegen und überlegt, wie er es formulieren sollte: kurz, knapp, nüchtern? Oder mit einer ausführlichen Begründung?

In 10 Minuten würde er hier seinem besten Mitarbeiter gegenübersitzen. Und: er würde ihn kündigen! Thomas hat dieses Prinzip der modernen Mitarbeiterführung schon oft befolgt. Er weiß genau, wie überlebensnotwendig es inzwischen für innovative Unternehmen ist, die besten Mitarbeiter wegzuschicken, damit sie wiederkommen! Er selbst hatte die Personalstrategie seiner Firma umgestellt: Weg vom unnützen Versuch, die Mitarbeiter binden zu wollen, hin zu einer Logik von wechselndem Abstoßen und wieder Anziehen. Denn die Jobnomaden wissen selbst, dass sie begehrt und teuer sind. Man kann sie nicht halten. Man kann nur dafür sorgen, dass das Wissen der Projektarbeiter im Unternehmen bleibt, auch wenn diese weitergezogen sind. Und dass die besten Leute nach einer Außenrunde in 2 bis 3 Jahren wieder zurückkommen!

Aus dieser Überlegung war die Strategie der ‚Magneten für freie Radikale' entstanden. So ungewöhnlich es anfangs für die klassischen HR-Experten klang: Das neue After Employment Marketing hat zum Ziel, seine besten Mitarbeiter gezielt magnetartig abzustoßen. Es sorgt dafür, dass die Projektarbeiter eine neue Aufgabe erhalten, dass sie gehen, wenn es gerade am Schönsten ist. Denn damit ist die Chance der Rückkehr am wahrscheinlichsten. „Strategisch geht es nicht darum, Beschäftigte im Unternehmen zu halten", hat Thomas seinen Personalern immer wieder gepredigt. „Vielmehr geht es darum, lebenslange Bindungen aufzubauen." Er selbst hatte ein feines Sensorium dafür entwickelt, zu welchem Zeitpunkt er seine besten Projektarbeiter abstoßen sollte. Denn diese lebenslangen Bindungen entstehen intensiver, wenn man seine besten Mitarbeiter kündigt, als wenn sie von selbst gehen. „Idiotisches Prinzip!", flucht Thomas. Er konnte diese Gespräche noch nie leiden.

Er sitzt wieder in einer der Projektarbeiter-Lounges, vor sich einen schönen Latte Macchiato und ein Stück Erdbeertorte. Lecker! Es ist noch gar nicht so lange her, dass dieses freie Essen und Trinken bei ihnen eingeführt wurde. Wie lange hat Thomas dafür gekämpft?! „Ein Unternehmen, das von sich behauptet, dass es wie eine Familie für seine Mitarbeiter ist, das muss sich auch so verhalten wie eine Familie", hatte er dem Vorstandsvorsitzenden in vielen Gespräche mit auf den Weg gegeben. Einmal hat er ihn sogar gefragt, ob er, wenn er zu Weihnachten zu seinen Eltern zu Besuch fahre, auch erst fragen muss, bevor er den Kühlschrank öffnen darf. Oder ob er etwas zahlen muss, wenn er etwas herausholt?'

Es war eine lange Überzeugungsarbeit gewesen, aber am Ende hatte es sich gelohnt. Im gesamten Unternehmen waren Kühlschränke aufgestellt worden, aus denen sich Mitarbeiter kostenlos mit Getränken und Snacks bedienen konnten. Nachmittags gab es Kaffee und Kuchen. Am Ende hatte Thomas seine Idee durchsetzen können, weil er dem Vorstand vorgerechnet hatte, dass dieses kostenlose Essen und Trinken für ein ganzes Jahr weniger kosten würde als das traditionelle Partywochenende für die besten Vertriebler einmal im Jahr auf Mallorca. Und tatsächlich: Die Auswirkungen waren sofort zu spüren. Manche Mitarbeiter sagten, sie fühlten sich wie zu Hause; Führungskräfte berichteten von mehr Motivation, und selbst an der Abwanderungsquote ließ sich feststellen, dass diese kleine Aktion offensichtlich für stärkere Bindungen gesorgt hatte.

Doch eigentlich ist Thomas jetzt nicht hier, um in Memoiren zu schwelgen. Er wirft einen schnellen Blick auf die Uhr: Sein Gesprächspartner hätte vor drei Minuten hier sein sollen.

Der schuldbewusste Blick verrät, dass er weiß, dass er zu spät ist. Daniel biegt um die Ecke und stellt seine Erdbeertorte ab. Entschuldigend zuckt er mit den Schultern und sagt: „Hier in der Etage war die Erdbeertorte alle. Ich musste erst durch zwei Etagen, bis ich noch ein Stück gefunden habe." Er schaut glücklich auf seinen Teller. Thomas kann sich ein kleines Grinsen nicht verbergen.

„Daniel, ich muss mal mit dir reden!" Er hat sich für die nicht ganz so nüchterne Variante entschieden. „Wie lief dein Projekt?" „Gut!" „Gut?" Solch kurze Antworten ist er von Daniel gar nicht gewohnt. Der grinst ihn an. Sein Projekt war wirklich eines der besten im letzten Jahr gewesen. Daniel hatte ein umfassendes Mentoring-System im gesamten Unternehmen eingeführt. Jeder Mitarbeiter hatte nun einen persönlichen Mentor, mit dem er mindestens einmal im Monat die wesentlichen Fragen seiner Entwicklung besprechen konnte. Das Schwierigste an dem Projekt war gewesen, geeignete Mentoren in großer Zahl außerhalb des Unternehmens zu finden. Denn schon ab der Teamleiter-Ebene haben interne Mentoren meist einen zu beschränkten Blick für die wirklichen Weiterentwicklungspotenziale der Mitarbeiter. Das Projekt hatte nur Bestnoten bekommen. Von allen.

Daniel schaut Thomas erwartungsvoll an. Fast hat der den Eindruck, dass der Kollege ihn hier zappeln lassen will. Ahnt er schon, was jetzt kommen wird? Daniel nimmt einen Schluck Latte Macchiato und lehnt sich nach vorn: „Thomas, rede doch nicht drum herum. Ich soll gehen. Richtig?" Thomas steht die Überraschung ins Gesicht geschrieben. Eigentlich war er auf einen längeren Monolog vorbereitet. Er hatte sich zurechtgelegt, wie er sagen würde: „Eigentlich würde ich das nächste Projekt gern direkt wieder an dich geben." Und nach einer kleinen Pause zur Steigerung der Dramaturgie wollte er sagen: „Aber ich werde es nicht tun!" Danach wollte er erklären, dass unter den Projektspezialisten in der HR-Abteilung die durchschnittliche Fluktuation im Zwei-Jahres-Rhythmus abläuft. Und enden wollte er mit dem Satz: „Wenn man sich sowieso trennen wird, dann ist es doch am besten, dass wir das tun, wenn es am schönsten ist!" So hatte Thomas sich die Story ausgedacht.

Aber offensichtlich war ein solcher Monolog gar nicht nötig. „Ist schon okay, Thomas. Wenn ich jetzt gehe, dann ist die Wahrscheinlichkeit, dass wir weiter zusammenarbeiten, um das Dreifache höher, als wenn ich in einem halben Jahr gelangweilt bin und dann erst gehe. Ich kenne die Statistiken."

Thomas muss grinsen. So liebt er seine Mitarbeiter. Erleichtert springt er zum zweiten Teil seiner Rede: „Du weißt ja: Ich fände es großartig, wenn wir irgendwann mal wieder zusammenarbeiten würden. Aber jetzt ist Zeit für etwas anderes", beginnt er. Immer noch schaut er in ein freundliches Gesicht, keine Spur von Verbitterung. „Ich habe zwei Vorschläge für dich."

In Daniels Gesicht kehrt die Neugier zurück. „Der erste: Ein guter Bekannter von mir ist der Personalchef einer kleineren IT-Firma. 110 Mitarbeiter, alles Spezialisten, die Spezialsoftware schreiben. Die wollen etwas Verrücktes machen: Die wollen alle Hierarchien in der Firma abbauen. Strategische Entscheidungen sollen ab sofort im Open-Space-Verfahren unter allen Mitarbeitern getroffen werden und die Management-Meetings sollen von Mitarbeitern überwacht werden. Jeder der Mitarbeiter soll sein Gehalt und die Anzahl seiner Urlaubstage selbst bestimmen und nur vor einer Gruppe von Kollegen auf gleicher Augenhöhe rechtfertigen. Und die Führungskräfte sollen sogar in einer demokratischen Wahl gewählt werden, vom Teamleiter bis zum Geschäftsführer. Die glauben, dass sie damit ihre Innovationskraft verbessern können. Dafür suchen sie den besten HR-Spezialisten, der ihnen das System einführt. Hast du Lust?"

Thomas glaubt, in Daniels Augen ein neugieriges Funkeln zu sehen. „Und die zweite Option?" „Das ist unsere Mutterfirma in den USA. Die wollen genauso ein Mentoring-System wie wir haben. Deshalb haben sie mich nach dem besten Mann dafür gefragt. Ich habe ihnen versprochen, dass ich dich fragen werde. Auch wenn das keine besonders neue Herausforderung für dich sein wird." Daniel schaut auf seine Erdbeertorte: „Ich glaube, ich tendiere zur ersten Option." „Ich soll dir von den Amerikanern noch sagen, dass sie gern dein Gehalt verdoppeln würden", schiebt Thomas nach. Daniel winkt ab. „Machst du mir den Kontakt zu den verrückten IT-Leuten?!"

„Klar! Aber in unserem Think Tank bleibst du bitte auch, oder?" Dieser Satz von Thomas hatte sich fast bettelnd angehört. „Natürlich" Die Antwort ist ein Lächeln. Ehemaligennetzwerke wie dieser Think Tank sind für Unternehmen eine der wichtigsten Methoden, um dauerhafte Beziehungen mit ihren besten Leuten aufrechtzuerhalten. Das weiß Daniel genau. „Nur weil eine Beschäftigung endet, ist ja nicht die Beziehung beendet." Thomas hört den Satz etwas wehmütig. Er kennt ihn nur zu gut. Hunderte Male hatte Thomas diesen Satz in seinen Workshops verwendet. Jetzt muss er daran denken, dass es schwer sein wird, Daniel zu ersetzen. Als sie beide aufstehen, sagt Daniel: „Ich überlege es mir. Danke, Thomas. Für alles[13]!"

---

[13]   Jánszky, 2020 - So leben wir in der Zukunft, 2009.

Die Express-Identifikation für Projektarbeiter

Summary

Fluide Unternehmen, die eine große Anzahl von Projektarbeitern nutzen, werden verstärkt mit dem Problem der fehlenden Identifikation mit dem Unternehmen zu kämpfen haben. Die Identifikation mit der Firma, das Aufnehmen in die große Unternehmens-Familie dauerte früher oft Jahre. Von Projektarbeitern wird jedoch erwartet, dass sie binnen weniger Wochen eine Express-Identifikation vollziehen. Dafür tragen die jeweiligen Führungskräfte eine große Verantwortung. Sie müssen speziell ausgebildet werden, um die Firmen-Identität ihrer Projektarbeiter zu befördern, indem sie ihnen schnell spannende Tätigkeiten und Verantwortung geben. Doch noch wichtiger ist es, dass neue Projektarbeiter so schnell wie möglich den übergeordneten Sinn ihrer Tätigkeit für das Unternehmen verstehen und ihre Arbeit mit eigenen Interessen und Überzeugungen verknüpfen. Dies geschieht durch Rituale, wie regelmäßige informelle Vorstandsgespräche auf Augenhöhe. Der aktive Aufbau von Netzwerken auch innerhalb des Unternehmens darf in fluiden Unternehmen nicht dem Zufall, überlassen werden, sondern muss aktiv von der HR-Abteilung oder dem Change Officer angestoßen und moderiert werden.

Dienstag, 27. Mai 2025

Selbst für Thomas ist dies ein ungewöhnlicher Abend. Es ist schon halb zehn und das eigentliche Gespräch hat noch gar nicht begonnen. Thomas lässt sich mit 31 Kollegen auf die Wiese hinter dem Tor fallen. Seine Beine sind ziemlich schwer und ziemlich dreckig. Er zieht den ersten Bierkasten zu sich: „Wer will ein Bier?"

Normalerweise verlaufen diese Einstiegs-Abende anders. Alle zwei Monate lädt Thomas alle neuen Projektarbeiter im Unternehmen zum Essen ein. Egal, in welcher Abteilung sie arbeiten, egal, auf welcher Ebene, egal, wie alt oder jung sie sind - an diesem Abend kommen alle zusammen. Und nicht nur sie, auch aus dem Vorstand ist jedes Mal jemand mit dabei. Heute ist es der Vorstandsvorsitzende. Normalerweise reden sie über das Unternehmen und die ersten Erfahrungen der Neuen in der Stadt. Es gibt kostenlos zu essen und zu trinken. Sie lernen sich gegenseitig kennen. Vor allem aber lernen sie die Kultur des Unternehmens kennen. Der Vorstandsvorsitzende sagt dazu gern: „An diesem Abend werden Sie in die Familie aufgenommen." Thomas sieht das etwas unromantischer. „Geschichtenstunde mit Onkel Thomas" nennt er diese regelmäßigen Abende flapsig, wenn der Vorstand weit genug weg ist.

Aber bei aller Flapsigkeit steht die Bedeutung dieses Abends außer Frage: Vor Jahren schon wurde er eingeführt und ist seitdem noch nie ausgefallen. Letztendlich geht es um eine Art Express-Identifikation für Projektarbeiter. Wer nur für zwei Jahre in ein Unternehmen kommt, der hat keine 18 Monate Zeit, um mit Kollegen und Vorgesetzten warm zu werden. Jene Identifikation mit der Firma, dieses Aufnehmen in die große Familie, dauerte früher oft Jahre. Seit es Projektarbeiter gibt, hat man dafür gerade mal ein paar Wochen Zeit. Und Thomas hat die Aufgabe, dafür zu sorgen, dass dies gelingt. Einerseits tut er das über die Führungskräfte: Sie alle erhielten eine spezielle Ausbildung, wie sie ihre Projektarbeiter qualitativ gut einarbeiten, ihnen schnell spannende Tätigkeiten abverlangen und Verantwortung übergeben. Das überprüft Thomas in regelmäßigen Feedbackgesprächen.

Die entscheidende Motivation der Projektarbeiter aber kommt nur selten aus ihrer Aufgabe heraus. Viel wichtiger ist es, dass sie so schnell wie möglich den übergeordneten Sinn ihrer Tätigkeit für das Unternehmen verstehen und ihre Arbeit mit eigenen Interessen und Überzeugungen verknüpfen. Sie müssen erleben, dass das Unternehmen sie mit der gleichen Wertschätzung behandelt wie langjährige Angestellte. Thomas hat das schon vielfach in den vergangenen Jahren erlebt: Diese Art von Identifikation entscheidet darüber, ob sie eine gute oder eine weniger gute Zeit im Unternehmen haben werden. Und auch, ob sie für das Unternehmen sehr gute Leistungen bringen oder nur mittelmäßige. Im Laufe der letzten Jahre hat sich eine Methode der Express-Identifikation als am geeignetsten erwiesen: das lockere Gespräch mit dem Vorstand.

Also lädt Thomas jeden zweiten Monat alle Neuen, einige ausgewählte Ehemalige und den Vorstand zu einem lockeren Abend ein. Dieser kann auf einem Bauernhof stattfinden, im Biergarten oder auch schon einmal beim Vorstandsvorsitzenden zu Hause … aber nie in der Firma. Das ist das erste Gesetz! Das zweite Gesetz: Thomas zahlt! Vor einigen Monaten erst hat er eingeführt, dass in diese Runden auch Leute eingeladen werden, die vorher in einem Auswahlverfahren abgelehnt wurden. Als der Marketingvorstand vor zwei Monaten mit solch einem Abgelehnten ins Gespräch kam, verlief die Konversation zunächst eher schleppend. „Was soll ich hier meine Zeit mit einem Gespräch verbringen, mit dem ich nichts für die Motivation einer meiner Mitarbeiter tun kann?", schien der Vorstand sich zu fragen. Doch es dauerte nicht lange, da waren beide in ein intensives Gespräch darüber vertieft, wie das neue Social-Media-Marketing-Tool eines der Konkurrenzunternehmen funktioniert, das der Abgelehnte in den letzten Jahren mit aufgebaut hat. An diesem Abend war die Chance für den Marketingchef erheblich gestiegen, demnächst endlich einen fähigen Mann für die eigene Social-Media-Abteilung zu finden.

Doch heute war alles ein wenig anders. Statt sich um 20 Uhr zu treffen und das erste Bier zu öffnen, hatte Thomas die Runde eingeladen, zuvor noch beim Training seines lokalen Fußballvereins mitzumachen, beim FC Schwabing 56. Aus diesem Grund sitzen jetzt alle ziemlich ausgelaugt hier im Gras. Die 1. Kreisliga ist keine Champions League, aber zwei Stunden lang zu rennen, ist auch hier harte Arbeit, erst recht für die professionellen Bürostuhl-Sitzer aus der IT-Branche.

Thomas' Spekulation ist aufgegangen. Der Abend findet keineswegs zufällig hier statt, ganz im Gegenteil. In den vergangenen Wochen gab es eine heftige Diskussion im Intranet über die Aufgabe von Führungskräften in fluiden Teams. Einige waren der Ansicht, es brauche gar keine Führung mehr, weil sich die Teams der erfahrenen Projektarbeiter selbst organisierten. Andere behaupteten das glatte Gegenteil: Gerade bei Kurzfrist-Teams mit hoher Diversität müssten klare Werte vorgegeben und auch sanktioniert werden.

Thomas überlegte einige Tage, an welcher Stelle in anderen Branchen ähnliche Fragestellungen auftreten. Er war schnell bei Fußball-Trainern gelandet. Bei jedem neuen Trainer, mit jedem neuen Spieler, mit jedem Ausfall eines Spielers steht hier das Spielsystem infrage. Muss es ständig geändert werden? Und wenn ja, wie bekommt der Trainer seine Spieler dazu, die Regeln des bisherigen Spielsystems sofort zu vergessen und die neuen Regeln zu verinnerlichen[14]?

Der bisherige Verlauf des Abends gibt Thomas recht. Allein die Beobachtung des Kreisliga-Trainers beim normalen Training seiner Truppe hat einige der lautesten Diskutanten aus dem Intranet kleinlaut werden lassen. Möglicherweise war es aber auch die fehlende Luft nach dem 60-Meter-Sprint.

„Ich finde das toll, dass wir diese Networking-Events haben", beginnt einer der Neuen das Gespräch, noch bevor er überhaupt sitzt. „In meiner vorherigen Firma wurde zwar viel über Networking geredet, die Kosten wurden aber nur für Geschäftsessen übernommen. Und bei Euch gibt's sogar jeden Monat solche Abende." „Alle zwei Monate", korrigiert Thomas sanft. „Aber wir übernehmen tatsächlich auch die Kosten, wenn du selbst jemanden zum Networking-Essen einlädst. Es gibt

---

[14] Rede von Thomas Tuchel (Bundesligatrainer Mainz 05) bei den Executive Days des 2b AHEAD ThinkTanks: http://www.2bahead.com/nc/tv/rede/video/der-fussball-rulebreaker-wie-leistungssportler-das-vergessen-lernen/.

nur zwei Bedingungen dabei[15]. Erstens: Das Treffen darf nicht im Unternehmen stattfinden, damit ihr neue Einflüsse kennenlernt. Und zweitens: Du musst hinterher in deinem Team berichten, was du Interessantes erfahren hast, damit alle etwas davon haben."

Thomas schaut zum Vorstandsvorsitzenden. Aus dem Augenwinkel hat er gesehen, dass dieser schon zur Rede angesetzt hatte. Vermutlich wäre er gern derjenige gewesen, der das Gespräch eröffnet. „Das richtige Gespür für die Umgangsweise mit seinen Projektarbeitern fehlt ihm ab und zu", denkt Thomas. Da erhebt der Vorstand auch schon die Stimme. „Was glauben Sie denn", wendet er sich an den Fußballtrainer, der gerade dazukommt und sich ein Bier aus dem Kasten nimmt. „Was ist die wichtigste Führungseigenschaft heutzutage?" „Eine typische Vorstandsfrage!", geht es Thomas durch den Kopf. „Undifferenziert, aber mit einem Superlativ versehen!"

Der Trainer reagiert cool: „Früher waren die Fußballtrainer alle gleich. Sie waren Helden gewesen, hatten große Erfolge gefeiert und trugen ein noch größeres Ego mit sich herum. Sie hielten sich für Führer, hinter denen alle herlaufen sollten. Aber die gibt es schon lange nicht mehr. Die heutigen Trainer halten sich nicht mehr für die Besten und Schlausten. Wir glauben auch nicht mehr, dass wir die meiste Erfahrung oder das größte Wissen haben. Das braucht ein Trainer auch nicht, solange er nur die Besten und Schlausten auf dem Platz stehen hat. Wir verstehen uns also eher als strategische Koordinatoren. Und wir wissen, dass nur die stetige Veränderung das Team und die Spieler voranbringt. Wer also professionell führen will, der muss als oberstes Gebot die Veränderungen lieben!"

„Was mich am meisten beeindruckt hat", wirft ein Mitarbeiter ein, der erst seit einer Woche im Unternehmen arbeitet, „ist die Art, wie Sie mit wem trainieren. Bei Ihnen trainiert ja kaum die ganze Mannschaft zusammen und auch nie jeder für sich. Bei Ihnen trainieren immer kleine Grüppchen, die Sie immer wieder neu zusammenstellen." Der Trainer überlegt kurz: „Ja natürlich. Es trainieren immer diejenigen zusammen, die dann auch im Spiel zusammen agieren müssen. Die Viererkette in der Abwehr trainiert das Verschieben in die Räume. Das Mittelfeld trainiert das Pressing gegen die gegnerische Abwehr und der Angriff trainiert zum Beispiel den überfallartigen Konter. Die meisten Spieler sind in jeder dieser Situationen gefragt. Unser Außenverteidiger zum Beispiel hat sowohl bei den Kontern als auch beim Pressing und beim Verschieben in die Räume seine Aufgaben zu erfüllen. Also trainiert er mit jeder der Gruppen. Und übrigens hat er auch in jeder der Gruppen eine andere Stellung. Mal gibt er die Anweisungen, mal ist er Ausführender."

---

[15] Casnocha/Hoffman/Yeh, Harvard Business Manager 2/2014, S.49.

Diese Analogie ist Thomas vorher gar nicht aufgefallen. Je länger er darüber nachdenkt, desto mehr Parallelen findet er. Auch die Führung für die fluide Struktur in seinem Unternehmen steuert und koordiniert eine Vielzahl von Teams. Sie befähigt die einzelnen Mitarbeiter, in mehreren Teams gleichzeitig in verschiedenen Funktionen zu arbeiten: in einem Team als Teamleiter, in anderen als Teammitglied. So wie diese Teams sich nach Ende des jeweiligen Projektes auflösen und in neuen Konstellationen neu entstehen, so zwingt die neue Führung ihre Mitarbeiter, sich parallel mit unterschiedlichen Projekten zu beschäftigen, und organisiert die Sprünge für Mitarbeiter innerhalb des Unternehmens. Auf diese Weise werden selbst die festangestellten Mitarbeiter des Unternehmens in ein System kontinuierlicher Jobrotation, persönlicher Herausforderung und Weiterentwicklung gebracht. Das wird bei den Fußballern nicht anders sein.

„Vielleicht kann ich euch noch auf eine Sache hinweisen, die mir in meinem eigenen Unternehmen immer wieder auffällt", meldet sich noch einmal der Trainer, nachdem er einen kräftigen Schluck aus der Flasche genommen hat. „Für junge Fußballtrainer ist die wichtigste Erkenntnis, dass ihre Spieler wichtiger sind als das System, das der Trainer sich ausgedacht hat. Erst wenn Trainer verstanden haben, dass sie ihr Spielsystem an die Spieler anpassen müssen, weil es umgekehrt nie funktioniert, erst dann werden sie richtig gute Trainer. Im Trainerlehrgang nennt man das: human centered! Wir Trainer sind ja eigentlich nichts anderes als Potenzialentwickler unserer Spieler. Ich denke, dass das bei einem Unternehmen nicht anders ist."

„Aber unser Problem ist ja", wirft einer der Ehemaligen ein, „dass unsere Teams ständig neu zusammengewürfelt werden. Mindestens alle zwei Jahre gibt's neue Teams. Wie soll eine Führungskraft für die Kompetenzsteigerung der Mitarbeiter binnen eines Jahres verantwortlich sein? Das hat sie doch gar nicht in der Hand. Soll sie ihre Mitarbeiter laufend zu Weiterbildungen schicken?" Der Trainer hatte schon bei den letzten Worten angefangen, den Kopf zu schütteln. „Nein! Nicht diese Weiterbildungen! Wir fahren mit unserer Mannschaft nur einmal im Jahr ins Trainingslager. Und das eigentlich auch nur, damit die Spieler mal den Kopf freibekommen und sich von früh bis abends auf den Sport konzentrieren können. Sie müssen stattdessen die Arbeit selbst zur permanenten Weiterbildung machen. Und das geht! Schauen Sie: Ein Mensch lernt ja am meisten nicht in seinem Spezialgebiet, sondern wenn man ihn gezielt in neue Bereiche führt, in denen er sich nicht auskennt. Deshalb lasse ich meine besten Verteidiger im Training auch oft nicht verteidigen, sondern angreifen. Aus dem anderen Blickwinkel des Stürmers lernen sie viel mehr, als wenn sie immer nur das Stellungsspiel der Verteidigung einüben."

Thomas nickt. Er erinnert sich an einen Vortrag, den er vor einigen Wochen bei einer Konferenz gehört hat. „In der Wissenschaft nennt man das die ‚Structural-Holes-Strategie'", unterbricht er den Trainer. „Sie besagt, dass Kompetenzgewinn immer dann entsteht, wenn man mit seinem eigenen Denken jene Structural Holes überschreitet, die in unserer Gesellschaft normal existieren. Es sind jene Informations-Gräben die zwischen Kulturen, Milieus, Branchen, Abteilungen und wahrscheinlich auch zwischen Verteidigern und Stürmern automatisch entstehen, weil diese normalerweise die Welt nicht mit den Augen der anderen sehen. Die Innovationsforscher sagen, dass das Überbrücken dieser Structural Holes die erste wesentliche Zukunftsaufgabe von Führung ist[16]."

Der Vorstandsvorsitzende hat dem Gespräch eine ganze Zeit schweigend zugehört. „Er gibt eine gute Figur ab, hier auf der Wiese in seinen Fußballschuhen", denkt sich Thomas, als sich ihre Blicke treffen. Offenbar fühlt er sich durch den Blickkontakt aber bemüßigt, noch einmal das Wort zu ergreifen. „Wir organisieren solche Abende ja nicht nur aus Spaß, sondern weil wir auch den Mitarbeitern zeigen wollen, dass das Networking eine der wesentlichen Führungsdisziplinen ist. Ohne ein intensives Netzwerk kann eine Führungskraft heute nicht mehr führen! Ist das bei Ihnen auch so?"

„Ja!", sagt der Trainer. „Und damit wäre diese Selbstdarstellungs-Frage auch schon abschließend beantwortet", denkt sich Thomas im Stillen. Aber der Trainer will den Vorstandsvorsitzenden dann doch nicht ganz so sehr in der Luft hängen lassen. Also berichtet er über sein Netzwerk zu den Trainern der Konkurrenz und zu den Jugendmannschaften in der Umgebung. Offensichtlich scheint es hier einen regen Austausch von Spielern zu geben, die mit ihrer Spielweise auf ihrer Position besser in die eine oder die andere Mannschaft passen. „Im Fußball gibt es diese Projektarbeiter-Logik offensichtlich schon lange", denkt Thomas und nimmt sich vor, die Methoden der Trainer später noch etwas genauer unter die Lupe zu nehmen: „Vermutlich können wir davon lernen!"

Inzwischen sind hier und dort Unterhaltungen auf der Wiese entstanden. In kleinen Grüppchen plaudern die Kollegen über das Training und den Job. Thomas' Blick fällt auf Daniel, seinen besten Mitarbeiter, den er gerade vor einigen Tagen gekün-

---

[16] Wissenschaftler bezeichnen dieses unterschiedlich: Watts/Strogatz schreiben von einer ‚bridge-and-cluster-structure' und meinen das Brückenbauen zwischen den verschiedenen Milieus, Branchen und Welten; von Opinion Leadern die diese Brücken zwischen den sozialen Welten spannen, schrieben schon Merton und Katz/Latzarsfeld; vom ‚small world'-Phänomen der verblüffend geringen Kommunikationsdefizite der Opinion Leader aufgrund dieser Brücken schreiben Travers/Milgram: Burt prägte letztlich den Begriff der ‚structural holes' und beschrieb, welchen Innovationsgewinn es bringt, wenn Netzwerke diese Leere zwischen den sozialen Gruppen überspannen.

digt hat. Unauffällig geht Daniel von einem Grüppchen zum anderen. „Was tut der da?", fragt sich Thomas, bis er zufällig mithört, wie Daniel einen der Neuen für die nächste Woche zu sich nach Hause zum Fußballschauen einlädt. „Der hat verstanden, worauf es ankommt!" Beim Abschied am Ende des Abends blinzelt Daniel ihm vielsagend zu. Thomas blinzelt zurück.

Wie Employer Branding zur Employee Value Proposition führt

Summary

In Zeiten der Vollbeschäftigung war die Ausbildung einer Employer Brand wichtig. Sie garantierte, dass sich aus der Masse der am Arbeitsmarkt verfügbaren Kandidaten die Besten bei einem Unternehmen bewarben: eine weise und wichtige Strategie. Doch künftig reicht die Employer Brand nicht mehr! Denn sie sagt den einzelnen Kandidaten nichts darüber, welchen persönlichen Entwicklungsschritt jeder Einzelne ganz individuell in einem bestimmten Unternehmen vollziehen kann. Aus diesem Grund entwickelt sich das Employer Branding künftig zur Strategie der Employee Value Proposition weiter. Die HR-Abteilung analysiert die Entwicklungswünsche eines Kandidaten individuell und zeigt ihm ganz genau auf, warum er bei dem Unternehmen arbeiten sollte, welche Relevanz die Stelle für seine weitere Entwicklung hat und wie das Unternehmen diese Relevanz noch steigern kann. Auf diese Weise wird für jeden Kandidaten individuell genau festgelegt, wie und durch welche Mittel sein Wunsch erzeugt werden kann, beim Unternehmen zu arbeiten. Dies wird dann als konkretes Angebot an den Kandidaten formuliert, als Employee Value Proposition.

Montag, 2. Juni 2025

„Mein lieber Herr Krüger", schallt es durch den Raum. Thomas schließt die Tür hinter sich und geht auf den Kollegen hinter dem Schreibtisch zu. Thomas ist kein Freund dieser überschwänglichen, oft gekünstelten Begrüßungen. Normalerweise schickt er als Antwort einen tadelnden Blick zurück. Aber bei seinem Marketingvorstand ist er die Attitüde schon gewohnt. Der kann vermutlich gar nicht anders. „Und vielleicht meint er es sogar ehrlich", dachte er neulich einmal.

Hier im Vorstandsbüro herrscht noch ein wenig die heile Welt von früher. Die Vorstände sind die einzigen Personen im Unternehmen, die eigene Büros haben ... neben dem Betriebsrat. Thomas lässt sich in den Sessel in der Couchecke fallen, auf den sein Gastgeber gerade gezeigt hat, und schaut aus dem hohen Fenster. Der großartige Ausblick über die Dächer Münchens hinweg ist immer ihr erstes Gesprächsthema, wenn Thomas hierherkommt.

Doch heute will er schnell zum Punkt kommen. „Ich bin hier, weil ich Ihr Okay brauche. Ich möchte mit Ihren Leuten an der Definition unserer Employee Value Proposition arbeiten", beginnt Thomas, so direkt wie möglich. Der Marketingvorstand runzelt die Stirn: „Was wollen Sie da jetzt noch definieren? Wir haben doch Jahre gebraucht, um unsere Employer Brand aufzubauen. Die haben wir doch jetzt!" Er schaut reichlich verständnislos.

Und er hat recht. In Zeiten der Vollbeschäftigung ist die Employer Brand gegenüber den Mitarbeitern genauso wichtig wie die Unternehmensmarke gegenüber den Kunden. Aber noch schwerer aufzubauen! Es hatte Jahre gedauert, bis sie zusammen im gesamten Unternehmen das Verständnis der Employer Brand eingeführt hatten. Um ein einheitliches Markenbild zu zeigen, hatten hier Personal- und Marketingabteilung eng zusammengearbeitet. Die Kommunikationsstrategie schloss alle Hierarchieebenen ein, denn nicht nur Vorstände prägen das Bild der Unternehmensmarke, sondern alle Mitarbeiter. Seit Unternehmen und ihre Marken immer stärker als eigene Persönlichkeiten wahrgenommen werden, wirken die Handlungen ihrer Mitarbeiter persönlichkeitsprägend. Also wurden alle betroffenen Abteilungen mit den richtigen Informationen versorgt. Und es wurde trainiert, mit welchem Content in welchen sozialen Medien die Mitarbeiter ihre Employer Brand pflegen.

Vor allem musste ein Messinstrument eingeführt werden, dass in der Lage war, die Qualität der Employer Brand zu messen. Dies war der Punkt, um den am längsten diskutiert wurde. Woran sollte man seine Employer Brand messen? Am Ende einigten Thomas und der Marketingvorstand sich auf den einzig vernünftigen Kompromiss: Sie wollten ihre Employer Brand an den Handlungen und dem Auftreten der Mitarbeiter messen. Und damit waren alle Mitarbeiter gemeint: Vom CEO bis zum Auszubildenden, wenngleich der CEO natürlich andere Aspekte der Unternehmensmarke verkörpert als ein Programmierer.

Doch heute geht es Thomas um etwas anderes: „Verstehen Sie mich nicht falsch. Ich will gar nicht die alten Diskussionen nochmals aufrollen!" Der Marketingvorstand nickt erleichtert. „Aber die Employer Brand reicht noch nicht. Sie sagt den Leuten zwar, dass wir ein tolles Unternehmen sind und welche Werte und Unternehmenskultur wir haben. Aber sie sagt den Leuten nichts darüber, welchen persönlichen Entwicklungsschritt jeder Einzelne ganz individuell bei uns gehen kann." Der Marketingvorstand nickt stärker. „Verstehe. Und das nennen Sie wie?" „Employee Value Proposition. Wir erleben ja schon lange, dass wir beim Recruiting die Leute nicht mehr auf ein bestimmtes Stellenprofil ansprechen können. Wir müssen sie auf ihre individuellen Entwicklungsbedürfnisse ansprechen. Nicht der Job steht im Vordergrund, sondern die Möglichkeiten der persönlichen Weiterentwicklung. Das bringt am Ende eine deutlich höhere Motivation, für das Unternehmen zu arbeiten."

„Herr Krüger, das verstehe ich alles. Aber wie soll das denn gehen?" Der Marketing-chef hat seine lockere Haltung etwas verloren. „Jetzt darf ich keinen Fehler machen", denkt Thomas. Er macht eine kurze Pause, legt sich die Worte zurecht: „Wir haben eine ganz ähnliche Entwicklung in den vergangenen Jahren beim Produktverkauf ge-sehen. Dort verkaufen wir schon lange keine Massenware mehr, sondern analysieren den Bedarf des Kunden individuell für seine Person und für die Situation, in der er sich gerade befindet. Dann adaptieren wir unser Produkt darauf und verkaufen ihm ein exakt passendes Produkt. Nichts anderes wird auch im Stellenmarkt geschehen: Wir analysieren den Bedarf des Kandidaten und zeigen ihm ganz genau auf: Warum sollte der Kandidat bei uns arbeiten? Welche Relevanz hat diese Stelle für seine wei-tere Entwicklung? Wie können wir diese Relevanz steigern? Das heißt: Wir legen für jeden Kandidaten ganz genau fest, wie und durch welche Mittel wir seinen Wunsch erzeugen, bei uns zu arbeiten. Wenn wir das als konkretes Angebot an ihn formulie-ren, dann haben wir die Employee Value Proposition."

Der Marketingvorstand atmet tief und hörbar aus: „Manchmal habe ich den Ein-druck, dass wir es uns komplizierter machen, als es eigentlich ist", sagt er. Und korrigiert sich sofort: „Wahrscheinlich hätte ich sagen müssen: als es früher einmal war. Denn dafür, dass die Welt so komplex geworden ist, können ja weder Sie etwas noch ich." Thomas nickt zustimmend.

„Also darf ich Ihnen einen Vorschlag machen, wie wir hier vielleicht weiterkommen. Wir Marketingleute haben ja die Verantwortung über die Steuerung der Employer Brand übernommen. Damit haben wir alle Hände voll zu tun, weil es hierbei nicht mit der Einführung von 2 bis 3 Modulen getan ist. Das ist ja ein ganzheitlicher, stra-tegischer Ansatz über alle Ebenen des Unternehmens hinweg, der sich auch noch parallel zur Unternehmensmarke weiterentwickelt. Also, wir sind bis hierhin voll!" Er zeigt mit seiner flachen Hand auf die Höhe der Unterlippe. „Ich würde vorschla-gen, dass wir die Analyse dieser individuellen Employee Value Proposition in Ihrer Verantwortung belassen."

Thomas nickt bedächtig. Er will sich seine Freude nicht zu direkt anmerken lassen. Aber dies war genau das Ergebnis, das er sich erhofft hatte.

Doch der Marketingvorstand scheint noch nicht fertig zu sein: „Wenn ich tiefer darüber nachdenke, dann müssen wir uns dazu auf Arbeitsebene aber ziemlich gut abstimmen. Es darf ja nicht passieren, dass Ihre Recruiter einem Kandidaten eine tolle Entwicklungsmöglichkeit versprechen, und am nächsten Tag hört er von einem anderen Mitarbeiter, dass genau diese Entwicklung nicht geht. Da muss der andere Mitarbeiter schon die richtigen Worte finden. Das wiederum ist ja die Aufgabe unseres Employer Brandings."

Thomas stimmt sofort zu: „Genau das ist der Punkt, um den es geht. Ich würde gern mit Ihren Leuten ein gemeinsames Konzept entwickeln, wie diese Abstimmung sinnvoll und regelmäßig geschehen kann. Weil wir am Ende des Tages ja hier nicht über künstliche Marketingmaßnahmen reden, die von oben über das Unternehmen gestülpt werden können. Sondern wir reden über authentisch, gemeinsam gelebte Werte, die sich auch weiterentwickeln und auf neue Situationen übertragen werden müssen. Diese Markenentwicklung wird niemals abgeschlossen sein."

Der Marketingvorstand scheint zufrieden damit. Er schaut auf die Uhr. Jetzt muss Thomas schnell sein: „Ich habe aber noch ein zweites Thema. Haben Sie noch 5 Minuten Zeit?" Das schnelle Nicken zeigt ihm, dass er sich jetzt beeilen muss: „In unserer Recruiting-Strategie spielen ja unsere Mitarbeiter eine große Rolle. Wir legen Wert darauf, dass unsere Belegschaft durch Empfehlung neue Mitarbeiter ins Unternehmen bringt. Das funktioniert auch gut bei den Mitarbeitern, die ein hohes Selbstbewusstsein haben. Die anderen haben manchmal immer noch das Gefühl, die Rekrutierung neuer Mitarbeiter läge nicht in ihrem Kompetenzbereich. Das ist aber ein Problem. Ich finde es wichtig, dass alle Mitarbeiter in den Prozess der Empfehlung eingebunden werden. Sie sollten ein eigenes Interesse daran entwickeln, neue Mitarbeiter in das Unternehmen zu bringen."

Der Marketingchef will jetzt merklich zum Ende kommen. „Alles richtig. Aber was ist der Punkt?" Thomas redet gleich weiter: „Wir sollten im Rahmen der Employer-Brand-Strategie noch ein Incentives-Programm für Empfehlungen einrichten. Es geht dabei gar nicht so sehr um Geld, sondern eher darum, dem Empfehlenden im Unternehmen besondere Entwicklungschancen zu eröffnen. Oder ihm und seinen Kollegen einfach nur widerzuspiegeln, dass seine Empfehlung zu einer erfolgreichen Einstellung geführt hat. Er muss sich unmittelbar am Erfolg des Unternehmens beteiligt fühlen und darauf stolz sein können. Und falls seine Empfehlung nicht zur Einstellung geführt hat, dann darf der Empfehlende nicht das Gefühl haben, dass sich das negativ auf seine Reputation im Unternehmen auswirken könnte."

„Puhh!" Jetzt atmet Thomas hörbar aus. Letztendlich hat er doch noch alles in diesem Gespräch untergebracht. Der Marketingchef sieht es und lächelt. „Wenn Sie ein Konzept für solch ein Incentives-Programm haben, dann sprechen Sie mich bitte nochmals an. Sie können auch gern aus meiner Abteilung die Employer-Brand-Leute in die Konzeptentwicklung einbeziehen." Thomas geht langsam zur Tür. „Das war eine spannende halbe Stunde. Vielen Dank. Auf Wiedersehen!", sagt der Marketingvorstand hinter ihm.

18   Wie das Corporate Life funktioniert

Summary

Die Einführung der Corporate-Life-Strategie in Caring Companies mag zuweilen anmuten, als wäre in Unternehmen der Altruismus ausgebrochen. Von betriebseigenen Kitas für Mitarbeiterkinder, betriebseigenen Pflegediensten für Mitarbeitereltern, betriebseigenen Einfamilienhäusern zur kostengünstigen Miete und der Übernahme kompletter Versicherungspakete der Mitarbeiter hätten nicht einmal die härtesten Gewerkschafter in den Klassenkämpfen der Vergangenheit zu träumen gewagt. Doch das Gegenteil ist der Fall: Die Basis der Caring Companies ist mathematisches Kalkül: Die Recruiting-Kosten für Unternehmen, die künftig im 3-Jahres-Turnus 40 Prozent der Mitarbeiter in einem leer gefegten Arbeitsmarkt neu rekrutieren müssen, lassen sich einfach berechnen: Sie sind gigantisch. Strategisches Ziel des Corporate Life ist es deshalb, mit einem Bruchteil dieses Budgets die Abwanderungsquote signifikant zu senken. Am stärksten wirken die Corporate-Life-Strategien, wenn sie mit einer klaren regionalen Identität verbunden werden.

Mittwoch, 4. Juni 2025

Vor 3 Tagen klingelte Melanies Handy. Es war eine Nummer aus der Firma, das erkannte sie sofort. Aber offensichtlich hatte sie mit dieser Nummer noch nie telefoniert. Das war ungewöhnlich bei 22 Jahren im Unternehmen! Es war eine Nummer aus der Presseabteilung; mit denen hatte Melanie tatsächlich recht wenig zu tun. Ob sie Melanie Polenz sei, wollte die junge Dame wissen. Als sie bejahte, bekam sie zu hören, dass ein Journalist der Regionalzeitung ein Interview mit ihr machen wolle. Offenbar ging es um die Award-Verleihung in der vergangenen Woche.

Tatsächlich war Melanie mit dem HR Excellence Award ausgezeichnet worden. Sie hatte sich sehr darüber gefreut, denn dieser Preis gilt als Qualitätssiegel. Er wird von den Fachjournalisten der Zeitschrift Human Resources Manager herausgegeben, seit 12 Jahren schon. Im Unternehmen hatten nicht viele von der Preisverleihung erfahren. Es ist auch nicht Melanies Art, sich selbst mit solchen Informationen in den Vordergrund zu schieben. Jetzt war also die Lokalpresse aufmerksam geworden.

„Ja, gern!", hatte sie geantwortet, worauf die Pressesprecherin kurz angebunden sagte: „Gut. Wir organisieren den Termin hier in der Pressestelle. Wir wollen natürlich mit dabei sein!" Melanie missfiel der schnippische Ton der Kollegin. Offenbar war die sonst ständig damit beschäftigt, Interviewtermine an die Wirtschaftspresse und Pressemitteilungen für den Vorstand herauszugeben. Eine Anfrage der Lokalpresse an die Personalchefin hielt sie wohl für unter ihrer Würde. Aber derzeit ist es sowieso schwierig, mit den Kollegen in der Pressestelle zu arbeiten. Seit das große Zeitungssterben eingesetzt hat, hat die Pressestelle einen großen Teil ihrer Existenzberechtigung verloren. Die Direktkommunikation zu den Kunden macht die Marketingabteilung, die Social-Media-Kommunikation macht die Social-Media-Abteilung. Da bleibt inzwischen nicht mehr viel übrig. „Es muss sicher mehr als 10 Jahre her sein, dass ich das letzte Mal einen Kandidaten für die Presseabteilung gesucht habe", geht es Melanie durch den Kopf. Offenbar kommen die gut mit immer weniger Mitarbeitern aus.

Nun sitzt Melanie am Konferenztisch in der Presseabteilung. Vor ihr der junge, offensichtlich etwas aufgeregte Journalist, neben ihr die Kollegin. Deren betonte Freundlichkeit wirkt aufgesetzt. Das muss auch für den Journalisten unangenehm sein. Doch der kümmert sich dankenswerterweise mehr um Melanie.

„Das ist ja schön, dass es wenigstens hier noch eine Regionalzeitung gibt!", versucht Melanie, das Eis zu brechen. Er schaut sie an. Etwas länger als nötig, bevor er antwortet: „Na ja, früher waren wir ja auch einmal eine Tageszeitung. Die Zeiten sind schon lange vorbei. Als Wochenzeitung mit ganz klarem, lokalen Profil geht es einigermaßen mit den Anzeigeneinnahmen. Aber wir Journalisten sind bei der ganzen Entwicklung zu Niedrigverdienern geworden. Früher war das mal ein Traumberuf, heute ist es nur noch etwas für Idealisten."

„Da mag er wohl recht haben", denkt Melanie für sich. „Nicht überall hat die demografische Entwicklung zu höheren Löhnen geführt. In einigen Bereichen war die Technologie stärker und hat die Arbeitsplätze ganz verschwinden lassen." Der Journalist unterbricht ihre Gedanken, als er sein Aufnahmegerät einschaltet und sagt: „Ich würde mit Ihnen gern über den tollen Award sprechen. Herzlichen Glückwunsch dazu!" „Danke!", sagt Melanie leise. „Aber noch mehr als der Pokal interessiert mich eigentlich das Projekt, für das Sie den Award bekommen haben. Das ist doch diese Weekly Soap, oder?" Melanie grinst und nickt. Die Soap war ihr Coup des letzten Jahres gewesen. Sie hatte es tatsächlich geschafft, eine Weekly Soap über die Arbeit in ihrem Unternehmen im lokalen Fernsehsender zu platzieren. Selbstverständlich standen die Filmchen dann auch im Internet. Und es dauerte nicht lange, da setzte eine Dynamik ein, die Melanie bis dahin nur vom Hörensagen kannte: Binnen Minuten schnellten die Zugriffszahlen auf ihre Filme in die Höhe.

Und jede Woche, sobald eine neue Folge auf die Website gestellt wurde, gab es mehr Zuschauer. Aus irgendeinem Grund, den Melanie nicht kannte, war sie zum Kult geworden.

„Fangen wir doch mal von vorn an", sagt der Journalist. „Wie hat das denn angefangen? Wie sind Sie auf die Idee mit der Soap gekommen?"

„Also, ehrlich gesagt war das zunächst ein großer Zufall. Zufällig ist der Jugendtrainer der Jugendfußballmannschaft von Niederndodeleben Auszubildender bei uns. Mit dem hatte ich mich unterhalten, und wir waren auf die Idee gekommen, die gesamte Mannschaft zum Grillabend einzuladen. Da saßen also dann an einem Samstag die Spieler bei uns im Garten. Auch die Eltern hatten wir mit eingeladen, ganz nachbarschaftlich. Einige dachten zunächst, wir wollen an ihnen herumbaggern und sie überreden, sich bei uns zu bewerben. Aber das war gar nicht unser Ziel. Natürlich suchten wir damals händeringend neue Facharbeiter. Aber wir wollten nicht gleich mit der Tür ins Haus fallen, also haben wir zunächst nur miteinander geredet. Und am Ende haben wir gesagt: ,Passt auf, wir machen euch ein Angebot. Wir helfen euch beim Bewerbungstraining! Völlig egal für welches Unternehmen.' Und diejenigen, die sich dafür interessiert haben, sind dann in unseren Think Tank gekommen, unser Entwicklungsprogramm."

„Und wie kam jetzt die Soap ins Spiel?", insistiert der Journalist. „Ja, das war so: Ich hatte den ganzen Abend einen der Jungen beobachtet. Ich weiß gar nicht, warum. Aber er fiel mir ins Auge und dann sind wir ins Quatschen gekommen. Der Christian … wir haben eigentlich den ganzen Abend am Lagerfeuer miteinander geredet. Das muss so etwas wie Seelenverwandtschaft gewesen sein." Ein lauter Räusperer unterbricht Melanies Redefluss. Offenbar hat die Pressesprecherin einen Kloß im Hals. Doch Melanie lässt sich nicht stören: „Er war ein ganz süßer! Ein ganz stiller, aber wenn der erzählte, dann spürte man seinen Charakter. Man spürte, dass er Ecken und Kanten hatte."

Schon wieder ein Räusperer. Diesmal schaut Melanie auf und der Kollegin ins Gesicht. Weit aufgerissene Augen blicken ihr entgegen. Die hektische Handbewegung bedeutet ihr, dass sie aufhören solle. Melanie versteht nicht. „Warum?", fragen ihre Augen lautlos, als die Pressesprecherin entschuldigend in Richtung des Journalisten bemerkt: „Wichtiger als Christian ist doch die Soap, oder?"

„Sie hat unrecht", denkt Melanie. Aber sie sagt es nicht. Denn an jenem Abend im Gespräch mit Christian ertappte sie sich selbst mehrfach dabei, wie sie mit den Augen dieses Jungen durch ihr Unternehmen ging. Sollte er tatsächlich eine Ausbildung bei ihnen anfangen, dann konnte sie in Gedanken genau beschreiben, mit wem er Probleme bekommen würde, mit wem er aneinanderrauschen würde. Und sie wusste genau, welcher Vorstand den Jungen unter seinen Schutzschild nehmen würde, ohne dass der Junge es überhaupt mitbekommen würde. Am darauffolgenden Tag, beim Sonntagsfrühstück zu Hause in Berlin, erzählte sie ihrem damaligen Mann René davon: von Christian und ihrem gedanklichen Rundgang durch das Unternehmen. René meinte kurz und trocken: „Klingt ja wie das Erdmännchen in den Zoo-Serien." Seit diesem Frühstück ließ Melanie der Gedanke an die unglaublich erfolgreichen Zoo-Serien im Fernsehen nicht mehr los. Konnte man eine solche Weekly Soap nicht auch über ein Unternehmen drehen?

Für ein paar Sekunden ist Stille eingekehrt am Konferenztisch in der Pressestelle. Melanie schaut sich gedankenverloren um. Zwei neugierige Augenpaare fordern sie auf, weiterzusprechen. „Also, dieser Christian hat mich damals das erste Mal auf den Gedanken gebracht, eine solche Weekly Soap zu drehen", biegt sie die Geschichte in eine unverfängliche Richtung. „Aber das ging natürlich nicht so einfach. Wie sollten wir etwas realisieren, das noch niemals zuvor gemacht wurde und für das es kein Budget gab? Ich habe dann unendlich viele Gespräche mit HR-Experten geführt. Und mit Filmemachern. Und alle diese Experten haben mir erst einmal lang und breit erklärt, warum das nicht geht, warum das niemand sehen will, warum sich das nicht finanzieren lässt, warum unser Vorstand nicht mitspielen wird … und so weiter!"

Melanie schaut hoch. Mit stillem Nicken ermuntert der Journalist sie zum Weitersprechen. Auch die Pressefrau scheint derzeit kein Problem zu haben. Also erzählt Melanie weiter: „Doch dann passierte etwas Kurioses. Eines Tages sollte ich für die Strategieklausur des Vorstands eine Prognose der steigenden Kosten für die Personalsuche im leer gefegten Arbeitsmarkt erstellen. Die Frage war: Wieviel Geld müssen wir in den kommenden Jahren jährlich für Headhunter ausgeben? Dass die Kosten steigen würden, war völlig klar. Aber wie sollte man das berechnen? Diese Herausforderung war aus heutiger Sicht mein Glück! Ich bin damals zu unserem stellvertretenden Finanzchef gegangen und habe ihn um Unterstützung gebeten. Hätte ich das nicht gemacht, dann wäre es niemals zu diesen Weekly Soaps gekommen."

„Wieso? Was hat der gemacht?" Diese verblüffte Frage kommt nicht vom Journalisten, sondern von der Pressefrau. Offensichtlich interessiert sie sich inzwischen auch ehrlich für die Geschichte.

„Na ja, ich hatte ihm die Frage gestellt und die statistischen Daten geliefert. Es dauerte nicht lange, da hatte ich eine E-Mail mit seiner Antwort. Ich las die E-Mail und bekam fast den Mund nicht mehr zu. Ich habe ihn dann angerufen und gefragt, ob die Zahl, die er mir geschickt hatte, wirklich die Berechnung für ein Jahr sei, oder ob er gleich die Summe für die nächsten 5 Jahre gebildet hatte. Das hatte er nicht: Es war für ein Jahr. Und dann hat er mir das am Telefon noch einmal vorgerechnet: Wenn du alle 3 Jahre jeweils 40 Prozent der besten Mitarbeiter neu suchen musst, dann sind das bei 300 Mitarbeitern genau 40 pro Jahr. Die Headhunter nehmen inzwischen 50 Prozent des Jahresgehalts plus 30 Prozent Spesen. Das sind mehr als 3,5 Millionen Euro pro Jahr, die du allein an deine Headhunter überweist. Verrückt, oder?" Melanie schaut in die Runde. Ihr Blick bleibt in den Augen des Journalisten hängen.

„Stellen Sie sich mal vor, was man damit alles machen könnte!" Melanie hatte damals schnell eine Vorstellung gehabt. Ihre Argumentation gegenüber dem Vorstand war simpel gewesen: „Geben Sie mir nur die Hälfte des eingesparten Geldes, dann drücke ich Ihnen die Kündigungsquote der Projektarbeiter auf 33 Prozent. Sie sparen bares Geld", hatte sie gesagt. Natürlich war diese Behauptung eine Wette mit ungewissem Ausgang. Denn Melanie spekulierte auf den Gedanken, dass sie mit diesem Budget nach und nach so starke Bindungen in das soziale Umfeld der Mitarbeiter aufbauen konnte, dass diese nicht mehr so schnell wechseln würden. Dass das wirklich so funktionieren würde, war eher eine Vermutung als eine belastbare Prognose. Aber sie riskierte es.

Zuerst wollte sie die betriebseigenen Kitas ausbauen. Zugleich gründete sie eine betriebseigene Schule für die Kinder der Mitarbeiter. Und auch ein kleiner, betriebseigener Pflegedienst für die Eltern der Mitarbeiter entstand noch im ersten Jahr. Für das kommende Jahr plante sie, einigen der wichtigsten Mitarbeiter ihre selbst gebauten Einfamilienhäuser abzukaufen und sie wieder zurückzuvermieten. Diejenigen, die die Chance ergriffen, waren überglücklich. Sie hatten sich viel zu zeitig mit dem Eigenheimbau festgelegt und fühlten sich nun als Sklaven ihres eigenen Hauses. Melanie gab ihnen einen großen Teil ihrer Freiheit zurück. Als sie zwischendurch noch etwas Geld übrig hatte, übernahm die Firma auch noch die kompletten Versicherungspakete für die strategisch wichtigsten Mitarbeiter.

Einige im Unternehmen versuchten, Melanie zu bremsen. Doch der Vorstandsvorsitzende hielt mehrfach seine schützende Hand über sie. Und als auch er unruhig wurde, erklärte sie ihm, dass all diese Dinge nur auf einen Punkt hinführten: „Wir können nicht verhindern", argumentierte sie, „dass bei unseren wichtigsten Mitarbeitern der Headhunter zweimal pro Woche klingelt und das Doppelte an Gehalt bietet. Aber wir können es schaffen, dass dann bei den Mitarbeitern ein bestimmter Gedankengang ausgelöst wird. Der Gedankengang heißt: ‚Dieses neue Angebot wäre für mich eine tolle Herausforderung. Aber wenn das zugleich bedeutet, dass meine Kinder die Schule wechseln müssen, meine Eltern den Pflegedienst wechseln müssen und meine Familie aus dem Haus ausziehen muss … dann lehne ich lieber ab.'" Und wie sich zeigte, ging ihr Plan auf. Wenn auch erst 2 Jahre später und mit gewaltigem Schutz des Vorstands.

„Und dann kam die Weekly Soap wieder ins Spiel!", erzählt Melanie weiter. „Es hatte zwar inzwischen länger als zwei Jahre gedauert, seit ich Christian das erste Mal getroffen hatte, aber er war noch als Auszubildender bei uns im Unternehmen. Ich hatte jetzt ein ordentliches Budget und habe einen Filmemacher beauftragt, ein Drehbuch für die ersten 6 Folgen zu schreiben, als Probe. Mit diesem Drehbuch bin ich zum lokalen Fernsehsender gegangen. Die haben es mir förmlich aus der Hand gerissen. Kein Wunder! Es war ja kostenlos für die. In den ersten Folgen spielte Christian die Hauptrolle. Es gab ein bisschen Streit, ein paar Probleme und ein bisschen Liebe … wie in jeder Krankenhaus-Soap oder jeder Zoo-Serie. Das ist es doch, was die Leute sehen wollen. Das wichtigste war aber, dass es um die echten Leute in unserem Unternehmen und um deren echtes Leben ging. Wir haben uns nichts ausgedacht. Alles war völlig authentisch. Inzwischen haben ja ganz viele der Mitarbeiter hier ihre Rollen. Ständig kommen neue hinzu und andere gehen weg."

Der Journalist unterbricht sie: „Und wie erklären Sie sich den unglaublichen Erfolg der Soap? Nicht nur hier in der Region, sondern in ganz Deutschland?!"

„Ja, am Anfang war unser ganz klares Ziel, eine regionale Identität aufzubauen und eine starke Bindung an die Region zu schaffen. Denn wir haben es viel leichter, wenn wir Facharbeiter aus der Region zu uns ziehen können. Wenn die Mitarbeiter eine enge, kulturelle Bindung an ihre Heimat haben, dann bleiben sie meist länger bei uns. Deshalb hat sich die Soap am Anfang auch nur an die Zuschauer von hier gerichtet. Wir hatten Insider-Witze drin, die man nur hier in der Region verstehen kann. Aber dann haben wir gemerkt, dass wir immer mehr Zuschauer in ganz Deutschland bekommen. Und das fanden wir natürlich auch gut. Denn dieses ganz tiefe Heimatgefühl haben oft eher die niedrigqualifizierten Mitarbeiter. Wir brauchen aber natürlich auch höherqualifizierte. Und die haben oft keine enge, regionale Bindung."

„Inzwischen kann man ja richtig von Kult sprechen, oder? Die Soap hat Kultstatus erreicht. Wie haben Sie das geschafft?", fragt der Journalist weiter. „Um ehrlich zu sein: Das weiß ich auch nicht. Wir haben festgestellt, dass die Zuschauerzahlen immer mehr steigen, je häufiger wir auch kritische Themen ansprechen. Also zum Beispiel die Lohngerechtigkeit: Wissen die Mitarbeiter, was die Kollegen verdienen, und finden die das gut? Oder die Frage von demokratischen Entscheidungen: Wir haben zwischendurch auch Experimente gemacht, wo Abteilungen ihre Abteilungsleiter selbst gewählt haben. In der Soap sah man dann eben die Hauptpersonen und auch ihre Gegenspieler. Bei solchen Ereignissen stieg die Einschaltquote immer rapide an."

„Kein Wunder", kommentiert der Journalist. Doch Melanie ist noch nicht fertig: „Aber wissen Sie: Wir haben das ja nicht wegen der Einschaltquote gemacht. Für uns ist wichtig, dass wir nicht nur die Quote gesteigert haben, sondern vor allem die Zahl der Bewerbungen. Wir haben es damit geschafft, dass wir in der gesamten Region und auch in unserer Branche das einzige Unternehmen sind, das noch Initiativbewerbungen bekommt …"

„ … und seit letztem Monat auch einen Preis!", führt der Journalist den Satz zu Ende. „Frau Polenz, ich danke Ihnen sehr herzlich für das Interview. Es war unheimlich spannend. Ich werde daraus eine schöne Story machen."

„Ich würde den Text aber gern noch einmal sehen, bevor Sie ihn veröffentlichen", mischt sich die Pressesprecherin wieder ins Gespräch ein. „Wenn Sie mögen, bekommen Sie ihn vorab", willigt der Journalist ein. Und zu Melanie gewandt, ist die Pressefrau plötzlich sehr freundlich: „Ich wusste ja gar nicht, dass Sie so tolle Geschichten in Ihrem Bereich haben. Vielleicht sollten wir uns einmal auf einen Kaffee treffen. Ich würde mich freuen, noch mehr darüber zu hören." Melanie lächelt den Journalisten an, als sie gemeinsam aus der Tür gehen. Er grinst zurück. Vielleicht denken sie gerade dasselbe.

Warum Führungskräfte ihre Mitarbeiter in Zwangsurlaub schicken

Summary

Die Zahl der Burn-out-Fälle wird in den kommenden Jahren weiter steigen. Zwar gibt es in Zukunft nicht mehr Erschöpfte als bislang, aber die medizinische Diagnose und der mediale Hype sind größer. Mindestens ebenso groß ist das Problem des Bore-out, dessen Ursachen Langeweile und Unterforderung sind. Doch während ein ‚gepflegtes Burn-out' in manchen Kreisen durchaus gesellschaftsfähig ist, würde kaum jemand zugeben, dass er an einer Krankheit wegen Unterforderung leidet. Die öffentliche Wahrnehmung des Bore-out ist somit weitaus geringer. Die HR-Abteilungen der Zukunft übernehmen eine weitgehende Verantwortung und Fürsorgepflicht für ihre Mitarbeiter. Caring Companies geben sich feste Regeln und Rituale, um Projektarbeiter und andere Mitarbeiter vor den Folgen von Überforderung und Unterforderung zu schützen. Eine mögliche und verbreitete Maßnahme ist ein Zwangsurlaub, bei dem der Arbeitgeber aktiv den Urlaubsort und das dortige Anti-Stress-Programm bestimmt und auch finanziert.

Dienstag, 10. Juni 2025

„Tina, ich würde dir gern eine Freude machen." Die junge Frau zuckt zusammen. Ohne den Blick von ihrem Tablet zu heben, gibt sie zurück: „Oooooookay?! Hast du einen Mann für mich? Das Gesicht bitte von George Clooney, das Konto von Bill Gates und das Hirn von Albert Einstein!" Melanie grinst: „Was würdest du denn mit so einem Mann anfangen? Du würdest ihn vermutlich zum Hausmeister machen. Und dann zu Hause versauern lassen. Du bist ja selbst nie da." „Ach, da würde mir schon noch mehr einfallen!"

Tina ist die Leiterin des Retail-Teams. Sie hat dafür zu sorgen, dass die eigenen Filialen und die Shop-in-Shop-Flächen der Marke gut aussehen und gut laufen. 480 Filialen sind es derzeit, in 19 Ländern. 110 davon hat Tinas Team in den letzten 12 Monaten eröffnet. Melanie hat sich monatelang gefragt, wie die junge Kollegin das wohl macht. Niemand sonst im Unternehmen hätte das wohl geschafft. Aber die Antwort ist ganz einfach: Sie arbeitet doppelt. Jeden Tag erledigt sie im

Vergleich zu den Kollegen das doppelte Pensum. Und was sie nicht geschafft hat, macht sie am Wochenende. Aber jeder, der sie sieht, weiß sofort: Sie arbeitet aus Freude. Es macht ihr Spaß.

Mit einem leisen „Swoshhhh" lässt sie die Excel-Tabelle auf ihrem Tablet verschwinden und steht nun vor Melanie. „Wie gut sie aussieht!", denkt sich die Personalchefin. „Die Augenringe sieht man zwar, aber sonst scheint der ganze Stress an Tina einfach abzuperlen." Tina sieht den bewundernden Blick: „Na nun zieh mich mal nicht mit deinen Blicken ganz aus", grinst sie die ältere Kollegin an. „Das sollen doch die jungen Kerle machen." Melanie hebt skeptisch die Augenbrauen.

„Tina, ich habe gerade mit dem Vorstand gesprochen. Ich weiß, dass du mich jetzt gleich hassen wirst, aber er ist genau der gleichen Meinung." Tina macht große Augen: „Ist etwas passiert?" „Nein, es ist gar nichts passiert. Wir wollen dich nur in den Urlaub schicken!" Tina verdreht die Augen: „Was soll das denn? Wenn ihr mich loswerden wollt, dann sagt es doch gleich." „Quatsch! Tina, wir brauchen Dich. Du machst eine großartige Arbeit. Aber 110 Filialen in 12 Monaten aufzubauen, ist unmenschlich. Du brauchst mal eine Pause, sonst kippst du irgendwann um." „Aber Melanie! Ich bin doch schon groß. Ich weiß doch selbst, wie viel ich arbeiten kann und will. Da müsst ihr mir doch nicht reinreden."

Melanie kennt diese Diskussionen. Sie hat sie hunderte Male geführt. Besonders schwer ist es mit den potenziellen Burn-out-Kandidaten wie Tina. Denn diese idealistische Begeisterung steht immer am Anfang der Kette. Wenn nichts Frustrierendes passiert, dann kann das auch noch lange so weitergehen. Aber wenn einmal nicht alles nach Plan läuft, wenn Frust und Desillusionierung eintreten, dann kommt es oft zunächst zu Apathie, später zu Depression oder Aggressivität. Dazwischen liegen die bekannten Symptome wie Hörsturz, Drehschwindel, Schlafstörungen, Angstzustände oder Herzbeschwerden. Natürlich will Tina das nicht wahrhaben!

„Tina, du siehst wunderbar aus. Du bist das blühende Leben. Deshalb will ich mit dir diese Diskussion auch nicht führen. Genau dafür haben wir in diesem Unternehmen eine Regel. Und diese besagt, dass Mitarbeiter, die unter besonderem Stress im Projektgeschäft stehen, jeweils am Ende des Projektes für 3 Wochen in den Urlaub geschickt werden. Danach geht's dann weiter mit dem nächsten Projekt." Tina ist sprachlos. Sie steht mit offenem Mund vor Melanie. „Und ich habe gar nichts zu sagen?", stößt sie dann hervor. „Nein!" Melanie hält Tinas Blick stand. Ihr Ton duldet keine Widerrede.

„Gibt es denn viele Burn-out-Fälle bei uns?" Tina versucht, das Gespräch noch ein-mal in seichtere Gewässer zu lenken. Melanie schüttelt den Kopf. „Na ja, es sind schon mehr als früher. Aber von all den apokalyptischen Warnungen in der Presse halte ich nichts. Es gab schon in den 20er Jahren des letzten Jahrhunderts Unter-suchungen, die besagten, dass damals ein Fünftel der Menschen ohne Schwung war. Dann kam der zweite Weltkrieg mit tausenden traumatisierten Soldaten und Millionen von Flüchtlingen. Und in den Siebziger und Achtziger Jahren besagten Umfragen, dass sich 20-30 Prozent der Bevölkerung regelmäßig erschöpft, schlapp oder müde fühlen. Vermutlich gibt es heute nicht mehr Erschöpfte als früher. Aber heute kann die Medizin das besser erkennen und die Medien verbreiten es hyste-rischer."

„Aber jetzt lenke nicht vom Thema ab!" Melanie spricht weiter, jetzt ein bisschen langsamer: „Dein Projekt läuft jetzt noch 2 Wochen. Bis dahin eröffnest du ja noch 4 Filialen. Die sind gar nicht in Deutschland, oder?" „Eine ist in Split, in Kroatien, und eine in Katowice, Polen. Die anderen zwei sind hier", antwortet Tina mit resignier-ter Stimme. „Okay, dann hast du 114 in 12 Monaten geschafft. Das reicht." Die Per-sonalchefin klingt so resolut, dass Tina es nicht mehr schafft, sich zu beschweren.

„Du kannst doch noch etwas mitreden. Du kannst dir nämlich ein Urlaubsziel aussuchen, das wir dir bezahlen." Jetzt hellt sich Tinas Gesicht wieder etwas auf. „Okay, wo ist der Clooney gerade?"

„Also ich würde dir ja eine Kreuzfahrt empfehlen. Wir würden dir eine Luxuskreuz-fahrt bezahlen, auf der MS Europa II. Die ist gerade in Dubai und fährt in 2 Wochen über Indien nach Singapur. Das ist echt Luxus: Auf dem Schiff gibt es nur Suiten. Außerdem beherbergt es nur 400 Gäste und genauso viele Bedienstete." Melanie weiß, wovon sie redet. Vor einem Jahr hatte sie selbst eine solche Kreuzfahrt ge-macht, als sie ihren letzten Zwangsurlaub verordnet bekam. Am Anfang war sie erschrocken: Mit ihren 56 Jahren senkte sie den Altersdurchschnitt drastisch, au-ßerdem gab es nur Paare auf dem Schiff. Aber der erste Schock legte sich schnell. Allein mit sich zu sein und ganze drei Wochen gar nichts zu tun, war am Ende eine echte Erholung gewesen.

Tina scheint von der Qualität der Langeweile nicht überzeugt zu sein: „Sag mal, wenn ihr euch schon solche Mühe macht und mir eine Reise organisieren wollt, kann ich die nicht vielleicht jemandem spenden, der sie viel nötiger hat?" Tina macht noch einen letzten Versuch. „Du kennst doch die Petra im Controlling. Die macht immer meine Reisekosten. Die erzählt mir immer von ihren Depressionen und Angstzuständen. Die müsste mal dahin."

Melanie nickt: „Ich habe schon von der gehört. Also überarbeitet ist sie dort nicht. Aber vielleicht unterfordert. Wir reden ja immer nur über das Burn-out, aber das Bore-out ist genauso schlimm. Vielleicht sogar noch schlimmer, weil es noch häufiger vorkommt. Es gibt viel mehr Bore-out-Fälle als Burn-outs[17]. Die Ursachen sind Langeweile und Unterforderung. Aber die Symptome sind genau dieselben." Tina stimmt zu: „Na dann hat Petra eindeutig Bore-out. Sie würde es nur niemals zugeben." Melanie nickt. „Das ist typisch. Ein „gepflegtes Burn-out" ist in manchen Kreisen ja durchaus noch gesellschaftsfähig. Aber wer würde denn schon zugeben, dass er eine Krankheit wegen Unterforderung hat?"

Tina überlegt: „Dann wäre die Kreuzfahrt wohl keine große Hilfe für Petra. Schon eher einmal Trampen durch Afrika." Tinas Augen funkeln Melanie an. „Tina, hier geht es um Dich. In 2 Wochen will ich dich hier nicht mehr sehen! Ich habe keine Lust darauf, dass so eine tolle Frau wie du in ein paar Jahren ständig zum Arzt rennt und mit etlichen Fehltagen bei mir in der Kartei steht, nur weil du jetzt ein bisschen zu viel Gas gegeben hast." Tina setzt sich wieder an ihren Schreibtisch. Sie scheint sich der Bestimmtheit des Tonfalls ihrer Personalchefin nicht mehr widersetzen zu wollen.

„Komm bitte morgen zu mir und sag mir, welche Reise ich für dich buchen soll", sagt Melanie beim Hinausgehen. „Wenn du willst, können wir für dich auch die Kreuzfahrt gegen eine Afrika-Safari tauschen. Und wenn es sein muss, schicke ich dem Clooney auch noch 'ne E-Mail, dass du gerade in der Wüste hockst. Vielleicht kommt er dich ja retten?!"

---

[17] Rothlin/Werder, Diagnose Boreout. Warum Unterforderung im Job krank macht, 2007, S. 388.

Das Recruiting-Potenzial der Nischen

Summary

In einem weitgehend leer gefegten Arbeitskräftemarkt verlagert sich der Fokus der Recruiting-Strategen in Caring Companies auf bislang unbeachtete Nischen. Hier können noch für einige Jahre vielversprechende Kandidaten rekrutiert werden, die aus verschiedenen Gründen abseits der Norm-Lebensläufe stehen: Hochbegabte und Niedrigqualifizierte, Menschen mit Behinderungen oder Autisten, aber auch geplante oder nicht geplante Karriereabbrecher: Offiziere am Ende ihrer Bundeswehrkarriere, Leistungssportler, Models und Schauspieler nach ihrer aktiven Zeit, möglicherweise auch Menschen nach persönlichen Schicksalsschlägen wie Krankheit, Insolvenz oder dem Tod eines nahen Angehörigen. Diese Nischen existieren sowohl für hoch qualifizierte als auch für niedrig qualifizierte Tätigkeitsbereiche. Die vielversprechendsten Nischengruppen sind Studienabbrecher und Wiedereinsteiger nach einer Berufspause. Mit speziell ausgerichteten Gewinnungs-, Einstiegs- und Trainee-Programmen lassen sich diese Nischengruppen relativ unkompliziert und kostengünstig integrieren. Diese Programme werden nicht individuell, aber regional, qualifikationsspezifisch und lebensphasenspezifisch konzipiert.

Donnerstag, 12. Juni 2025

Sie hatte schon viel von dem schönen Campus gehört. Aber dass die Universität so malerisch inmitten einer riesigen Parklandschaft liegt, das hat Melanie dann doch erst einmal die Sprache verschlagen.

Jetzt sitzt sie hier im Konferenzraum des Masterstudiengangs Personalmanagement. Gleich wird Professor Dr. Dr. Manuel Bausch hereinkommen. Melanie grinst in sich hinein. Sie schaut sich um und genießt die universitäre Atmosphäre. Seit Jahren hat sie keine Hochschule mehr von innen gesehen. Und das ist ja jetzt auch schon wieder einige Jahre her. „Vielleicht", so geht es ihr durch den Kopf, „hätte sie damals den angebotenen Weg zur Professur ja doch nicht ausschlagen sollen?" Diese jugendliche Atmosphäre und die Möglichkeit, sich mit einem wichtigen Gedanken auch mal tiefgehend, wenn es sein muss, wochenlang zu beschäftigen, das fasziniert Melanie nach wie vor. „Wer weiß, wohin mich mein Weg noch trägt …?"

Die schwungvoll geöffnete Tür holt sie abrupt aus ihrer Gedankenwelt. In der Tür steht ein sehr attraktiver Mittfünfziger: leicht ergrautes Haar, modisch aus der Denkerstirn herausgegelt, hochgewachsen, schlank … „Der Traum jeder Erstsemesterstudentin", fällt Melanie als erstes ein. „Hallo Melanie, schön, dass du da bist!" Er mustert sie von oben bis unten. „Ich dachte, ich sehe dich erst beim Klassentreffen wieder. Aber jetzt schaffen wir es ja schon vorher. Wie ist es dir ergangen?" „Danke für deine Zeit, Manuel", eröffnet Melanie das Gespräch, bevor sie ihm einen kurzen Abriss ihrer Lebensgeschichte seit dem gemeinsamen Studium gibt.

Sie hatte schon seit Monaten das Verlangen, sich einmal mit einem Professor treffen zu wollen. Denn es gibt eine Frage, die sie mehr als alles andere beschäftigt: „Wie kann man möglichst frühzeitig erkennen, ob ein Student demnächst sein Studium schmeißen wird?" Zuerst hatte sie selbst diese Frage für dämlich gehalten, dann für unanständig. Schließlich kann ja niemand ernsthaft einen Studienabbruchkandidaten identifizieren wollen, um ihn dann auch noch zum Studienabbruch zu treiben. Doch je länger Melanie über diese Frage nachdachte, desto klarer wurde ihr: „Doch! Genau das muss ich tun!"

Dann kam Thomas' E-Mail mit der Einladung zum Klassentreffen. Und plötzlich wurde Melanie bewusst, dass einer ihrer damaligen Kommilitonen Professor war. Was gab es Leichteres, als ihn kurzerhand zu besuchen. Und nun saß sie in seinem Besprechungsraum. „Prof. Dr. Dr. Manuel Bausch, Institut für Human Resources Management, Lehrstuhl für Personalmarketing und Recruiting", stand draußen an der Tür.

„Melanie, was kann ich denn für dich tun, außer über die alten Zeiten zu plaudern?", fragt Manuel, nachdem sie eine halbe Stunde über Paderborn, ihre Studienzeit und die Wirren des Lebens danach geplaudert haben. „Ich habe eine ganz konkrete Frage", sagt Melanie, „eine Recruiting-Frage. Als Recruiting-Professor weißt du die Antwort vielleicht ad hoc. Dann könnten wir weiter über das Leben plaudern." Sie grinst ihn an. „Ich gebe mir alle Mühe", pariert er den Vorstoß charmant.

„Also: Wie alle Unternehmen leidet natürlich auch mein Unternehmen unter dem Fachkräftemangel. Wir versuchen alles Mögliche, um Bewerber zu uns zu ziehen, aber es sind einfach immer zu wenige. Also habe ich mir mal angeschaut, wo noch ungenutzte Potenziale schlummern. Und da sind mir die Studienabbrecher aufgefallen." Manuel nickt nachdenklich. „Offensichtlich hat er sich mit denen noch nie beschäftigt", denkt Melanie, bevor sie weiterspricht. „Das ist ein riesiges Potenzial. In den Ingenieurberufen, die wir als Unternehmen brauchen, brechen 25 bis 30 Prozent ihr Studium ab. Was machen die denn dann? Die machen irgendein Zweitstudium oder verdaddeln ihre besten Jahre irgendwo auf der Suche nach sich selbst." Jetzt nickt Manuel heftig. „Kenne ich!", wirft er ein.

„Genau diese Studienabbrecher möchte ich gern haben! Wenn die auch nur etwas praxisbegabt sind und vielleicht schon eine gute Erstausbildung haben, dann könnten wir denen über spezielle Einstiegs-Trainee-Programme sehr einfach vermitteln, was sie bei uns brauchen." „Ich verstehe", sagt Manuel, „aber was kann ich jetzt dabei tun?"

„Vielleicht kannst du mir meine wichtigste Frage beantworten: Wie erkenne ich möglichst zeitig diejenigen Studenten, die demnächst ihr Studium schmeißen werden?" „Phhhh. Schwere Frage. Die hängen die Info ja nicht ans Schwarze Brett." Manuel beginnt zu grübeln. „Ich glaube, es gibt verschiedene Arten von Studienabbrechern. Es gibt die, die so viel nebenbei arbeiten müssen oder wollen, dass sie schlicht irgendwann feststellen, dass alle ihre Mitstudenten schon fertig sind. Dann kommen die meist nicht mehr zurück. Aber die nützen dir vermutlich auch nichts für deinen Plan. Dann gibt es die, die merken, dass sie es von ihrem Leistungsvermögen her nicht schaffen. Die findest du am ehesten in den Tutorien und Nachhilfestunden vor den Nachprüfungen. Die wären sicherlich ansprechbar, wenn du ihnen ein kostenloses, persönliches Mentoring anbietest. Ob du die dabei aber abwerben kannst? Und dann gibt es die, die im Studium feststellen, dass sie sich für das Fach doch nicht interessieren. Die erkennt man nach meiner Erfahrung vorab kaum. Sie sind bei den Vorlesungen und Seminaren, wie jeder andere auch. Nach der Semesterpause stellst du fest, dass der eine oder andere plötzlich nicht mehr da ist. Und wenn du nachfragst, bekommst du zur Antwort, dass der jetzt dies oder jenes studiert." Manuel schaut Melanie an. „Ich bin nicht so sicher, was ich dir jetzt empfehlen soll ...?"

Melanie sieht ihn aufmerksam an. In ihr war in den letzten Minuten eine Idee gereift: „Sag mal, Manuel, könnten wir nicht gemeinsam ein Modell entwickeln, das eine Antwort darauf gibt, wie die Unternehmen ein effektives Recruiting in den Nischen betreiben können? Es gibt ja nicht nur die Studienabbrecher. Es gibt ja noch viel mehr Nischen. Eigentlich betrifft das ja alle Leute, die irgendwie abseits der Masse und abseits der Norm sind: hochbegabte, niedrigqualifizierte, Menschen mit Behinderungen oder Autisten, aber auch geplante oder nicht geplante Karriereabbrecher. Zum Beispiel Leute am Ende ihrer Bundeswehrkarriere oder Leistungssportler oder Models oder Sportler und Schauspieler nach dem Ende ihrer aktiven Karriere. Möglicherweise sind das auch Menschen nach Schicksalsschlägen wie Krankheit, Insolvenzen oder dem Tod des Ehepartners, die auf der Suche nach einer neuen, erfüllenden Aufgabe sind. Diese Nischen gibt es also sowohl in hoch qualifizierten als auch in niedrig qualifizierten Bereichen. Aber all diese Nischengruppen werden doch von den Personalabteilungen bislang noch überhaupt nicht beachtet."

Manuel wirkt seltsam zurückhaltend, jedenfalls für Melanies Verständnis. Eigentlich hatte sie erwartet, dass er bei diesem Vorschlag vor Begeisterung sprüht. Sie versucht es noch einmal mit Enthusiasmus: „Ich würde vermuten, dass in den kommenden Jahren die zielgenaue Ansprache dieser Nischen und die entsprechenden Eingliederungs- oder Trainee-Programme zur wesentlichen Aufgabe des HR-Managements werden! Aber wenn wir das schaffen wollen, dann geht das nicht so wie bisher. Wir müssten als Erstes einmal neue Gewinnungsprogramme konzipieren, die genau auf die Bedürfnisse dieser Zielgruppen zugeschnitten sind. Zudem müssen wir auch die Arbeitsumgebungen an die Bedürfnisse dieser Nischen anpassen. Nach erfolgreicher Ansprache wird jeder der verschiedenen Nischengruppen ein eigenes, strategisches Entwicklungsprogramm geboten, um sie später dauerhaft im Unternehmen zu halten. Das heißt, sie müssen früh in Kontakt mit Führungskräften in den Abteilungen kommen, um gegenseitiges Vertrauen aufzubauen."

Melanie schaut Manuel an: „Glaubst Du, dass diese Gewinnungsprogramme die Aufgabe der Personalabteilung sind? Oder machen das gleich die Führungskräfte?" Manuel schaut sie skeptisch an: „Also, ich würde vermuten, dass die Personalabteilung nichts anderes macht, als einen potenziellen Nischenkandidaten zu identifizieren und den Führungskräften dessen Daten zu übergeben. Vielleicht überwacht die HR-Abteilung noch die Eingliederungsprogramme als eine Art Supervisor oder Change Agent. Aber alle anderen Funktionen werden über kurz oder lang in die Fachabteilungen gehen." Manuel schaut Melanie an: „Schlimm?" „Überhaupt nicht!" Melanie schüttelt den Kopf.

„Vermutlich wirst du nicht jede dieser Personen mit demselben Programm ansprechen können", wirft Manuel ein. „Richtig!", sagt Melanie. „Das Arbeitsleben der Menschen besteht ja aus mindestens fünf Phasen. Die Bedürfnisse, Wünsche und Motivationen sind in den einzelnen Phasen höchst unterschiedlich. Also brauchen wir für jede Nische und jede Lebensphase unterschiedliche Gewinnungsstrategien. Und danach auch noch unterschiedliche Maßnahmen zur Bindung dieser Mitarbeiter. Als Allererstes müssen wir aber die HR-Mitarbeiter in den Personalabteilungen im Umgang mit diesen Personengruppen schulen."

„Denkst du jetzt an deine eigene Abteilung?" Manuel grinst sie an. Jetzt scheint er den Faden auch aufnehmen zu wollen: „Ich glaube, es geht nicht nur um die Nischengruppen draußen in der Welt, sondern auch um die, die schon einmal im Unternehmen drin waren. Es gibt eine ganze Reihe, die dann aus irgendeinem Grund den Kontakt zum Unternehmen verloren haben oder deren volles Potenzial aufgrund einer Lebensveränderung bisher ungenutzt blieb. Das können Eltern nach der Familienphase sein, aber auch Manager nach einem Sabbatical oder ältere Mitarbeiter nach einer Pflegephase für ihre Eltern oder nach längeren Erkrankungen. Vermutlich wäre es nicht schwer, diesen Leuten nach ihrer Auszeit mit Senior-Trainee-Programmen den geregelten Wiedereinstieg in das Unternehmen zu ermöglichen. Es braucht ja nur eine systematische Anpassung der alten Kompetenzen an die bestehende Prozesslandschaft." Stille. Beide hängen ihren Gedanken nach.

„Das sind aber ganz schöne Kosten, die da auf euch zukommen. Ist dir das klar?", fragt Manuel. „Und die größte Nischengruppe haben wir noch gar nicht genannt: die Rentner!" „Mit den Rentnern hast du recht. Aber ich glaube nicht, dass die Finanzierung unser größtes Problem sein wird", antwortet Melanie. „Im Vergleich zu den Recruitingkosten im leer gefegten Massenmarkt werden diese Kosten der zielgruppengerechten Anwerbe- und Einarbeitungsprogramme sogar gering sein. Wir müssen ja nicht für jede Person ein eigenes Programm entwickeln. Vermutlich werden wir Cluster bilden, die die regionalen, qualifikationsspezifischen und lebensphasenspezifischen Eigenheiten der Nischengruppen zusammenfassen."

Manuel schaut sie wortlos an. „Na, was ist? Wollen wir das gemeinsam angehen?" Aus Melanies Augen sprüht der Elan. Aber in seinen Augen sieht sie einen Schatten. „Ich kann das leider nicht machen, Melanie. Ich habe für dieses Jahr jetzt schon so viel zu tun, dass ich Zusätzliches unmöglich schaffen kann. Ich muss noch zwei Bücher schreiben, eine Konferenz organisieren, 68 Studenten durch die Prüfung bringen und 16 Masterarbeiten korrigieren. Ich krieche hier im Hinblick auf zeitliche Ressourcen leider gerade total auf dem Zahnfleisch."

Melanie sinkt enttäuscht in ihrem Stuhl zusammen. „So groß sind die Freiheitsgrade als Professor offenbar doch nicht", geht es ihr durch den Kopf. „Aber die Idee ist doch so gut. Da steckt doch auch für dich Geld und Ruhm drin!" Manuel lächelt müde. Dann nickt er.

„Überleg es dir doch noch einmal!" Es ist fast ein Flehen, mit dem Melanie wenig später sein Büro verlässt.

Unternehmen brauchen Senior-Trainee- und Unlearn-Programme

Summary

Ein besonderes Augenmerk der Recruiting-Strategen in Caring Companies liegt auf den Wiedereinsteigern, die nach längerer Auszeit ins Unternehmen zurückkommen. Sie sind im Regelfall am einfachsten und kostengünstigsten zu integrieren. Dazu zählen etwa Väter oder Mütter nach der Elternzeit oder Mitarbeiter, die einige Jahre ihre pflegebedürftigen Eltern betreut haben. Die meisten jedoch sind Rentner, die feststellen, dass der Ruhestand ziemlich langweilig sein kann, wenn man noch fit und aktiv ist. Für diese Zielgruppe werden spezielle Senior-Trainee-Programme eingerichtet. Aufgabe dieser Programme ist es, die Rückkehrer als voll einsatzfähige Arbeitskräfte zu requalifizieren. Mit der Unterstützung von Mentoren sollen sie in kurzer Zeit nachholen, was sie in ihrer Auszeit verpasst haben, sowohl technologisch und fachlich als auch hinsichtlich der Unternehmenskultur. Die Weiterentwicklung dieser Senior-Trainee-Programme stellen Unlearn-Programme für alle Langzeitangestellten dar: Nach jeweils zehn Jahren müssen diese für drei Monate aus dem Unternehmen hinaus und noch einmal auf die Schulbank. Die zentrale Aufgabe der Unlearn-Programme besteht darin, den Mitarbeitern das Vergessen beizubringen, das heißt, ganz bewusst die tradierten Denkmuster im Kopf zu durchbrechen. Wer nicht schnell genug vergisst, gibt den überkommenen Regeln mehr Bedeutung, als sie haben. Wer lebenslanges Lernen nicht nur als Schlagwort begreift, der wird eine solche praxistaugliche Form des regelmäßigen Rebootings seiner Langzeitmitarbeiter finden müssen.

Freitag, 13. Juni 2025

„Manuel, ich habe einen besseren Vorschlag!" Melanie überfällt den Professor gleich mit geballtem Charme. „Anders wird das sowieso nichts", hatte sie sich vor ihrem Anruf gedacht. Seine Überforderung bei ihrem Besuch war nicht gespielt. „Also muss ich ihn von dem bisherigen Vorschlag befreien und einen neuen, kleineren bringen. Vielleicht habe ich dann eine Chance auf die Zusammenarbeit."

Vielleicht hätte sie es doch vorsichtiger angehen sollen. Manuel lässt sich von ihrer Euphorie nicht anstecken. „Na, guten Tag erst mal", sagt er in professoralem Ton, und Melanie kommt sich für ein paar Sekunden wieder vor wie eine schüchterne

Studentin. „Entschuldige bitte, ich wollte dich nicht überfallen", rudert sie zurück. „Alles in Ordnung. Wie geht es Dir?" „Mir geht es gerade richtig gut", strahlt Melanie durch das Telefon. „Ich habe eine Idee für ein neues Projekt und den richtigen Mann an der Strippe, um das gemeinsam umzusetzen." Manuel lacht: „Ich sagte schon, dass ich in diesem Jahr keine Zeit mehr haben werde, oder?"

„Nun lass dir doch erst einmal erklären, worum es überhaupt geht. Das Nischen-Recruiting-Programm stemme ich alleine, wenn du nicht kannst. Ich habe noch etwas Kleineres. Das ist genauso interessant und das passt bestimmt noch in deinen Zeitplan." Manuel gibt sich geschlagen: „Na dann schieß mal los. Ich bin gespannt!"

„Ich suche jemanden, der mit mir eine neue Art von Senior-Trainee-Programm entwirft und durchführt. Ich habe auch ein Budget dafür und kann davon externe Experten bezahlen." Melanie hat merklich die Strategie gewechselt. „Geld zieht bei deutschen Professoren immer", hatte sie einmal von einem sehr erfahrenen Kollegen gehört. Sie hat diese Weisheit noch nicht oft getestet. „Ein Senior-Trainee-Programm?", spiegelt Manuel zurück und bringt sie dazu, weiterzuerzählen. „Ja! Wir richten unsere Recruiting-Strategie jetzt auf eine bestimmte Zielgruppe aus: auf Spezialisten mit besonderen Erfahrungswerten, die nach einer längeren Auszeit wieder ins Unternehmen kommen wollen. Das können Väter oder Mütter nach der Elternzeit sein oder Mitarbeiter, die ein paar Jahre lang ihre pflegebedürftigen Eltern betreut oder aus anderen Gründen pausiert haben. Die meisten werden jedoch Rentner sein, die nach ein paar Jahren feststellen, dass der Ruhestand ziemlich langweilig sein kann, wenn man noch fit und aktiv ist."

Manuel bestätigt sie: „Ja, über diese Zielgruppe hatten wir schon gesprochen, als du hier warst." Melanie ist jedoch noch nicht fertig: „Wir haben in den Unternehmen in den letzten Jahren unsere Alumni-, Ehemaligen- und Rentner-Netzwerke gepflegt und ausgebaut, aber bisher scheint keiner bemerkt zu haben, dass diese Personen gar nicht sofort einsetzbar sind, wenn sie nach drei oder mehr Jahren Pause zu uns zurückkommen. Die Aufgabe der Senior-Trainee-Programme wird somit sein, diese Rückkehrer als voll einsatzfähige Arbeitskräfte zu requalifizieren. Sie sollen in kurzer Zeit das lernen, was sie an Entwicklungen während ihrer beruflichen Auszeit verpasst haben - und zwar sowohl technisch und fachlich als auch im Bezug auf die Unternehmenskultur." Melanie spürt, wie Manuel langsam wieder mit dem Kopf dabei ist: „Stellst du dir das als Vollzeit-Ausbildungsprogramm vor oder berufsbegleitend?"

Melanie überlegt kurz. „Eigentlich meine ich beides", sagt sie dann. „Ich denke, dass es ganz wichtig sein wird, jedem Trainee einen persönlichen Mentor zur Seite zu stellen. Das ist die beste Möglichkeit, das Programm individuell an der Lebenssituation und Erfahrung des Trainees auszurichten. Die Inhalte müssen für jeden Einzelnen passen, je nachdem, wie die letzte Arbeitsstelle des Trainees zugeschnitten war, wie lange seine letzte Tätigkeit zurückliegt, welche Ziele und Kompetenzen er hat und in welcher Teamstruktur und Unternehmenskultur er bislang zu arbeiten gewohnt war."

Manuel nickt unhörbar, als Melanie weiterspricht. „Der Mentor wird häufig vermutlich jünger sein als der Trainee selbst. Er muss sich also den Respekt des Trainees erst erarbeiten. Das wird vermutlich nur dann funktionieren, wenn die beiden sowohl im Beruf als auch in der Freizeit etwas miteinander zu tun haben." „Aber neben dem Mentoring soll die klassische Schulung und Wissensvermittlung schon auch eine Rolle spielen, oder?", fragt Manuel. Melanie zögert: „Jaaa …" Manuel hatte das ‚Ja' in seiner Frage zwischen den Zeilen bereits eingefordert. So richtig sicher ist Melanie sich nicht. Auf jeden Fall sollen die Trainees nicht nur für eine bestimmte Tätigkeit qualifiziert werden, sondern vor allem ein Verständnis von der gesamten Wertschöpfungskette gewinnen. Erst dann werden sie als Projektarbeiter in ihrem jeweiligen Teilbereich die beste Leistung bringen.

Manuel spürt, dass dieses ‚Jaaa' nicht mit voller Überzeugung kam. „Na, das ist ja auch nicht ganz so wichtig", bemüht er sich, die Kurve wieder zu bekommen. „Wichtiger ist vielleicht das Potenzial dieser Programme." „Was meinst du damit?" Melanie hat diese Anspielung nicht verstanden.

„Na ja, ich meine, dass vermutlich nicht nur die Projektarbeiter und Rückkehrer solch eine Auffrischung ihres Wissens nötig hätten, sondern auch all die anderen. Du glaubst doch nicht im Ernst, dass deine Mitarbeiter den nötigen Kompetenzlevel für ihren Job allein dadurch aufrechterhalten, dass sie länger angestellt sind und keine Pause machen." „Du hast recht", stimmt Melanie ihm zu, „aber dafür gibt es doch unsere Weiterbildungsprogramme …" „… bei denen deine Mitarbeiter zweimal im Jahr zwei Tage Klassenfahrt spielen und sich schon einen Monat später an nichts mehr erinnern können!", beendet Manuel den Satz. Melanie lacht: „So wollte ich das eigentlich nicht sagen. Die meisten unserer Seminare sind wirklich gut!" „Ja, natürlich. Die Frage ist jedoch, ob ein Mensch, der in seinen eingefahrenen Mustern arbeitet, bei diesen Weiterbildungsworkshops das Neue wirklich spüren, erleben und für sich umsetzen kann - oder ob er sich bei allen Neuerungen immer nur als Gast fühlt und dann seinen alten Trott weitermacht!"

Melanie weiß genau, wovon Manuel redet. Diese Erfahrung hat sie selbst auch oft gemacht, aber eine Lösung dafür ist ihr bis jetzt noch nicht eingefallen. „Und was ist die Alternative?", fragt sie jetzt. „Ich denke, die Weiterbildung muss in den regulären Tagesablauf der Mitarbeiter rein. Sie müssen gezwungen werden, sich mit den neuen Dingen zu beschäftigen, sie für sich selbst umzusetzen und zu leben. Wenn wir das wirklich ernst meinen, dann brauchen deine Langzeitangestellten alle fünf Jahre genau so ein Senior-Trainee-Programm. Und nach jeweils zehn Jahren müssten sie für drei Monate aus dem Unternehmen raus und noch mal auf die Schulbank oder in den Hörsaal. Damit bekommen sie in drei Monaten eine komplette Neuformatierung ihrer Festplatte."

Melanie ist zögerlich: „Und aus dem Unternehmen müssen sie dafür raus …?" Manuel gerät jetzt richtig in Fahrt: „… das Wichtigste am Rebooten ist nicht das Lernen der neuen, sondern das Vergessen der alten Regeln. Die wichtigste Aufgabe deiner Weiterbildungen wäre, dass du deine Mitarbeiter die alten Regeln vergessen lässt. Du brauchst ‚Unlearn-Programme'! Das funktioniert aber nicht im Unternehmen, wo sie ständig von den alten Routinen umgeben sind. Und das geht auch nicht an zwei Tagen in einem Tagungshotel. Schick die uns für drei Monate zurück an die Uni und wir machen moderne Menschen aus ihnen!" Melanie schmunzelt und schämt sich sofort dafür. So despektierlich würde sie selbst niemals über ihre Mitarbeiter reden. Zudem betrifft das auch nicht nur ihre Mitarbeiter, sondern auch sie selbst. Nach 22 Jahren im Unternehmen hätte sie schon Anspruch auf zwei Rebootings gehabt. „Vermutlich hätten die mir wirklich gutgetan!", gesteht sie sich im Stillen ein.

„Aber Melanie", hört sie Manuels Stimme, „so schön und richtig das alles ist, was wir hier besprechen … es bleibt dabei: Ich habe dieses Jahr keine Zeit dafür. Das tut mir leid, aber ich kann es nicht ändern. Ich kann dir aber anbieten, dich an unsere Service GmbH zu vermitteln. Die gehört auch zur Hochschule, hat aber nichts mit der normalen Lehre zu tun, sondern macht nichts anderes, als individuell für Unternehmen spezielle Weiterbildungsprogramme zu konzipieren. Für die wäre das sicher ein schönes Projekt."

„Aber Manuel, mir geht es doch darum, dass ich das gern mit dir machen will." Melanies Stimme klingt enttäuscht: „Ich finde, so etwas Neues muss man mit jemandem machen, der Herzblut da reinsteckt und dem man vertraut. Nicht mit Leuten, die einfach nur ihr Geld verdienen. Die können es ja dann skalieren, sobald wir es konzipiert haben." „Ich bin da wirklich raus, Melanie. Sorry!" „Schade!" „Gib mir Bescheid, falls ich dir den Kontakt herstellen soll. Ansonsten sehen wir uns ja bald beim Klassentreffen …"

Warum das Businesspartner-Modell nicht reicht

Summary

Die Orientierung auf das Businesspartner-Modell nach Dave Ulrich hat bei einer Vielzahl von Unternehmen zu einer Fehlentwicklung geführt. Die Mehrheit der HR-Abteilungen hat sich entweder als strategischer Berater des Vorstands oder aber als Partner der Führungskräfte positioniert. Erstere erreichten ein gutes Image in der Branche und damit Erfolge beim Recruiting. Sie verloren die gewonnenen Mitarbeiter jedoch schnell wieder, da die Führungskräfte keine Mitarbeiterbindung aufbauten. Die zweite Kategorie der Unternehmen bekam perfekte Werte in der Mitarbeiterzufriedenheit, verlor aber an Innovationskraft, weil sie keine neuen Mitarbeiter gewann. Sie erschienen nicht attraktiv. Für die Recruiting-Strategen der Zukunft sind beide Ausrichtungen notwendigerweise gleichgewichtig: Sie müssen einen großen Einfluss auf Vorstandsebene entfalten, um genügend Leute von außen zu bekommen. Zugleich muss ihnen auch den Schulterschluss zu den Führungskräften gelingen, um deren Kompetenzaufbau bei der Pflege der Netzwerke und der Persönlichkeitsentfaltung der Mitarbeiter zu sichern. Dabei ist es unwichtig, ob es in dem jeweiligen Unternehmen noch eine HR-Abteilung gibt oder die Personalstrategien vom Chief Change Officer gesteuert werden.

Montag, 16. Juni 2025

„Thoooooomas! Hier hinten!" Thomas schaut in Richtung der ihm bekannten Stimme. Er kann kaum etwas erkennen, so dunkel ist es hier. Da hinten muss Melanie wohl sitzen. „Ich dachte erst, ich bin falsch hier!", flüstert er über den Tisch, als er sich verschämt in einen der engen Stühle quetscht.' „Warum denn?", antwortet Melanie vergnügt, „Bist du nicht so oft in Berlin?"

Damit trifft sie genau den Punkt: Thomas fliegt zwar von München ständig in die Welt, aber Berlin ist eher selten sein Ziel. Sein heutiger Besuch ist eher zufällig: Leonid, sein usbekischer Partner, ist wieder mal in Deutschland - auf einem Kongress in der usbekischen Botschaft in Berlin. Normalerweise kommt er bei solchen Gelegenheiten gern in München vorbei, aber diesmal klappt das nicht. Also hat sich Thomas auf den Weg nach Berlin gemacht.

„Nein, ich bin tatsächlich ganz selten in Berlin. Heute hat sich das perfekt ergeben - ich habe nachher noch ein Treffen. Da können wir jetzt vorher schön einen Kaffee trinken. Ich hab mich auf dich gefreut!" Thomas lächelt. „Du wirkst auch entspannt, schön!", gibt Melanie das Kompliment zurück. „Wir haben uns tatsächlich über 20 Jahre nicht mehr gesehen. Wahnsinn!"

„Und dann lockst du mich steifen Münchner gleich als Erstes in dieses dunkle Loch!?" Thomas grinst über den Tisch. Melanie spielt die Beleidigte: „Na aber, das ist doch kein Loch. Das ist eines der angesagtesten Cafés in Berlin. Hier befinden sich sicherlich Gäste aus 15 verschiedenen Nationen im Raum - und oben drüber ist gleich ein internationales Hostel." „Toll — sofern man darüber hinwegsehen kann, dass man nicht bedient wird." Thomas schaut auf die beiden jungen Leute hinter der Bar, die sich offenbar bewusst Mühe geben, nicht herzusehen. Rings um die Bar auf den niedrigen Hockern und abgewetzten Sesseln aus den sechziger Jahren hocken und liegen junge Leute in ebenso abgewetzten Sachen. „Ich finde Berlin jedes Mal wieder spannend, aber irgendwie komme ich mir auch jedes Mal fehl am Platz vor", sinniert er leise vor sich hin. Melanie hat es gehört: „Mach dir keine Gedanken, das geht auch mir so - obwohl ich viele Jahre hier gelebt und einige dieser Kneipen mit aufgebaut habe."

Melanie war gerne heute Morgen die zwei Stunden von Niederndodeleben herübergefahren, um die Gunst der Stunde zu nutzen, dass Thomas ist der Stadt ist. Sie hatten sich für heute verabredet, um die letzten Details des Klassentreffens zu besprechen. Die Kommilitonen waren längst ausfindig gemacht und eingeladen worden. Nun geht es um die Abendgestaltung.

„Sag mal, wie stellst du dir den Abend beim Klassentreffen vor?", fragt Melanie, nachdem sie Berlin hinreichend bewundert und beschimpft hatten. „Willst du die Professoren einladen? Wollen wir in einer Kneipe sitzen und quatschen? Oder wollen wir tanzen gehen?"

Thomas zieht eine Augenbraue hoch und schaut zu Melanie rüber. „Also erst mal zu den einfachen Dingen: Klar sind die Professoren mit dabei! Ich schicke dir nachher gern die Liste, wen ich alles eingeladen habe. Schau doch mal, ob dir noch jemand einfällt, der fehlt." Melanie nickt und Thomas kommt zum Thema: „Ich fände Tanzen ja ganz gut. Mal wieder aus sich herauskommen, ein bisschen flirten, das würde uns allen vielleicht guttun?" Thomas schaut Melanie eindringlich an. Sie hält inne und hofft inständig, dass er nicht gerade von ihr schwärmt: „Du meinst jetzt aber nicht mich, oder?"

Thomas grient sie an: „Keine Angst. Keine Gefahr!" „Puhh, da bin ich aber froh", lacht Melanie zurück. „Aber kannst du dich noch an die Agnes erinnern?" Thomas schnalzt mit der Zunge. „Wie die sich bewegt hat beim Tanzen …" „Mensch, Thomas! Ich wusste ja gar nicht, dass du einen Klassenschwarm hattest." „Na ja, du wusstest einiges nicht", hält er dagegen. „Du hattest im letzten Jahr ja nur Augen für deinen René." „Okay. 1:0 für Dich. Aber ehrlich gesagt: Ich halte nicht viel vom Tanzen." „Ach, schade!" Thomas ist anzusehen, wie bedauerlich er das findet. „Aber Thomas, wenn du unbedingt das Schicksal herausfordern willst … dann bitte! Ich bin Single! Ich muss das niemandem erklären." Melanie hatte gehofft, dieser Bezug auf die familiäre Erklärungsbedürftigkeit eventueller Traumtänzereien mit Agnes würde Thomas zum Nachdenken bringen. Aber das war offensichtlich nicht der Fall.

„Kommt eigentlich Alexander auch? Der jetzt in den USA wohnt?" Für Thomas kommt Melanies Frage so unvermittelt, dass er keinerlei Verbindung zum Tanzthema sieht. „Ja, Alexander war einer der Ersten, die zugesagt hatten. Er ist sowieso gerade in Deutschland, da passt ihm das gut." Sie nickt vielsagend.

Thomas schaut auf die Uhr: „Ich muss mich langsam verabschieden. In 15 Minuten habe ich einen Telefontermin mit meinem Vorstand." „Okay, kein Problem. Geh einfach, ich bleibe noch hier und übernehme den Kaffee. Ist es denn etwas Wichtiges?"

„Ja, es geht um das Businesspartner-Modell." „Was?" Melanie verzieht das Gesicht. „Ich dachte, das sei längst überholt!" „Na ja, das ist es auch. Aber unser Vorstand hat eine Studie in die Hand bekommen, in der es noch mal erwähnt war. Und nun will er von mir wissen, ob wir das Modell schon umsetzen." Melanie grinst: „Und macht ihr das?" „Vor einigen Jahren haben wir das sehr intensiv verfolgt. Wir wollten als Personalabteilung so oft wie möglich mit dem Vorstand sprechen und als strategischer Partner wahrgenommen werden. Das hat auch sehr gut funktioniert. Unsere Strategien waren erfolgreich und binnen kürzester Zeit hatten wir ein tolles Image in der Branche. Problematisch dabei war, dass wir darüber unsere Führungskräfte vernachlässigt haben. Für die haben wir kaum noch etwas gemacht. Das war auch einer der Gründe, weshalb wir ganz schnell zu einem typischen fluiden Unternehmen geworden sind. Am Ende eines Projektes sind uns stets die besten Projektarbeiter weggelaufen, weil die Führungskräfte sie nicht begeistert haben." Thomas versucht, in Melanies Gesicht zu ergründen, ob sie den Zusammenhang versteht. Sie nickt. „In unserer Branche und als Konzern ist das in gewisser Weise auch normal. Somit haben wir eigentlich alles richtig gemacht. Allerdings fände ich es dennoch gut, wenn nach den Projekten ab und zu mal einer der guten Leute sagen würde: „Ich will noch bleiben. Habt Ihr noch ein Projekt?" Deshalb versuche ich seit ein paar Monaten, mehr mit den Führungskräften zu machen: Mentoring-Programme, Talentförderprogramme und so etwas …"

Melanie kennt das Problem sehr gut. ‚Ja, dieser Schulterschluss mit den Führungskräften ist ganz wichtig. Bei uns war es genau andersherum. Wir Personaler hatten einen guten Kontakt zu den Führungskräften. Wir haben so viel mit denen gemacht, dass die Mitarbeiterzufriedenheit in den Umfragen echte Rekordwerte erzielt hat. Das sorgt dafür, dass weniger Leute gehen, was für eine Caring Company wie die unsere nicht schlecht ist. Wir haben uns jedoch absolut schwergetan damit, neue Leute zu gewinnen. Die wollten einfach nicht zu uns, weil wir offenbar nicht attraktiv genug waren. Als Personaler konnten wir das nicht ändern, weil der Vorstand uns nicht ernst genommen hat. Er hat uns einfach nicht als Gesprächspartner akzeptiert. Oder sagen wir mal so: Er hat meine Vorgängerin nicht akzeptiert. Ich habe das inzwischen schon ganz gut korrigiert, aber perfekt ist es immer noch nicht.

„Ich denke, das echte Problem des Businesspartner-Konzepts war das eindimensionale Rollenverständnis, das innerhalb der Personalabteilungen entstanden ist[18]. Vermutlich hatte Dave Ulrich[19] das seinerzeit gar nicht so stromlinienförmig gedacht. Aber wir haben es so verstanden, weil wir wieder mal nach simplen Regeln und Mustern gesucht habe. So simpel ist es eben nicht. Wir Personalchefs müssen heute genau diese zwei Dinge machen: Strategie auf Vorstandsebene, um genügend Leute von außen zu bekommen, und Kompetenzentwicklung bei den Führungskräften, damit die ihre Netzwerke pflegen und die Mitarbeiter halten."

Melanie hat genau zugehört. Genauso hätten dies auch ihre Worte sein können. Aber so ratlos wie Thomas gerade schaut, hat auch er den Königsweg noch nicht gefunden. „Darüber können wir ja beim Klassentreffen weiter reden. Jetzt mach erst mal deine Telefonkonferenz." Thomas ist dankbar für diese aufmunternde Perspektive. „Mach ich. Hab 'ne gute Zeit. Bis zum Klassentreffen. Servus!"

---

[18] Hackl/Gerpott, Harvard Business Manager 2/2014, S. 6ff.

[19] Der US-Management-Vordenker hatte einst das Businesspartner-Modell für die moderne Personalabteilung formuliert.

23 Wichtigste HR-Regel: Gesunder Menschenverstand

Summary

Durch den enorm wachsenden Anteil an Projektarbeitern setzt insbesondere bei den fluiden Unternehmen die Tendenz ein, die Selbstverantwortung der Arbeitskräfte zu stärken. Unternehmen, die diesem Trend folgen, schaffen übliche Regulierungen der Arbeitswelt wie Reisekosten- und Spesenrichtlinien einfach ab. Sogar über die Anzahl der Urlaubstage und die Höhe ihres Gehaltes bestimmen die Mitarbeiter selbst. Nach der Argumentation dieser Unternehmen sind die Regeln ohnehin nur für jene 3 Prozent der Mitarbeiter gemacht, die über keinen gesunden Menschenverstand verfügen. Die Pflege und Kontrolle der Regeln behindert jedoch die übrigen 97 Prozent der Mitarbeiter in ihrem verantwortungsbewussten Handeln. Auch die Recruiting-Strategien dieser Unternehmen sind andere: Sie verwenden große Energie darauf, ausschließlich exzellente Mitarbeiter zu rekrutieren. Von Mitarbeitern, die die Anforderungen des prosperierenden Unternehmens nicht mehr erfüllen, trennt man sich mit klaren Worten und im gegenseitigen Einvernehmen. Die eigene HR-Abteilung ist in diesen Unternehmen aufgelöst worden. Ihre Aufgaben wurden von den Führungskräften sowie von einer intelligenten Self-Service-Software übernommen.

Donnerstag, 19. Juni 2025

Melanie kann vor Schreck gar keinen klaren Gedanken fassen. „Wow, sieht *der* gut aus!" Schnell fährt sie sich noch einmal durch die Haare. „Hi, Melanie!" Dieses Lächeln! Und dieser süße, amerikanische Akzent! „Hey, Alex!" Sie klingt viel zu schüchtern. Sie weiß das, aber es geht gerade nicht anders.

Melanie war verliebt gewesen in Alexander, damals im Studium. Eine ganze Zeit hatten sie sich immer wieder Blicke zugeworfen. Alex war aber nie aufgestanden und auf sie zugekommen. War er zu schüchtern? Stattdessen stand eines Tages René auf der Tanzfläche vor ihr. Sie hatte damals noch kurz zu Alex geschaut und meinte, einen traurigen Blick zu erkennen. Doch dann hatte sie nur noch Augen für René gehabt.

Das war nun 23 Jahre her, damals im Studium in Paderborn. Sie waren in derselben Studiengruppe, in denselben Vorlesungen und in derselben Disco. Melanie hatte diesen leicht melancholischen Blick von Alex nie vergessen. Einmal war ihr sogar der Gedanke gekommen, ob sie vielleicht besser selbst auf Alex zugegangen wäre, anstatt auf Renés Avancen einzugehen.

Und nun sitzt Alex also vor ihr. Natürlich nicht direkt, zwischen ihnen liegen geschätzte 9.000 Kilometer … und sie hat diese Telefonbrille auf ihrer Nase. Und dennoch kommt er ihr so nah vor: sie in ihrem Lieblingscafé M2 in Magdeburg, er in seinem schicken Büro im Silicon Valley. Wie verdammt gut er aussieht!

Als Melanie vor einigen Tagen gemeinsam mit Thomas die Einladungsliste für das Klassentreffen durchgegangen war, war ihr Alexanders Name förmlich entgegengesprungen. Sehr gerne hatte sie die Absprachen mit ihm übernommen. Thomas hatte breit grinsend mit den Augen gerollt.

Sie fand ihn auf LinkedIn: Alexander Voss. Sein Foto lächelte ihr schelmisch entgegen, also fragte sie erst mal ganz schüchtern, ob er sie noch kenne. Prompt bekam sie zur Antwort: „Wie könnte ich dich vergessen? Du weißt aber schon, dass ich in Kalifornien lebe, oder?" Da hatte sie sich erst einmal setzen müssen. Sie startete dann eine virtuelle Entdeckungsreise durch Alexanders Leben. Offenbar war er kurz nach dem Studium ausgewandert. Wenn sie seinen Lebenslauf richtig interpretierte, war er für ein Dreimonats-Praktikum nach San Francisco gegangen, dann aber nie zurückgekommen. Er hatte eine eigene Firma gegründet und dann noch eine und noch eine. Das derzeitige Unternehmen schien auch ihm zu gehören. Er hat 300 Mitarbeiter und stellt Headsets her, die Gedanken lesen können[20].

„Alex, ich habe gehört, wir sehen uns beim Klassentreffen wieder. Stimmt das?" Melanie versucht, mit der unverfänglichen Frage ihre hartnäckigen Hintergedanken loszuwerden. „Ja, ich werde auf jeden Fall kommen. Ich habe das Thomas schon gesagt, in der Woche bin ich sowieso wieder einmal in Deutschland. Das passt gut!"

„Bist du oft in Deutschland?", hakt Melanie nach. „Nein, leider nicht. Nur etwa zweimal im Jahr, zu Weihnachten und zum Geburtstag meiner Mutter. Dieses Jahr komme ich allerdings noch ein drittes Mal. Die haben mich auf einen Personaler-Kongress eingeladen, da soll ich etwas über unsere Art der Personalführung berichten. Obwohl ich ja gar kein Personaler bin, haben die irgendwie herausbekommen, dass ich früher mal Human Resources studiert habe."

---

[20] Zur Frage der Brainwave-Technologie vgl. www.emotiv.com.

Melanie tippt mit dem Finger an ihren Brillenbügel. Sofort erscheint in der rechten oberen Ecke ein kleines Fenster, das sich halbtransparent vor Alex' Gesicht schiebt. Die Spracherkennung in der Brille hat erkannt, wovon Alex spricht, und blendet ihr den Programmablauf des besagten Kongresses ein.

„Wow, ein toller Vortragstitel", sagt Melanie. „Die Neuerfindung der Personalarbeit!" Alex lacht. „Ja, der stammt aber nicht von mir. Das haben die Veranstalter so vorgeschlagen. Ich werde einfach erzählen, dass wir etwas anders mit unserem Personal umgehen, als es bislang üblich ist." „Was macht ihr denn anders? Du machst mich ja ganz neugierig. Erzähl doch mal!" Melanies Stimme lässt ihre Aufregung erkennen. Gerade hat sie noch gelesen, dass Alex angeblich alle Regeln der Personalarbeit über Bord geworfen habe. Das klingt interessant, aber was steckt dahinter?

„Na ja, eigentlich ist das gar nicht meine Erfindung. Ich habe mir das nur abgeschaut. Kennst du die Netflix-Story?" Melanie schüttelt den Kopf. Alex redet weiter: ‚Okay, als ich vor zehn Jahren mein drittes Start-up gegründet habe, war Netflix hier im Silicon Valley gerade einer der Shootingstars. Die haben mit einem neuen Film-Streamingdienst den etablierten Fernsehsendern ihr Geschäft richtiggehend weggenommen. Ich fand die damals aus einem völlig anderen Grund interessant: Die hatten nämlich während des Wachstums ihres Unternehmens den Slogan ausgegeben: „Bei uns regieren Menschenverstand, ein hohes Maß an Eigenverantwortung und klare Worte[21].

„Und was genau haben die nun anders gemacht?" Melanie ist ehrlich interessiert. „Na ja, damals war hier die Google-Ära. Alle Firmen im Valley waren der Meinung, sie müssten Google kopieren. Sie übertrafen sich gegenseitig darin, den Mitarbeitern Freizeitangebote zu machen, Kicker-Spiele ins Büro zu stellen und kostenloses Essen zu geben. Das war auch okay, aber da alle es so machten, wurde es schon fast wieder normal. Der Netflix-Gründer gab damals die Parole aus, das Beste, was er für Mitarbeiter tun könne, sei, ihnen Top-Leute an die Seite zu stellen. ‚Exzellente Kollegen sind wichtiger als alles andere', sagte der damals, ‚viel wichtiger als Tischfußball und kostenloses Essen.'" Melanie nickt unhörbar. Sie ahnt, was jetzt kommt.

„Der hatte damit wirklich recht", erzählt Alexander weiter. „Ich habe das selbst erlebt. Wir hatten in meinem zweiten Start-up mal eine recht schwierige Zeit. Eine Finanzierungsrunde hatte nicht geklappt und wir saßen plötzlich komplett ohne Geld da. Ich musste fast alle Leute entlassen: nur einige wenige konnte ich über-

---

[21] Die in der Folge beschriebene Strategie von Netflix ist sinngemäß entnommen aus: McCord, in: Harvard Business Manager 4/2014, S. 53ff."

zeugen, für ein paar Monate auch ohne Gehalt bei mir zu bleiben. Dazu zählte auch mein Chefprogrammierer. Der hatte zuvor eine ganze Abteilung um sich, jetzt saß er alleine in einem großen Büro. Es dauerte paar Monate, dann hatte ich wieder Geld aufgetrieben. Als ich dann aber zu ihm kam und sagte, dass er jetzt wieder Leute einstellen könne, äußerte er, dass er eigentlich ganz gern allein weiterarbeiten würde. Der Grund war ganz einfach: Ihm war in dieser Zeit bewusst geworden, wie viel Zeit er zuvor damit verbracht hatte, andere zu beaufsichtigen und deren Fehler zu korrigieren. Er war nun schlicht nicht mehr bereit, mit unterdurchschnittlichen Leuten zu arbeiten."

Alexander macht eine kleine Pause. „Also, das ist die eine Geschichte, die ich erzählen werde. Die zweite habe ich in meiner jetzigen Firma erlebt. Die Geschichte meiner Assistentin Candace. Candace war richtig gut, sie war eine derjenigen, mit der wir damals die Firma gegründet hatten. Kurze Zeit später habe ich sie zu meiner persönlichen Assistentin gemacht. Sie war fleißig, sie war loyal, sie war damals die wichtigste Person im Unternehmen. Das Unternehmen ist dann rasch gewachsen, es kamen neue Köpfe hinzu, neue Direktoren, neue Bereichsleiter. Plötzlich war Candace nicht mehr die Wichtigste. Ihre frühere Aufgabe, das kleine Team zu koordinieren, gab es nicht mehr, dafür gab es andere Aufgaben: das Koordinieren des Direktoriums etwa oder die Akquise von spanischsprachigen Kunden. Aber in diesen neuen Aufgaben war sie nicht gut. Sie konnte mit den Direktoren nicht auf Augenhöhe verhandeln. Und die spanische Sprache beherrschte sie auch nicht. Was also sollte ich tun? Zunächst hatte ich damals überlegt, eine neue Position für sie zu erfinden. Aber das wäre nicht richtig gewesen. Ich habe dann das getan, was vermutlich die meisten Führungskräfte tun würden. Ich habe mit ihr einen Weiterentwicklungsplan vereinbart. Wir haben uns monatlich zusammengesetzt und geplant, was sie tun soll, was sie probieren soll und wo sie sich verbessern soll. Eine ganze Zeit lang sah ich mir an, wohin das führte: Ständig musste ich mit ihr über ihre Schwächen reden. Vor den Gesprächen fühlte ich mich mies, nach den Gesprächen war sie schlecht drauf. Ich war unzufrieden, die Kollegen waren unzufrieden, und auch sie wurde immer unzufriedener. Also habe ich ihr eines Tages einfach die Wahrheit gesagt. Ich habe ihr gesagt, dass sich die Struktur der Firma geändert hat, ebenso die Technologien und die Aufgaben. Und dass ihre Kompetenzen einfach nicht mehr dazu passen."

Melanie hatte mit Spannung zugehört: „Und wie hat sie reagiert?", drängt sie ihn zum Weitersprechen. Alex antwortet schnell: „Sie hat es verstanden. Es war auch ihr Gefühl gewesen. Ich habe ihr eine ordentliche Prämie als Anerkennung ausgezahlt und mich darum bemüht, ihr einen neuen Job in einer anderen Firma zu besorgen. Das hat auch geklappt". Alex wird ernst: „Ich bin sicher, dass die meisten Menschen damit zurechtkommen, solange ihnen die Wahrheit gesagt wird."

Melanie überlegt. Sie ist sich nicht ganz sicher, ob das amerikanische Happy End wirklich so stimmt, wie Alexander es erzählt. Er ahnt ihre Gedanken offenbar und setzt noch einmal nach: „Aber selbst wenn Candace damit ein Problem gehabt hätte - eigentlich spielt das keine Rolle. Wenn wir nur Top-Leute im Team haben wollen, dann müssen wir auch bereit sein, Leute gehen zu lassen, deren Kompetenzen nicht mehr passen. Ganz egal, was sie früher für uns geleistet haben."

Bei den letzten Worten war Alexander fast laut geworden. Melanie unterbricht ihn schnell. „Was ich von der Netflix-Story damals mitbekommen habe, war, dass die ihren Mitarbeitern so viel Urlaub gewährt haben, wie diese wollten. Stimmt das?" „Ja, das machen wir auch!" Jetzt ist Alexander wieder in Fahrt. „Wir haben eine genauso flexible Urlaubsregelung. Wir fordern die Festangestellten auf, so viel Urlaub zu nehmen, wie sie für richtig halten. Das müssen die Mitarbeiter und ihre Vorgesetzten miteinander vereinbaren. Unsere Führungskräfte drängen wir dazu, selbst auch viel Urlaub zu nehmen und offen darüber zu sprechen. Schließlich sind sie ja die Vorbilder. Das gilt übrigens nicht nur für den Urlaub. Auch unsere Spesenrichtlinie besteht aus nur sechs Worten: „Handeln Sie im Interesse der Firma!" Die Mitarbeiter sollen mit dem Geld so umgehen, als wäre es ihr eigenes. Wir erwarten von denen schlicht ein erwachsenes, verantwortliches Verhalten." Alexander zieht die Stirn in Falten. „Heißt das im Deutschen so?" Melanie nickt.

Alex ist in seinem Element: „Gerade haben wir ein Pilotprojekt gestartet. In einigen Abteilungen bestimmen die Mitarbeiter die Höhe ihres Gehalts und die Bonuszahlungen selbst. Sie müssen diese Entscheidungen lediglich untereinander rechtfertigen. In den Projektteams wählen sie auch demokratisch die jeweiligen Projektleiter. Das ist nicht immer einfach, aber es führt dazu, dass die Mitarbeiter sich zu 100 Prozent mit der Firma identifizieren."

Melanie hatte von diesen Konzepten in den vergangenen Jahren schon einiges gehört. Sie hatte allerdings bislang nie daran gedacht, solch ein Modell selbst auch einzuführen. Nun stellt sie sich diese Frage ernsthaft und platzt heraus: „Und welche Rolle spielt dabei die Personalabteilung?"

Alex schaut sie von dem kleinen Screen in der Brille fragend an: „Personalabteilung? So etwas haben wir schon lange nicht mehr!" Melanie nickt, das hatte sie erwartet. „Zuerst haben wir damals diese ‚Avatar-Based Managed Services' eingeführt - ein furchtbarer Name!", erklärt Alexander. „Es handelt sich dabei um IT-Systeme zur Unterstützung unserer HR-Manager, die automatisch nach Kandidaten suchen, Themen recherchieren, Termine und Weiterbildungen organisieren, Einsatzpläne erstellen und den gesamten Prozessablauf im Unternehmen koordinieren - sozusagen als intelligente, elektronische HR-Assistenten. Je mehr wir das IT-System dann zum Self-Service-System für die einzelnen Mitarbeiter entwickelten, desto stärker wurde klar, dass wir keine Personalabteilung mehr benötigen. Wir haben jetzt lediglich noch zwei Leute, die das System überwachen. Alles andere übernehmen die jeweiligen Führungskräfte selbst, das ist schließlich deren ureigenste Aufgabe."

Melanie nickt gedankenverloren. Alexander ist sich nicht sicher, ob sie noch über seine Worte nachdenkt. „Vielleicht ist jetzt ein günstiger Zeitpunkt?", denkt er für sich. Laut sagt er dann: „Melanie, ich freue mich sehr darauf, dich wiederzusehen. Darauf habe ich schon ganz lange gewartet!" Melanie blickt ihm virtuell in die Augen, halb überrascht, halb glücklich. „Ich auch", bekommt sie gerade noch über ihre Lippen. „Bis bald!"

Warum Unternehmen eine betriebseigene Schule brauchen

Summary

Der Aufbau unternehmenseigener Schulen ist eine der ersten und naheliegendsten Maßnahmen für Caring Companies. Sie erfolgt im Status von Privatschulen und ist von der Kooperationsbereitschaft der regionalen Schulbehörden abhängig. Vorteile von dieser Strategie haben große mittelständische Unternehmen, die in ihrer Region oft die größten Arbeitgeber und Steuerzahler sind. Hier ist größtenteils eine gute Zusammenarbeit mit den Behörden möglich. Im Fokus der betriebseigenen Schulen steht das Ziel, die Bindung zu den Mitarbeitern zu erhöhen. Dies erfolgt nicht vordergründig über das Branding der Schüler als künftige Mitarbeiter des Unternehmens. Der Vorteil besteht vielmehr darin, dass die Eltern der Schüler weniger leicht von externen Headhuntern abzuwerben sind, wenn ein Jobwechsel zugleich den Schulwechsel der Kinder oder die Rückerstattung des vom Unternehmen subventionierten Schulgeldes zur Folge hat. Im Vergleich zu den hohen Kosten einer permanenten Neurekrutierung von Mitarbeitern sind die Kosten für die betriebseigenen Schulen überschaubar. Zudem bieten die Schulen durch moderne Konzepte, eine hohe Technologieaffinität und neue Schulfächer eine attraktive und regional oft einzigartige Alternative zum staatlichen Schulsystem. Die Einbindung von Firmenmitarbeitern als Teilzeitdozenten steigert die Identifikation mit dem Unternehmen ebenso wie der Zusammenhalt unter den Mitarbeitern.

Montag, 23. Juni 2025

Wenn Melanie sich in dieser Runde umschaut, geht ihr stets das Herz auf. Links Paul von der Qualitätskontrolle und Ursel von der Produktion; rechts Manuela vom Marketing und Oliver, der Finanzvorstand; gegenüber schließlich Anton, der Fuhrparkleiter. Er ist hier der Chef, der Vorsitzende des Beirats.

Melanie freut sich noch heute über den Coup. Er war vor sechs Jahren ihr Erfolg gewesen! Ihr wichtigster bisher! Damals war sie gerade neu zur Personalchefin ernannt worden. Statt eines neuen Recruitingkonzeptes hatte sie bei ihrer ersten Teilnahme an der Vorstandssitzung einen kühnen Plan vorgelegt: Die Firma solle nach der eigenen Kita noch eine betriebseigene Grundschule und ein Gymnasium gründen. Sie sieht die verblüfften Gesichter noch heute vor sich. Statt der erwarteten Killerfragen: „Ist das denn unsere Branche?", „Haben wir die Kompetenzen dafür?" und „Wieso sollten wir uns in die Aufgaben des Staates einmischen?" brachte der Eigentümer damals jedoch das kritische Gemurmel mit einem „Das ist interessant!" zum Verstummen. Nachdem Melanie ihren Plan schließlich ausführlich begründet und erläutert hatte, gab es keine Gegenstimmen mehr.

Die Idee war so einfach wie genial: Nach den Anfangsinvestitionen würde die Firma mit den Schulen nicht nur eigenes Geld verdienen, sondern den Mitarbeitern auch die Chance geben, ihren Kindern eine zukunftsfähige Ausbildung nach neuem Konzept zu geben. Firmenmitarbeiter würden als Teilzeit-Dozenten mit eingebunden und hätten so die Ausbildung ihrer Kinder in der eigenen Hand. Das wäre eine erstklassige Motivation, auch in Zeiten des dramatischen Fachkräftemangels im Unternehmen zu bleiben. Wegen dieser Schule! Und unter den Schülern würde es zumindest einige künftige Mitarbeiter geben, auf deren Fähigkeiten man sich schon heute verlassen könnte. So lautete jedenfalls die Kurzfassung.

Natürlich gab es auch Widerstände, vor allem außerhalb des Unternehmens. Der Landrat war alles andere als begeistert, dass seine Dorfschule eine Konkurrenz bekommen sollte. Die Lehrer dort hielten auch nicht viel davon - und auch das Ministerium nicht. Bildung sei Aufgabe des Staates, hieß es, und dass man eine Zwei-Klassen-Gesellschaft im Dorf schaffen würde. Andere befürchteten, dass die Kinder eine Gehirnwäsche des Unternehmens durchlaufen würden und am Ende indoktrinierte Marionetten herauskämen. Interessanterweise kamen die zornigen Einwände nicht von den betroffenen Familien.

Melanie erinnert sich mit gemischten Gefühlen an diese Zeit. Hätte nicht der Eigentümer wie ein Felsblock hinter ihr gestanden - sie wäre garantiert das eine oder andere Mal eingeknickt. Er aber zweifelte zu keiner Sekunde daran, dass es diese Schule geben werde. Mehrfach hatte sie ihn für seine Standfestigkeit bewundert, vermutlich erlangt man zu solche Sicherheit, wenn man jahrzehntelang der größte Steuerzahler der Region ist.

Was dann wirklich passierte, hatte Melanie überrascht. Die Schule funktionierte vom ersten Tag an großartig. Sie war ausgestattet mit neuester Technologie und hoch motivierten Lehrern. Melanie hatte viel Zeit in das Design der Klassenzimmer gesteckt. Was heißt Klassenzimmer? Kreativlabor wäre der richtige Ausdruck! Es gab keine Schulbänke und keinen Lehrertisch, stattdessen bunte Sitzecken, Spielteppiche und Rollwände. Schüler und Lehrer konnten sich ihre Zimmer heute so und morgen so einrichten.

Diese Kreativräume waren nicht nur bunt bemalter Selbstzweck. Melanie und die Pädagogen, die den Lehrplan erarbeitet hatten, schafften vielmehr die klassischen 45-Minuten-Unterrichtseinheiten ab. Das hatte hitzige Diskussionen gegeben, die Melanie mit ihrem Lieblingsargument parierte: „Was tun wir denn bisher? Wir sperren Kinder in 45-Minuten-Kästen und verbieten ihnen, miteinander zu reden und voneinander zu lernen! Damit trainieren wir ihnen zwölf Jahre lang genau das ab, was wir später im Unternehmen wieder von ihnen erwarten!"

Wofür sollte man in solch einer Schule Klassenzimmer brauchen? Es gab statt dessen eine Vielzahl von Themenräumen. Jeder Schüler konnte täglich selbst bestimmen, welchen Themenraum er aufsuchen wollte. Am Nachmittag wurden Arbeitsgemeinschaften zu den verschiedensten Themengebieten angeboten. Leistungskontrollen und Prüfungen gab es natürlich dennoch. „Das ist schließlich keine Wünsch-dir-was-Schule! Hier sollen die am besten ausgebildeten Schüler der Zukunft herauskommen!", hatte der Eigentümer bei der Eröffnung ausgerufen. Die Schüler lernten hier, Verantwortung für sich selbst zu übernehmen und selbst zu entscheiden, wann sie bereit sind, ihre Klausuren zu schreiben. Dann legten sie selbst den Prüfungstag fest.

Jeder Schüler hatte mehrere Coaches und persönliche Paten. Für Melanie hatte dies mit Wertschätzung zu tun. „Unsere Schüler müssen das Gefühl haben, dass sie etwas Besonderes sind und andere Menschen ihnen bei der Entfaltung ihres Potenzials helfen. An unserer Schule darf es nicht anders zugehen als bei einem Profi-Fußballverein", hatte Melanie den Lehrern von Anfang an ins Stammbuch geschrieben. Aus diesem Grund war auch eine Vielzahl der Mitarbeiter selbst in der Schule engagiert, als Co-Lehrer, als Coach oder als Pate. Sie unterrichteten und begleiteten die Kinder der anderen Mitarbeiter. Das sorgte für ein starkes Zusammengehörigkeitsgefühl im Unternehmen, fast wie in einer Familie.

Doch so modern die Schule und der Lehrplan auch sein mochten, Melanie wurde schnell von der Realität eingeholt. Inzwischen hat sie verstanden, dass das wichtigste Argument für die neue unternehmenseigene Schule nicht die Qualität der Ausbildung ist - weder für die Mitarbeiter und die Eltern, noch für den Vorstand.

Der strategische Nutzen für das Unternehmen ist viel simpler: Bequemlichkeit und Geld. Für die Eltern ist die Übernahme des Schulgeldes durch das Unternehmen ein entscheidendes Kriterium. Der Vorstand hingegen erreicht durch die Schule eine sehr starke familiäre Bindung an sein Unternehmen. Wenn - wie heutzutage üblich - zweimal wöchentlich ein Headhunter anruft, impliziert der Jobwechsel eines Mitarbeiters auch den Schulwechsel für seine Kinder und den Wechsel des Pflegedienstes für seine Eltern. Und nicht nur das: Er wäre verpflichten, einen großen Teil der vom Unternehmen übernommenen Schulgelder zurückzuzahlen. Die Hemmschwelle ist entsprechend groß.

Diesen Mechanismus hatte der Eigentümer bereits bei der ersten Vorstellung des Projektes begriffen, denn letztlich ging es ihm um den ökonomischen Vorteil. Der Betrieb der Schule ist insgesamt wesentlich kostengünstiger, als alle drei Jahre 40 Prozent der Belegschaft auf einem leer gefegten Arbeitsmarkt von der Konkurrenz abwerben zu müssen.

Die Headhunter bemerkten, dass sie durch die unternehmenseigene Schule an Chancen eingebüßt hatten. Sie versuchten zunächst gegenzuhalten: Sie erhöhten ihre finanziellen Offerten und boten an, bei einem Wechsel die Rückzahlung des Schulgeldes zu übernehmen. Das Gebaren der Headhunter näherte sich immer mehr den Spielervermittlern im Profifußball an; sogar Ablösesummen wurden dem Unternehmen angeboten.

Die Firma blockte diese Angebote zumeist ab und bestand auf Erfüllung der Arbeitsverträge. Sie bemühte sich, die Kündigungsfristen immer mehr auszuweiten, bis irgendwann die Mitarbeiter nicht mehr mitspielten. Vor allem die jungen weigern sich mittlerweile häufig, unbefristete Verträge abzuschließen und fordern stattdessen eine befristete Vertragslaufzeit. Damit sind sie nur für einen gewissen Zeitraum gebunden und können im Anschluss das Unternehmen wechseln, ohne die Rückzahlung der Schulgebühren befürchten zu müssen. Der Unternehmenswechsel wird somit Teil der Familienplanung, ebenso wie die unternehmenseigene Schule.

Für Melanie sind die Schulbeiratssitzungen immer etwas ganz Besonderes. Sie hatte bei der Erarbeitung des Schulkonzeptes darauf bestanden, dass der Beirat nicht nur ein Plaudergremium für extrovertierte Hobbypädagogen sein sollte. Hier werden ernste Entscheidungen getroffen. Alle sechs Monate entscheidet der Beirat neu, welche Schulfächer im kommenden Halbjahr unterrichtet werden.

Natürlich muss die Schulbehörde diesem Lehrplan zustimmen. In der Praxis hat sich gezeigt, dass diese der Schule große Freiheiten einräumt. Wichtig ist lediglich, dass die Standardfächer nicht völlig verschwinden und der Beirat glaubhaft versichern kann, dass die verpflichtenden Lerninhalte für die jeweilige Klassenstufe auch im Rahmen der neuen Fächer vermittelt werden.

Ohne die Standardfächer geht es natürlich nicht. Darüber hinaus waren sich die Experten der Schulkonzept-Kommission jedoch einig, dass die Schüler nicht nur die klassischen Fächer lernen sollten, sondern auch wichtige Kompetenzen wie

- Umgang mit neuen Technologien,
- Internationalität und Weltsprachen,
- Reflexionsvermögen und Hinterfragen von geltenden Regeln,
- Teamführung und Teamwork
- und nicht zuletzt Verantwortungsbewusstsein, Mut, Neugier und unternehmerisches Denken.

Genau das ist heute Abend die Aufgabe der Beiratssitzung. Die Direktorin stellt einen Vorschlag für die Fächer zur Diskussion:

- Verantwortung
- Herausforderung
- Kreativität
- Strategie & Analyse
- Mut
- Recherche & Quellenarbeit
- Reflexion & Kritik
- Kommunikation & Psychologie
- Nachhaltigkeit & Ausdauer
- Musik & Instrument lernen
- Sport
- Logisches Denken & Schach

Melanie blickt zu Oliver, dem Finanzvorstand, hinüber. Dieser schaut skeptisch auf die Liste. „Das sollen Schulfächer sein?", liest sie in seinem Blick. Plötzlich ist sie sich sicher: Sie sind wieder mal auf dem richtigen Weg.

25   Arbeitslos trotz Vollbeschäftigung

Summary

Trotz der statistischen Vollbeschäftigung gibt es auch im Jahr 2025 noch Arbeitslose. Dies sind zum größten Teil niedrigstqualifizierte Personen. Andererseits finden aber auch regional gebundene Personen vor allem in strukturschwachen Regionen oft keinen adäquaten Wiedereinstieg, etwa nach der Elternzeit oder einer längeren Pause. Aufgrund des weiterhin rasanten Wandels der Arbeitswelt durch Technologie und Digitalisierung fallen Mitarbeiter bereits nach einer dreijährigen Auszeit auf den Kenntnisstand von Berufseinsteigern zurück. Auf diesem Stand können sie zwar problemlos einsteigen, allerdings verlieren sie häufig ihr Hierarchie- und Lohnniveau. Die Chance für den Wiedereinstieg auf gleichem Level erhöhen Senior-Trainee-Programme der Caring Companies. Diese sind allerdings nicht für alle Berufe gleichermaßen ausgeprägt. In Branchen und Regionen mit kleinteiliger Agenturstruktur werden Senior-Trainee-Programme nur durch unternehmensübergreifende Netzwerke entlang den Wertschöpfungsketten angeboten.

Mittwoch, 25. Juni 2025

Melanie sieht die Freundin auf den ersten Blick. Yvonne steht bereits auf dem Stepper, als Melanie etwas abgehetzt die kleine Treppe hochstürmt. Vor 20 Minuten waren sie draußen auf dem Parkplatz verabredet. Yvonne winkt kurz herüber, drosselt aber ihr Tempo kein bisschen. „Sicher hat mein elektronischer Terminassistent sie vor einer halben Stunde über meine Verspätung informiert," vermutet Melanie. Rasch verschwindet sie im Umkleideraum.

Wenige Minuten später steppen Melanie und Yvonne einträchtig nebeneinander. Melanie mustert ihre Freundin von Kopf bis Fuß: megaschlank und durchtrainiert, unter der Brust zeichnen sich die Rippen leicht ab, der Bauch flach wie ein Brett, kurz: ein Traum von Frau. „Du siehst aber schon wieder großartig aus!", bricht es aus Melanie heraus. Eigentlich ist es überhaupt nicht ihre Art, über die Figur von anderen zu sprechen, ist sie doch mit ihrem eigenen Körper eher unzufrieden. Aber bei Yvonne kann sie nicht anders.

Yvonne wird langsamer und schaut die Freundin durchdringend an. „Ich habe ja auch fast jeden Tag Zeit, ins Fitnesscenter zu gehen!" Melanie ist irritiert. War das ironisch? Glücklich klang es nicht. Yvonne hatte vor drei Jahren ihr erstes Kind bekommen, vor 9 Monaten dann das zweite. Dass sie jetzt schon wieder so fit ist, kann kein Zufall sein. Melanie entscheidet sich für diplomatische Neutralität. „Wie meinst du das?"

„Na, ich bin jeden Tag vier Stunden im Fitnesscenter!" Jetzt klingt Yvonne schon fast anklagend. „Das ist doch toll!" Melanie weiß vor Überraschung nicht so recht, was sie sagen soll. Vier Stunden Fitness jeden Tag? Sie selbst war froh, wenn sie im Monat auf vier Stunden kam.

Jetzt bricht es aus Yvonne heraus: „Was ist daran denn toll? Viel lieber würde ich arbeiten gehen, als Sport zu machen. Weißt du eigentlich, wie einsam drei Jahre zu Hause sind?"

Melanie findet den Gedanken, drei Jahre alleine zu Hause zu sein, furchtbar. Mit Tom war sie damals zwar auch eine Zeit lang zu Hause geblieben, aber heute wäre das nichts mehr für sie. Sie kann sich überhaupt nicht mehr vorstellen, wie sie das damals ausgehalten hat.

„Du redest immer von deinen vielen freien Stellen", beschwert sich Yvonne weiter. „Aber du hast absolut keine Ahnung, was man erlebt, wenn man drei Jahre aus dem Job raus ist. Ich habe mich bei allen Agenturen in der Gegend beworben. Die lachen mich aus, weil sie mein altes Handy sehen. Weil sie glauben, dass ich nicht weiterarbeiten kann, wenn die Kinder krank sind. Und weil ich die neusten Marketing-Schlagworte nicht kenne, die sie sich gegenseitig um die Ohren hauen."

Melanie ist erschüttert. So hatte sie die Freundin noch nie erlebt. Mit einem kurzen Blick schaut sie auf das Handy, das auf Yvonnes Stepper liegt. Tatsächlich! Ein uraltes Modell. Yvonne ist ihrem Blick gefolgt. „Dann hast du vorhin meine automatische Verspätungsmeldung auch nicht bekommen, oder?" Yvonne schüttelt den Kopf. In ihrem Augenwinkel löst sich eine kleine Träne.

„Du brauchst sofort einen Coach!" Melanie war schon immer eine Frau der Tat. Das bewundert Yvonne an ihr. Offensichtlich weiß die Freundin immer genau, was zu tun ist. „Einen Coach? Wie soll ich den denn bezahlen?" Melanie winkt ab. Sie überlegt laut: „Ich könnte dir einen Termin mit unserem Marketingchef machen. Vielleicht lässt der dich eine Zeit lang mitlaufen und coacht dich." Yvonne blickt sie ungläubig an: „Sagst du mir gerade, dass ich als unbezahlte Praktikantin anfangen soll? Ich habe ein Studium abgeschlossen und zehn Jahre Berufserfahrung! Melanie, ich bin bald 40. Und jetzt soll ich wieder runter zu den 20-Jährigen?"

Melanie nickt verständnisvoll, das Argument kennt sie. Es ist der Grund, weshalb in den vergangenen zehn Jahren trotz vieler Programme von Regierung und Wirtschaftsverbänden lediglich 600.000 zusätzliche Jobs mit Frauen nach der Elternzeit besetzt wurden. Das ist weitaus weniger als erwartet und weitaus weniger als möglich wären. Man muss jedoch der Realität ins Auge schauen. Der Wandel ist in den meisten Berufen inzwischen so schnell, dass Eltern nach einer dreijährigen Auszeit auf den Kenntnisstand von Berufseinsteigern zurückfallen und nicht wieder nahtlos als voll einsetzbare Experten einsteigen können. Melanie hat deshalb in ihrem Unternehmen die umfangreichen Senior-Trainee-Programme eingerichtet, allerdings nur für Designer, Näherinnen und Verkäufer, nicht für Marketingfachkräfte wie Yvonne. Das gibt ihre kleine Marketingabteilung einfach nicht her.

„Welche Querkompetenzen hast du denn?" Melanies Frage trifft Yvonne unerwartet. „Querkompetenzen?", fragt sie und zieht die Augenbrauen hoch. Offensichtlich kann sie mit dem Begriff nichts anfangen. Melanie erklärt: „Na, jeder Mensch ist nicht nur in seinem Fachgebiet gut, sondern auch noch in zahlreichen anderen Dingen. Das sind für die Arbeitgeber die Querkompetenzen. In den letzten Jahren sind diese Querkompetenzen immer wichtiger geworden. Das geht so weit, dass Führungskräfte ihre Mitarbeiter direkt dafür belohnen, sich gezielt mit Dingen zu beschäftigen, die eigentlich im Arbeitsvertrag nicht drinstehen. Google hatte irgendwann einmal damit angefangen. Die haben damals die sogenannte 20-Prozent-Regel eingeführt. Die Mitarbeiter wurden aufgefordert, sich in der Woche einen ganzen Tag lang mit komplett anderen Dingen zu beschäftigen, als in ihrem Arbeitsvertrag stehen. Ein ganzer Tag pro Woche! Also 20 Prozent der Arbeitszeit! In der Theorie! Bei den Mitarbeitern ist die Regelung intern auch als die 120-Prozent-Regel bekannt, denn viele Führungskräfte erwarten trotz allem zuerst die Fertigstellung der regulären Aufgaben. Und wenn dies an vier Tagen pro Woche nicht möglich ist, dann rutscht der 20 Prozent-Bereich sehr schnell in das Wochenende. Das ändert jedoch nichts daran, dass die Kreativität und das Engagement der Leute enorm ansteigen. Inzwischen haben dies viele andere Unternehmen übernommen. Sie analysieren die Querkompetenzen ihrer Mitarbeiter, zwingen diese, an mehreren Projekten gleichzeitig zu arbeiten, und sorgen für permanente Jobrotation. Auf diese Weise entsteht Innovation." Yvonne schaut die Freundin ungläubig an. Ihre Blicke fragen, was diese 20-Prozent-Regel mit ihrer aktuellen Situation zu tun hat.

Melanie ahnt die unausgesprochene Frage: „Na ja, ich habe nur gedacht, dass deine Querkompetenzen im Augenblick vielleicht weitaus mehr wert sein könnten als dein Marketingstudium. Aber das war nur so ein Gedanke." Yvonne zuckt resigniert mit den Schultern.

„Für dich wäre ein Senior-Trainee-Programm in einer Werbeagentur das Richtige", denkt Melanie laut vor sich hin. Yvonne nickt: „Ich weiß! Aber schau dir mal die Agenturen hier an. Die sind alle so klein, dass sie so etwas gar nicht anbieten. Die kommen gerade selbst so über die Runden." Melanie verzieht den Mund. Daran hatte sie nicht gedacht. Aber es stimmt natürlich: Zu den nächsten größeren Marketingagenturen mit Trainee-Programm müsste Yvonne zumindest nach Berlin oder Hamburg fahren. Mit Glück auch nur nach Hannover. Es gibt inzwischen allerdings auch Beispiele, dass auch kleine und mittlere Unternehmen solche Job-rotations- und Trainee-Programme etablieren können. Kleine Unternehmen mit gleicher Wertschöpfungskette schließen sich zusammen und lassen ihre Mitarbeiter unternehmensübergreifend in den Partnernetzwerken rotieren. Coopetition nennt man das. Aber ob dieser Trend in der Agenturszene in Niederndodeleben bereits angekommen ist, weiß Melanie nicht. Sie blickt ihrer Freundin ins Gesicht: „Du willst gern hierbleiben, oder?" Yvonne schaut wortlos zu Boden, dann vergräbt sie schluchzend ihren Kopf in Melanies Armen.

So stehen sie minutenlang. „Ich muss mit dem Marketingchef reden", geht es Melanie durch den Kopf. „Möglicherweise hat der ohnehin vor, einen seiner Mitarbeiter demnächst aus dem Team herauszuentwickeln und auf ein anderes Projekt zu empfehlen. Und möglicherweise kommt Yvonne mit einem individuellen Coaching bereits in drei Monaten wieder auf ihr Leistungsniveau! Das wäre möglicherweise auch für den Marketingchef ein gutes Geschäft, denn er spart sich dann die Kosten für die neue Suche." Melanie schüttelt den Kopf über sich selbst. Sie weiß genau, dass dies ein paar ,möglicherweise' zu viel waren. Der zusätzliche Aufwand eines individuellen Coachings würde den Marketingchef überfordern, zumal der ohnehin schon zwei Coachees hat.

Sanft nimmt Melanie Yvonnes Kopf zwischen ihre Hände. Sie schaut ihr ins verheulte Gesicht. „Ich lasse mir etwas einfallen, okay?" Yvonne nickt. Erneut rinnt ein Schwall Tränen über ihr Gesicht.

26 Jobvermittlung für den Lebenspartner als Chance für Caring Companies

Summary

Eine weitere Corporate-Life-Strategie der Caring Companies ist die Jobvermittlung für die Lebenspartner der Mitarbeiter. Auf diese Weise bauen die Unternehmen Bindungen in das soziale Umfeld ihrer Mitarbeiter auf. Die Umsetzung erfolgt oft auf dem kurzen Weg in den persönlichen Think Tanks der Führungskräfte oder auf offiziellem Weg in den Partnernetzwerken der Unternehmen entlang deren Wertschöpfungsketten. Insbesondere bei Unternehmen in strukturschwachen Regionen führt dies zu einer immensen Steigerung der Loyalität der eigenen Mitarbeiter. Nicht selten wird solch eine konkrete Hilfe für das persönliche Umfeld der Mitarbeiter mit einer konkreten Gegenleistung verrechnet. Solche Gegenleistungen bestehen etwa in der vorzeitigen Verlängerung des Arbeitsvertrages oder der zusätzlichen Vereinbarung eines Kündigungsverzichts seitens des Mitarbeiters für einen bestimmten Zeitraum.

Mittwoch, 25. Juni 2025

Als Melanie in Hitze der Sauna allein vor sich hin döst, kommt ihr ein Gedanke. Yvonne war nach dem Sport nicht mehr mitgekommen. Sie meinte, sie habe für heute genug Wasser verloren. Melanie war sich nicht sicher, ob ihre junge Freundin damit den Schweiß oder die Tränen meinte. Auf jeden Fall verabschiedete sich Yvonne früher als sonst aus dem Fitnesscenter. Melanie blickte ihr mit einem bewundernden Blick hinterher. Sie ist über 15 Jahre älter, da ist man nicht mehr so streng mit sich selbst. Yvonne jedoch ist für ihre 40 Jahre dermaßen knackig, dass sie ohne Weiteres mit einer 30-Jährigen mithalten kann. Melanie spürt leichten Neid in sich aufkommen. Sie würde auch gern — zumindest eine Zeit lang — jeden Tag vier Stunden Zeit für das Fitnesscenter haben.

Doch dann drehen sich ihre Gedanken wieder um die konkrete Problemlage der Freundin und darum, wie sie ihr helfen kann. Und plötzlich ist da jene Idee, die so naheliegend ist.

„Bitte Yvonne anrufen!", ruft Melanie in den Raum, kaum dass sie wieder zu Hause ist. Ihre Telefonbrille versteht sofort. Während Melanie sich die Brille auf die Nase setzt, wählt diese bereits die Nummer der Freundin. Melanie geht zum Kühlschrank und holt sich einen Joghurt heraus. Sie stellt sich kurz vor, wie Yvonne jetzt auch mit einem Joghurt in der Küche steht und ihr altes Handy zwischen Wange und Schulter klemmt, um die Hände freizuhaben. Ein lustiger Gedanke.

„Hallo Melanie! Du schon wieder!" Yvonnes Stimme klingt schon wieder lebensfroh. „Ja, bitte entschuldige. Mir ist noch etwas eingefallen!" „Na, dann schieß mal los." Yvonne lacht. Sie mag die Gedankenflüge ihrer Freundin.

„Sag mal, wo arbeitet eigentlich dein Mann noch mal?", beginnt Melanie zaghaft. Natürlich weiß sie, wo Jörg arbeitet. „Na, bei dem Windradbauer an der Autobahn." Der leicht vorwurfsvolle Ton in Yvonnes Stimme ist nicht zu überhören. „Das weißt du doch. Willst du mich auf den Arm nehmen?" „Nein. Ich wollte es nur noch mal hören. Pass auf: Das Unternehmen deines Mannes ist eine typische Caring Company, genau wie wir. Ich kenne den Personalchef ganz gut. Und ich weiß, dass seine Strategie darin besteht, möglichst viele Bindungen in das soziale Umfeld seiner Mitarbeiter aufzubauen." Stille in der Leitung. „Yvonne?" „Ja, ich bin hier. Und das ist dir eingefallen?"

„Ja. Das bedeutet, dass es für dich vermutlich eine guter Weg ist, über deinen Mann zu gehen." „Mhhh …" Yvonne klingt nicht begeistert. Melanie setzt nochmals an. „Sag mal, Süße, ist es bei deinem Mann auch so, dass der Headhunter jede Woche anruft?" Yvonne stöhnt auf. „Jaaaa. Manchmal zwei oder drei Mal die Woche. Jörg geht schon immer raus, weil er weiß, dass mich diese Gespräche nerven." Yvonne prustet ins Telefon: „Also, ich hoffe jedenfalls, dass es der Headhunter ist und nicht eine Geliebte."

„Ok, pass auf. Dann sag ich dir jetzt mal etwas." Melanie ist voller Tatendrang. „Falls dein Mann irgendwann auf das Angebot eines Headhunters eingeht und bei seinem Unternehmen kündigt, dann kostet das sein altes Unternehmen ungefähr 90.000 Euro. Das ist der Betrag, den man in etwa einkalkulieren muss, um einen neuen Mitarbeiter seiner Qualifikation woanders abzuwerben. Das ist viel Geld." Yvonne murmelt etwas Unverständliches, doch Melanie lässt sich nicht beirren. „Das Unternehmen will das natürlich verhindern. Also ist es die Strategie des Personalchefs, möglichst viele Bindungen in das Umfeld seiner Mitarbeiter aufzubauen. Deshalb habt ihr völlig problemlos einen Platz in der Betriebs-Kita bekommen, der vermutlich auch noch kostenlos ist."

Yvonne murmelt wieder. Es klingt wie Zustimmung. „Wenn eure Kinder größer sind, dann bekommt ihr einen kostenlosen Schulplatz. Wenn eure Eltern irgendwann alt sind, könnt ihr einen kostenlosen Pflegedienst in Anspruch nehmen … und so weiter. Jörgs Unternehmen macht das nur aus dem Grund, dass Jörg sich immer wieder bewusst wird, dass ihr all diese Annehmlichkeiten verliert, wenn er sich abwerben lässt. Die stärksten Bindungen entstehen nicht direkt zum Mitarbeiter, sondern indirekt in sein Umfeld. Das ist auch bei Jörg so. Deshalb sagt der dem Headhunter immer ab."

„Ja, kann ja sein. Aber was hat das jetzt mit meinem Job zu tun?" Yvonne klingt ungeduldig. „Na, ganz einfach. Nächste Woche geht dein Mann einfach mal zu seinem Personalchef und sagt, dass er jetzt ein ganz interessantes Angebot von einem Headhunter bekommen hat. Der Personalchef wird erst überrascht tun und dann traurig sein. Jörg soll sich aber nichts vorspielen lassen. Das erlebt der Personalchef jeden Tag. Ein bisschen Schauspielerei gehört zum Spiel. Jörg soll sagen, dass er eigentlich gar nicht wegwill, dass du aber hier keine Stelle findest und dass er deshalb wohl oder übel das Angebot des Headhunters annehmen muss. Du wirst staunen, wie schnell der Personalchef mit der Idee kommen wird, dir einen Job zu besorgen."

Yvonne ist skeptisch: „Aber was soll ich denn mit einem Job dort? Ich bin doch kein Windradbauer:" „Ach Süße, jetzt sei mal ein bisschen kreativ. Die Firma hat doch Partnerfirmen. Die haben ein ganzes Netzwerk. Da sind Marketingagenturen dabei und Zulieferer, die wieder eigene Marketingabteilungen haben. Irgendwo dort ist ein schönes Plätzchen für dich frei. Du wirst staunen, wie schnell das geht."

„Ich weiß nicht." Yvonne scheint noch immer nicht wohl dabei zu sein. „Jörg wird sein Unternehmen bestimmt nicht auf diese Weise erpressen wollen." „Was heißt denn hier erpressen?" Jetzt wird Melanie lauter. „Das hat doch mit erpressen nichts zu tun. Es ist genau das Gegenteil! Ihr gebt dem Unternehmen die Chance, einen seiner besten Mitarbeiter zu behalten. Vermutlich versuchen die im Gegenzug, Jörg zu überreden, seinen Arbeitsvertrag vorfristig zu verlängern oder eine Kündigung für die nächsten drei Jahre auszuschließen. Wenn ihr besonders loyal sein wollt, dann könnt ihr das ja machen. Müsst ihr aber nicht." Yvonnes „Mhhh …" klingt jetzt schon nachdenklicher.

Melanie setzt noch einen drauf: „Das ist keine Erpressung. Das ist ein Win-Win-Deal. Du wirst sehen, der Personalchef wird euch sogar dankbar sein." „Mhhh … ich rede mal mit Jörg. Vielleicht macht der das." „Wenn nicht, dann lass mich noch mal mit ihm telefonieren. Das ist deine beste Chance! Die musst du nutzen. Und jetzt hör auf zu heulen, Kleine!" Melanie kann manchmal sehr überzeugend klingen. Und Yonne sehr kleinlaut: „Danke, Melanie!"

27 Warum jeder Mitarbeiter fünf Coaches braucht

Summary

Coaching wird im Jahr 2025 eine der gängigsten Methoden zur Steigerung des individuellen Marktwertes sein. Während heute in den meisten HR-Abteilungen noch die Vorstellung herrscht, eine Führungskraft könne maximal einen Coach haben, wird sich in den kommenden Jahren unter den hoch qualifizierten Mitarbeitern eine Anschauung durchsetzen, die heute bereits im Profisport existiert: Es gibt mehrere Coaches für jede Person; einen für die Karriere, einen für die Rhetorik, einen für die Gesundheit, einen für den Sport, einen für die Finanzen, einen für die Leadership-Skills, einen für die mentale Stärke, einen für Risiko und Versicherungen, einen für die Erziehung … und so weiter. Natürlich wird nicht jeder Mitarbeiter eine solche Armada von Coaches haben, aber mehr als einer ist hochwahrscheinlich. Auf der anderen Seite stehen die meisten Führungskräfte auch selbst als Coaches zur Verfügung. Das Coaching ist nicht mehr die Domäne einiger professioneller Spezialisten, sondern gehört zum Standardrepertoire jeder modernen Führungskraft. Selbst als Coach aktiv zu sein, ist einer der Stützpfeiler des wichtigen eigenen Netzwerkes. Die fünf goldenen Regeln zum Aufbau eines solchen Netzwerkes lauten:

- Geben, ohne Gegenleistungen zu erwarten,
- Menschen miteinander in Verbindung bringen, ohne selbst im Mittelpunkt stehen zu wollen,
- Vertrauen schaffen durch gemeinsame Aktivitäten,
- Ehrlich sein, auch gegen das eigene Interesse,
- Neugierig sein auf Menschen aus vollkommen anderen Bereichen.

Freitag, 27. Juni 2025

Als aus den Lautsprechern die ersten Gitarrentöne erklingen, steht Thomas auf. It's showtime. Einmal im Jahr braucht er einen solchen Abend. Er zupft sein Hemd zurecht und steigt die zwei Stufen auf die kleine Bühne hinauf. Das Mikrofon nimmt er mit routinierter Gelassenheit. Er dreht sich um, lächelt in den Raum, schaut zu dem Tisch mit seinen vier Kollegen. Aus Erfahrung weiß er, dass diese Melodie alle hier im Raum sofort ergriffen hat. Mancher denkt wohl: „Wie schade, dass der Mann da oben die schöne Stimmung gleich mit seinem Gesang zerstören wird."

Doch Thomas zerstört nichts. Er singt mit rauer, zärtlicher Stimme:

Is it getting better,
Or do you feel the same,
Will it make it easier on you, now …
You got someone to blame …

Es ist sein Lieblingslied. Ein Lied mit einer Melodie so simpel wie sein Titel. Und doch so herzergreifend: ‚One' von U2. Thomas weiß, wie überrascht die Leute hier im Kakadu sind. Diesen Gesang traut man ihm eigentlich nicht zu. Aber wer weiß denn auch schon, dass er seit mehr als 20 Jahren immer wieder dieses Lied singt. Jedenfalls immer, wenn er im Karaokeklub ist.

Dass er heute hier ist, ist eher ungewöhnlich. Es ist dieses Jahr schon das zweite Mal, normalerweise genügt ihm ein Besuch pro Jahr. Vor einigen Tagen hatte er sich jedoch wieder mit seinen Coachees verabredet. Vier Personen coacht Thomas derzeit, etwa 20 andere hat er bereits gecoacht. Für diese gilt: einmal Coach, immer Coach. Es gibt da somit noch viele andere, großartige Personen, die immer wieder einmal in seinem Leben auftauchen. Thomas hat sich als Coach ihre Herzen erobert, indem er immer einen Tick mehr von ihnen erwartet hat, als sie aktuell draufhatten. Und als die Coachingprojekte vorbei waren, wollte er sie gern weiter in seinem Netzwerk behalten. Also kommen sie sporadisch auch immer wieder einmal zu einem Coachinggespräch vorbei. „Meine Schläfer" nennt er sie fast liebevoll.

Mit seinen aktuellen Coachees verbringt Thomas einmal im Halbjahr einen gemeinsamen Abend. Einzeln sieht er sie mindestens einmal pro Monat, manchmal auch wesentlich öfter. In der Gruppe versammelt Thomas sie nur, wenn er etwas zu besprechen hat, das für alle gleichermaßen von Bedeutung ist, so wie heute.

In der Einladungsmail stand, dass es darum gehen solle, wie man sich seinen eigenen Think Tank aufbaut. Was er denn dafür in einer Karaokebar solle, hatte Ahmad, einer der vier, Thomas vor einigen Tagen ganz direkt gefragt. Was das mit Think Tanks zu tun habe? Und auch die anderen drei scheinen wohl eher widerwillig hierhergekommen zu sein. Sie ahnen bereits, dass es nicht beim Bier am Tisch bleiben wird, sie müssen auf die Bühne. Für Thomas ist es völlig normal, dass er seine Coachees bei den gemeinsamen Treffen jeweils an ihre bisherigen Grenzen führt und zum Teil darüber hinaus. „Sonst müssten wir das ja nicht machen", sagt er manchmal zu sich selbst. Er mag Grenzüberschreitungen, weil er glaubt, dass genau sie es sind, die die Persönlichkeit von Menschen formen.

Thomas singt:

You say, one love, one life,
When it's one need in the night.
One love, we get to share it …
Leaves you baby if you don't care for it …

Da unten sitzen sie. Rechts in der Ecke: Catalin. Er war in Thomas' Unternehmen einst einer der vielversprechendsten Werkstudenten. Einige Jahre später ist er natürlich gegangen. Nach vielen Stationen ist er jetzt Leiter eines Projektteams für Social Collaboration bei einem großen Nahrungsmittelkonzern. Neben ihm hat sich Ahmad noch weiter in die Ecke verzogen. Er ist in Thomas' Unternehmen der Abteilungsleiter für Künstliche Intelligenz. Ein hochintelligenter junger Mann. Thomas hatte solch intellektuelle Gespräche noch nie zuvor mit einem 28-Jährigen geführt. Aber Ahmad ist Computerfreak, kein Sänger. Man sieht es deutlich.

Auf Catalins anderer Seite sitzt Petra, seine ehemalige stellvertretende Personalchefin. Sie ist inzwischen Personalvorstand in einem Kundenunternehmen der Automobilbranche geworden. Neben Petra saß bis vor wenigen Sekunden noch Katharina. Mit 27 Jahren ist sie die Jüngste von seinen Coachees. Und auch sonst ist sie anders als die anderen. Keine Projektarbeiterin, sondern eine Gründerin. Sie hat vor Kurzem eine eigene Peer-to-Peer-Plattform für privates Kochen gegründet, mit großem Erfolg! Thomas hat sie beim Handballtraining seiner Tochter kennengelernt; Katharina ist die Trainerin. Als sie erfuhr, dass er als Personalleiter große Erfahrung im Coaching von Teams hat, fragte sie ihn spontan, ob er nicht auch sie coachen wolle. Thomas fand das spannend, da er spürte, dass sie ein ganz anderes Temperament mitbringen würde. Und er sollte recht behalten. Nicht nur, weil sie jetzt aufgesprungen ist und zu seinem Lied tanzt.

Es ist die fünfte Strophe, die Melodie wird intensiver, das Lied steuert auf seinen Höhepunkt zu. Thomas geht die kleine Treppe nach unten auf den Tisch zu und winkt jemanden zu sich. Auf die verblüfften Gesichter seiner Coachees hat er sich den ganzen Tag schon gefreut. Er bekommt Petras Hand zu fassen und zieht sie auf die Bühne. Die Gitarrenklänge im Hintergrund werden intensiver.

Wenn Bono von U2 manchmal Gäste zu seiner Ballade auf der Bühne hat, dann wird es genau an dieser Stelle laut. Thomas schaut zu Petra hinüber. Sie nickt ihm zu und singt mit:

You say love is a temple, love a higher law …
Love is a temple, love the higher law.

You ask me to enter, but then you make me crawl ...
And I can't be holdin' on to what you got,
When all you got is hurt ...

Das Duett der beiden auf der Bühne lässt die meisten Kakadu-Besucher von ihren Plätzen aufspringen. Es ist ein gesungenes Zwiegespräch. Zuerst laut, fast als duellierten sie sich. Dann werden sie doch zärtlich:

One love, one blood,
One life, you got to do what you should.
One life, with each other:
Sisters, brothers ...

Am Ende gibt es Standing Ovations für die beiden. Thomas schaut stolz zu Petra. Sie grinst verschämt zurück. Natürlich wusste er, dass sie singen kann, aber dass sie es mit dieser Hingabe tun würde? Vielleicht war damals doch mehr zwischen ihnen gewesen? Die Zugabe-Rufe ignorieren sie.

Als Thomas wieder am Tisch sitzt, schaut er in vier fragende Augenpaare: „Was sollen wir hier? Was willst du uns zeigen?" Thomas beginnt seine Geschichte langsam. „Schaut mal im Laufe des Abends auf die Bühne", sagt er. „Ihr werdet einige großartige Sänger erleben, bei denen jeder Ton sitzt. Und ihr werdet Hobbysänger erleben, die furchtbar falsch singen" „... und ihr werdet mich erleben, der keinen Ton rausbringt!" Ahmad grinst in die Runde. Thomas grinst zurück. „Keine Angst, da oben ist noch niemand gestorben. Du wirst heute Abend eine wirklich schöne Erfahrung machen."

„Aber was ich eigentlich sagen wollte", erläutert er weiter. „Die meisten der perfekten Sänger sind allein hier. Sie sind jeden Abend hier. Sie trainieren jeden Tag, um abends für vier Minuten im Rampenlicht zu stehen. Danach stehen sie wieder einsam an der Bar. Die nicht so perfekten sind alle in Gruppen hier. Sie haben ihr Netzwerk dabei. Ihnen geht es nicht darum, zu glänzen. Ihnen es darum, die anderen in ihrer Gruppe glänzen zu sehen. Sie sind hier, weil sie sich gern vom Gesang der Freunde überraschen lassen. Sie trauen ihren Freunden zu, gut zu singen, und feuern sie an. Der Abend ist dann gelungen, wenn ein anderer aus der Gruppe eine tolle Leistung vollbringt und sich alle mit ihm freuen können."

Thomas zeigt auf die Bühne. „Hier seht ihr den Unterschied zwischen Spezialisten und Netzwerkern. Früher wurden meist die besten Experten zu Führungskräften gemacht. Das ging so lange gut, wie ein Überangebot an Arbeitskräften vorhanden war. Stellt euch vor, hier im Kakadu würden hunderte Zuschauer stehen, die den Raum nicht verlassen dürfen. Dann könnte man eine gute Party haben, indem auf der Bühne ein Experte nach dem anderen singt. Aber wenn hier nur wenige Leute im Kakadu sind, dann machen nicht die Experten die Party, sondern die Sänger, die ein motiviertes Netzwerk mitgebracht haben. Oder anders gesagt: In einem leer gefegten Arbeitsmarkt streben die Leute nicht mehr zu den Experten. Sie streben nach Selbstverwirklichung."

Er schaut in die Runde: „Es ist unsere wichtigste Aufgabe, als Führungskräfte unsere jeweils individuelle Netzwerkfamilie aufzubauen. Führungskompetenz ist kein Ergebnis und keine Belohnung für langjährige Unternehmenszugehörigkeit. Wenn es bei uns im Unternehmen um die Frage geht, ob jemand Führungsqualitäten hat, dann schaue ich mir als Erstes sein Netzwerk an. Ich nenne das Think Tank. Wenn jemand in seinem Think Tank viele interessante Leute aus vielen verschiedenen Unternehmen und Themenfeldern hat, dann ist er eine geeignete Führungskraft. Denn dann hat er verstanden, dass es darum geht, den anderen bei deren Weg zur Selbstverwirklichung zu helfen. Dann hat er auch verstanden, dass Führung davon lebt, dass man sich von Personen trennt, die dem Netzwerk nicht guttun und auf Personen zugeht, die bereichernd sein können. Führungskräfte, die diesen individuellen Think Tank nicht haben, verlieren heute und künftig den Kampf um die Talente."

In der Runde war es still geworden. Catalin findet als erster wieder Worte: „Ich selbst habe alle meine Jobs in den letzten zehn Jahren durch mein Netzwerk bekommen. Es waren vier verschiedene Jobs. Und es war nicht so, dass ich keine anderen Anfragen bekommen hätte. Im Gegenteil! Die Headhunter bombardieren mich mit Angeboten. Aber ich habe immer die Jobs angenommen, die mir von jemandem aus meinem Think Tank vorgeschlagen wurden. Da gab es ein paar, die meinen Wunsch nach neuen Herausforderungen und Weiterentwicklung quasi vorausgeahnt haben. Das waren übrigens fast nie Personalabteilungen, sondern immer Projektleiter." Catalin grinst in die Runde. „Thomas, du bist der einzige Personalfuzzi, der mich mal vermitteln konnte."

Thomas lacht mit den anderen mit. „Leute, ich denke wir sind uns einig in folgender Beschreibung: Führungskräfte müssen persönliche Coaches für ihre Mitarbeiter sein. Sie sind dafür verantwortlich, dass ihre Mitarbeiter den Job als Herausforderung, als sinnstiftende Tätigkeit und als Mittel zur Selbstverwirklichung empfinden. Sie müssen die Unternehmensstrategie zwar im Blick behalten, aber sie dürfen diese Strategie nicht um jeden Preis auf Kosten des einzelnen Mitarbeiters durchsetzen. Im Zweifel müssen sie den Weg für eine Abwanderung freimachen. Soweit stimmt doch jeder zu, oder?" Alle nicken.

„Okay, dann habe ich eine zweite Frage. Was muss eine Führungskraft tun, um sich selbst einen möglichst schlagkräftigen Think Tank aufzubauen? Ich hätte gern fünf goldene Regeln von den fünf klügsten Köpfen an diesem Tisch." Er schaut in die Runde, sie sind genau zu fünft.

„Als Erstes muss ich die Leute in meinem Netzwerk unterstützen, ohne eine Gegenleistung zu erwarten. Die kommt dann später von selbst." Petra unterbricht sich selbst. Sie überlegt, was das konkret bedeutet: „Wenn ich einen neuen Mitarbeiter gewinnen will, dann beschreibe ich dem als Erstes, welche konkrete Perspektive es für ihn dabei gibt. Es geht also nicht um den Job und das Geld, sondern um die Frage, wohin er sich auf dieser Position weiterentwickeln kann. Am Ende geht es darum, wer in meinem Netzwerk sonst noch drin ist, und zu wem ich den neuen Mitarbeiter weitervermitteln kann, wenn er den Zwischenschritt bei uns erfolgreich gemacht hat."

Thomas nickt und schaut die anderen an: „Hat noch jemand eine Idee?"

Jetzt bricht Katharina, die Handballtrainerin, das Schweigen. „Das war mir bislang noch nicht so bewusst. Aber wenn ich mir meine Mannschaft so anschaue, dann stimmt das, was du sagst. Wir sind fast unschlagbar, wenn die eine sich für die andere ins Zeug wirft. Aber das ist nicht immer der Fall. Manchmal habe ich das Gefühl, dass die Spielerinnen im Training untereinander kaum reden, sondern nur für mich trainieren. Dann weiß ich schon, dass es im Punktspiel am Wochenende nichts wird, denn dann stehe ich als Trainerin zu sehr im Zentrum. Ich glaube, einen Think Tank baut man auf, indem man vor allem die Leute in seinem Netzwerk mit den anderen Leuten im Netzwerk zusammenbringt. Man darf nicht das Zentrum sein, von dem alle Verbindungen sternförmig auseinandergehen, sondern lediglich ein Knotenpunkt. Je mehr die anderen sich miteinander vernetzen, desto stärker wird auch der eigene Knoten."

Ahmad war schon einige Minuten lang anzusehen, dass auch er etwas einbringen will. Jetzt ergreift er die Chance: „So ein Think Tank entsteht nur, wenn die Leute Vertrauen ineinander haben, und das entsteht nicht, wenn man nur miteinander redet. Es geht also schon darum, auch etwas miteinander zu tun. Ich glaube, Vertrauen entsteht am schnellsten, wenn man dem anderen ungewöhnlich viel verspricht. Am besten so viel, dass es unwahrscheinlich erscheint, dass man es auch einhalten kann. Wenn man dann noch durch eine Krise geht und der andere ernsthaft an der Einhaltung des Versprechens zweifelt, dann muss man das Versprechen einlösen. Ich glaube, so entsteht das größte Vertrauen."

Petra lacht laut auf, auch die anderen schmunzeln. Ahmad schaut in die Runde: „Was denn? Habe ich etwas Falsches gesagt?" Petra lacht ihn an: „Nein. Du hast nur die größten menschlichen Emotionen so intellektuell und strategisch analysiert, dass es lustig klang. Aber du hast vollkommen recht!"

Thomas nickt und schaut zu Catalin: „Einer fehlt noch!" „Ja", antwortet Catalin. „Ich finde, dass eine der wichtigsten Regeln beim Aufbau eines Think Tanks ist, dass man den anderen gegenüber vollkommen ehrlich ist. Das heißt, dass man manchmal auch Hinweise und Tipps geben muss, die gegen das eigene Interesse gerichtet sind." Thomas nickt heftig. „Stimmt! Deshalb habe ich dich damals ja gekündigt und auf ein neues Projekt vermittelt. Und jetzt sitzt du immer noch hier am Tisch." Catalin grinst zurück. „Genau daran habe ich gerade gedacht. Und was wäre deine goldene Regel, Thomas?"

Thomas denkt kurz nach. „Es ist die Neugier", sagt er dann. „Ohne Neugier auf Neues werde ich keine interessanten Menschen kennenlernen. Ich glaube, dass man sich zum Aufbau eines eigenen Think Tanks besonders für Leute interessieren sollte, von deren Fachgebieten man keine Ahnung hat. Oder für Leute, die aus Gegenden kommen, von denen man keine Ahnung hat. Oder aus sozialen Schichten, in denen man nicht unterwegs ist. Ich glaube, die meisten der Punkte, über die ihr gesprochen habt, haben damit zu tun, dass man sich mit Neugier in andere Menschen hineindenken muss. Man muss versuchen, die Welt mit deren Augen zu sehen und mit ihren Gefühlen zu spüren. Wenn wir das tun, dann kommen wir auf Ideen, mit denen wir bislang nicht in Berührung gekommen sind."

Alle nicken. „Keine schlechte Erkenntnis für den heutigen Abend, oder?" Thomas grinst seine Coachees an. „Und weil es so wichtig ist, sich mit unbekannten Einflüssen zu konfrontieren, bestellen wir jetzt mal ein Lied für Ahmad." Entschlossen ergreift Thomas Papier und Bleistift aus der Box in der Mitte des Tisches. Ahmad verzieht das Gesicht, aber er traut sich nicht, zu widersprechen. „Was soll Ahmad denn mal singen?", fragt Thomas in die Runde. „Elton John: Tiny Dancer", ruft Petra. Catalin schaukelt seinen Kopf: „Ice Ice Baby." Aber Thomas hat offenbar etwas anderes im Sinn. „Magst du Fußball?" Ahmad nickt schüchtern. „Sehr gut!" Thomas grinst. „Dann habe ich etwas für euch." „Andreas Bourani mit ‚Auf uns' für Ahmad", schreibt er auf den Zettel. Ahmad blickt ihn verständnislos an. Thomas nickt ihm zu. „Trink noch einen Schluck!" Dann ist der Zettel auch schon beim DJ.

28 Die Rolle des Chief Change Officers in fluiden Unternehmen

Summary

Der Arbeitsbereich des künftigen Chief Change Officers mit Vorstandsrang wird zum strategischen Herz jedes fluiden Unternehmens werden. Der CCO verändert permanent abteilungsübergreifend Arbeits- und Verantwortungsbereiche, adaptiert neue Anforderungen und passt sie an die Kompetenzen der vorhandenen Mitarbeiter an. Er wird dabei unterstützt durch Change Officers, die in fast jedem Projektteam vertreten sind. Sie moderieren die Teamprozesse und achten darauf, dass jedes Projektmitglied seine Stärken im Team ausspielen kann. Wenn ihre Abteilung gut arbeitet, geht es dem Unternehmen gut, wenn nicht, hat das direkte Auswirkungen auf die Bilanzen. Unternehmen, die es nicht schaffen, genügend geeignete Mitarbeiter zu rekrutieren, werden Produktionsausfälle und Gewinneinbrüche verzeichnen. Gemeinsam mit den Führungskräften beraten die Chief Change Officers, welche neuen Personen von außerhalb in das Unternehmen hereingeholt werden sollen, wer unter den Führungskräften die entsprechenden Kontakte hat, und mit welchen Versprechungen man die Kandidaten locken kann. Auch die Frage, wer intern zu den strategisch wertvollsten Mitarbeitern zählt und wie diese gehalten werden können, ist durch diese Runde monatlich neu zu beantworten.

Dienstag, 1. Juli 2025

Heute ist wieder einer dieser berühmten Tage. Sie haben keinen besonderen Namen. Thomas nennt sie Change Days oder einfach C-Days. Peter spricht gern von den War-Game-Tagen, er liebt es manchmal etwas martialisch. Jedenfalls weiß jeder im Unternehmen, dass etwas Bedeutendes geschieht, wenn Peter Seedorf und Thomas Krüger sich jeden Monat zwei Tage lang in einen Konferenzraum einschließen. Die Mitarbeiter gehen dann auf dem Gang vorbei und versuchen, einen Blick durch die heruntergelassene Jalousie zu erhaschen.

Peter Seedorf hatte dieses Ritual eingeführt, nachdem er Thomas' Chef geworden war. Damals ging alles sehr schnell. Kurz nach der denkwürdigen Vorstandssitzung mit Thomas' Vision vom fluiden Unternehmen der Zukunft hatten Peter und Thomas gemeinsam eine Transformationsstrategie ausgearbeitet. Sie sah vor, dass HR-Abteilung und Innovationsabteilung zusammenwachsen. Dafür gab die

HR-Abteilung all ihre administrativen Aufgaben ab: das Vertragswesen zu den Juristen, die Lohnangelegenheiten ins Controlling. Die Personalentwicklung und das Recruiting gingen auf die Führungskräfte über und die üblichen Weiterbildungsprogramme wurden an einen externen Dienstleister ausgelagert. Einzig der Kern blieb als strategische und operative Aufgabe: die fluide Planung von Personal und Projekten sowie die Steuerung und Unterstützung der Führungskräfte bei Recruiting, Coaching und Personalentwicklung, kurz: das Herz des Unternehmens. Peter Seedorf, der ehemalige Innovations-Vorstand, wurde Chief Change Officer im Vorstand. Thomas Krüger, der ehemalige Personalchef ,wurde auf zweiter Ebene zum Executive Change Manager!

Vermutlich hatten nicht alle Vorstände vorausgesehen, dass die neue Change-Abteilung so wichtig werden würde, als sie der Fusion von HR und Innovation seinerzeit zustimmten. Thomas' und Peters Vorlage für den Vorstand war eine Art Trojanisches Pferd gewesen. Sie hatten zunächst vorgeschlagen, die Kompetenzen aller Mitarbeiter im Unternehmen genau zu erfassen. Dem konnte kein Vorstand widersprechen. Die Personalabteilung erstellte für jede Position und jedes Team Kompetenzprofile und maß jeden Mitarbeiter daran. Dies war im Grunde nicht neu.

Im Anschluss wurden die Kompetenzprofile aller Mitarbeiter in einer Kompetenzbilanz des Unternehmens zusammengefasst. Diese sollte zum Bestandteil der Unternehmensbilanz werden und sowohl dem Aufsichtsrat als auch den Aktionären vorgelegt werden. Der Plan war mit ambitionierten Zielen versehen, so, wie Aufsichtsräte das mögen: Die Kompetenz des Unternehmens sollte um 5% gesteigert, die Kompetenzdifferenz zwischen IST und SOLL um 15% vermindert werden, und für die besonders schwachen Abteilungen sollten Spezialmaßnahmen ergriffen werden. Sogar die Bonuszahlungen der Abteilungsleiter sollten nach der erreichten Kompetenzsteigerung ihrer Abteilung berechnet werden.

Doch dieser erste Schritt war lediglich so etwas wie das berühmte Holzpferd, in dessen Bauch sich die gegnerischen Truppen befanden. In der zweiten Stufe hieß es: Ab nun passt sich nicht mehr der Kandidat an den Job an, sondern der Job an den Kandidaten. Zur Begründung wiederholte Peter Seedorf im Vorstand Thomas' Worte: „Wenn wir unsere freien Stellen besetzen wollen, haben wir keine Wahl mehr: Wir müssen alle Mitarbeiter nehmen, die wir bekommen können, auch wenn sie ursprünglich nicht für den Job qualifiziert sind. Wir müssen somit die Jobanforderungen an die Kompetenzen der vorhandenen Mitarbeiter anpassen!"

Auf diese Weise bekam Thomas den zweitwichtigsten Job im Unternehmen. Seine Aufgabe ist es seither, dafür zu sorgen, dass jedes einzelne Jobprofil im Unternehmen kontinuierlich an die Kompetenzen des gerade verfügbaren Mitarbeiters angepasst wird. Er verändert die Jobs permanent, adaptiert neue Anforderungen und passt sie an vorhandene Kompetenzen an. Nach und nach ist dadurch ein in jeder Hinsicht fluides Unternehmen entstanden.

Die Steuerung des Wandels erfolgt monatlich innerhalb dieser zwei C-Days, wenn Thomas und Peter mit den Führungskräften zusammensitzen. Am ersten Tag planen sie, welche neuen Personen von außerhalb in das Unternehmen hereingeholt werden sollen, wer unter den Führungskräften die entsprechenden Kontakte hat, und mit welchen Versprechungen man die Kandidaten locken kann. Auch die Frage, wer intern zu den strategisch wertvollsten Mitarbeitern zählt und wie diese gehalten werden können, steht im Raum. Am zweiten Tag wird dann nach der Methode des Business Wargamings[22] die Veränderungslandkarte des Unternehmens durchgespielt. Die verfügbaren Ressourcen werden auf strategisch wichtige Projekte verteilt und andere Projekte werden gestoppt.

„Hereinspaziert!" Thomas begrüßt überschwänglich seine Change Officers. Es sind die Mitarbeiter, die es aus seiner früheren Personalabteilung in die neue Change-Abteilung geschafft haben. Sie gewährleisten mit ihrer Arbeit trotz der hohen Projektarbeiterfluktuation die Harmonie in den einzelnen Projektteams. In fast jedem Projektteam ist einer der Change Officers vertreten. Sie moderieren die Teamprozesse und achten darauf, dass jedes Projektmitglied seine Stärken im Team ausspielen kann. Und natürlich sind sie damit die wichtigsten Informationsbeschaffer für Thomas und dessen Entscheidung, welche Mitarbeiter er aus welchen Projekten abzieht und welche Aufgabenpakete er für wen neu zurechtschneidert.

„Liebe Kollegen, wir fangen wie immer mit der Frage an, wie wir die Zuordnung unserer bestehenden Mitarbeiter verändern müssen. Ich bitte um eure Vorschläge, zunächst zu der Frage, welchen Mitarbeitern wir in den kommenden Tagen intern neue Folgeprojekte anbieten sollten. Danach geht es um die Frage, welche Mitarbeiter wir aus dem Unternehmen herausentwickeln sollten."

Diese Abfolge hatte sich als sinnvoll herausgestellt. Zuerst waren die Change Officers und Führungskräfte gefragt. Sie hatten im Vorfeld Potenzialanalysen einer jeden Person gemacht, für die sie eine frühzeitige Folge-Projektzuordnung vorschlagen. Dies war im Wesentlichen eine Vorsichtsmaßnahme. Thomas wollte nicht Gefahr laufen, einen wichtigen Mitarbeiter zu verlieren, weil der zwei Monate lang in seinem Projekt unterfordert war und Zeit hatte, sich auf dem Projektarbeits-

---

[22]   Das Business Wargaming ist eine Methode aus der Strategieentwicklung und dem Innovationsmanagement. Es simuliert die Auswirkungen strategischer Entscheidungen, so dass Entscheidungsträger bereits vorab Erfahrungen über Schlüsselakteure, Motivationen und Key-Performance-Indikatoren für alle Beteiligten sammeln.

markt umzusehen. Stattdessen gab man denen besser schon sechs Monate vor Projektende ein neues, herausforderndes Projekt.

Jobrotation in engsten Zyklen, das ist Thomas' Spezialität. Seine Projektarbeiter lieben das und sind überzeugt, er habe die beste Nase, um den agilsten Mitarbeitern immer wieder neue Anreize zu setzen. Es ist jedoch nicht Thomas' Intuition, die ihn dabei leitet. In seiner Change-Abteilung gibt es eine kleine Gruppe von Datenanalysten, die nichts anderes tun, als ein modulares Baukastensystem für individuelle Anreizangebote an Mitarbeiter zu pflegen. „Unsere Mitarbeiter sind eure Kunden!", hat Thomas diesen Change Officern eingebläut. Je nach individueller Lebenslage des Mitarbeiters werden die unterschiedlichen Module ausgewählt: Vom Ausbildungsplatz für Mitarbeiterkinder über die Arbeitsstelle für den Lebenspartner bis hin zum individuellen Gesundheits- oder Ernährungscoaching ist hier alles dabei.

Für Thomas ist das Besondere an seinen Daten-Analysten deren analytische Kompetenz. Auf der Basis von Algorithmen und Computerberechnungen erfassen und erkennen sie die Wünsche und Bedürfnisse der Mitarbeiter, in der Regel noch bevor diese sie äußern. Die Anreizangebote werden deshalb niemals mit der Gießkanne über das ganze Unternehmen ausgekippt, sondern stets im persönlichen Gespräch angeboten. Nur so ist gewährleistet, dass sie individuell passen und sich mit der Lebenssituation des Mitarbeiters verändern. Für Hochschulabsolventen gibt es beispielsweise Anreize zur Ausbildung bestimmter Fähigkeiten, für junge Familien gibt es Anreize zum Sesshaftwerden in der Region, für Schichtarbeiter gibt es Angebote zur Freizeitgestaltung zu ungewöhnlichen Zeiten.

In puncto Jobrotation ist jedoch tatsächlich Thomas' Freigeist die treibende Kraft: sein Gespür für Entwicklungspfade jenseits der bisherigen Expertise und der herkömmlichen Ausbildungs- und Arbeitsbereiche seiner Mitarbeiter. Er ist bekannt dafür, dass er keinerlei Hemmungen hat, einen Controller auch mal in die Kreativabteilung zu stecken. Wenn es dem Wunsch des Controllers entspricht und die Potenzialanalyse bestätigt, dass er sich dort weiterentwickeln kann, findet Thomas solche Jobsprünge großartig. Zumeist hat er damit Recht. Es kommt häufig vor, dass die Mitarbeiter in ihren neuen Arbeitsfeldern mehr als positiv auffallen. Oft zeigt sich sogar, dass die Kombination der beiden Tätigkeitsbereiche - dem alten und dem neuen - auch insgesamt zu einem persönlichen Kompetenzgewinn führt. Wenn die Jobwechsler im neuen Arbeitsbereich keine guten Leistungen bringen, fühlen sie sich meist auch selbst nicht wohl. Sie haben dann die Möglichkeit, problemlos zurückzukehren. Auch das stärkt ihre Loyalität zum Unternehmen.

Komplizierter ist es, wenn der Mitarbeiter mit seiner neuen Tätigkeit zwar zufrieden ist, aber zu wenig Leistung bringt. Dann kommt Thomas' fluide Landkarte ins Spiel.

Mithilfe dieses Tools kann jede Führungskraft die Tätigkeiten und Kompetenzen in ihrem jeweiligen Projekt bis in kleinste Module herunterbrechen. Mitarbeitern mit Minderleistung werden jene Module gestrichen, in denen sie nicht gut performen. Diese Module werden entweder anderen Mitarbeitern zugeschlagen oder ganz aus dem Projekt gestrichen und an andere Projektteams vergeben. Dasselbe Verfahren gilt, wenn neue, minderqualifizierte Mitarbeiter ins Unternehmen kommen.

Anfangs hat Thomas selbst kaum geglaubt, diese hochsensible Tätigkeit an zwei Tagen pro Monat gemeinsam mit Peter bewältigen zu können. Sein neuer Chef war sich seiner Sache jedoch ganz sicher. Und auch Thomas stellte schnell fest, dass dieses Verfahren ausgesprochen praktikabel ist. Hin und wieder stöhnt mal ein Projektleiter, wenn ihm ein Modul zu viel in sein Projektteam hineingeschoben wird. Aber dies korrigiert sich meist schon im Folgemonat. Den allzu kritischen Querulanten unter den Führungskräften hat Peter eines Tages auf den Kopf zugesagt: „Wenn es Ihnen nicht passt, dass Sie manchmal minderqualifizierte Mitarbeiter bekommen, dann besorgen sie sich doch bitte einfach selbst und aus dem eigenen Budget heraus Ihre Wunschmitarbeiter vom Arbeitsmarkt." Einer hat das tatsächlich mal versucht: Er trug seine Budgetüberschreitung noch nach einem Jahr und zwei weiteren Projekten mit sich herum. Seither sind alle auf einer Linie.

In der Mittagspause steuert Thomas allein auf einen freien Kantinentisch zu. Gerade hat er das Messer zur Hand genommen, als er eine bekannte Stimme hört. „Du, Thomas!" Er blickt über die Schulter. Hinter ihm steht Armin. Derartige Störungen kann er eigentlich gar nicht ausstehen. „Setz dich doch bitte hin, wenn du mit mir reden willst!"

Armin Schneeberg, der Abteilungsleiter für Usability Testing, nimmt ihm gegenüber Platz. „Na, Armin, wie macht sich der neue Kollege?" Armin strahlt. „Super! Das war ein toller Tipp mit dieser Eventplattform. Kaum hatte ich unseren Hackerabend da eingestellt, meldeten sich auch schon ein paar Interessierte. Und der Marc ist es dann geworden. Ein wirklich guter Typ." Thomas amüsiert sich über die Euphorie seines IT-Nerds. Doch Armin wechselt gleich wieder das Thema. „Aber eigentlich wollte ich etwas ganz anderes von dir. Es gibt nämlich noch einen Zweiten, den ich kennengelernt habe. Ein ganz junger Kerl, der würde ideal in unser Team passen. Er hat jedoch ein Problem: Er hat nämlich ein neues Usability-Testing-Tool erfunden, ein tolles Teil. Ich habe ihm angeboten, bei mir ins Team zu kommen. Er will eigentlich auch, sagt aber, er könne nicht, weil wir so eine altertümliche IP-Regelung haben."

Thomas schaut zu Armin hoch. „Unsere IP-Regelung soll altertümlich sein? Das würde mich ja wundern." Armin hält seinem Blick stand: „Na ja, ich habe mir das mal angeschaut. Es ist wirklich so. Wenn der jetzt zu uns kommt, dann würde jedes Recht an seinem Tool sofort auf uns übergehen. Das steht so sogar noch in unseren neusten Arbeitsverträgen." Thomas ahnt, dass Armin hier recht hat. Die meisten Unternehmen nutzen nach wie vor Muster-Arbeitsverträge, in denen die Intellectual-Property-Regeln besagen, dass alle vom Arbeitnehmer entwickelten Innovationen dem Arbeitgeber gehören. Diese Regeln wirken oft innovationshemmend, da sie Mitarbeiter nicht zu echten Innovationen motivieren. Das ist schon allein deshalb Unsinn, weil es den Unternehmen selbst mit dieser alten Regelung so gut wie nie gelingt, ihre Rechte bei der Abwanderung eines Innovators geltend zu machen. Weitaus sinnvoller wäre eine großzügige rechtliche und finanzielle Beteiligung von Innovatoren an ihren Innovationen.

Als die Arbeitsverträge früher noch von Thomas' Personalabteilung gemacht wurden, hatte er hierfür schon einmal eine neue Formulierung eingeführt. Doch jetzt ist ja die juristische Abteilung zuständig. Offensichtlich sind die auf die alte Musterformulierung zurückgegangen. Das würde er den Juristen wohl noch einmal erklären müssen.

„Armin, ich kümmere mich darum. Du kannst deinem Kandidaten schon mal sagen, dass er die Koffer packen kann. Er soll zu uns kommen, seine Erfindung bleibt bei ihm." Armin umfasst dankbar seinen Arm. „So, jetzt muss ich aber los, Armin. Jetzt geht's gleich um noch ein paar mehr Externe, die wir unbedingt zu uns holen müssen!"

Es ist der Nachmittag des ersten monatlichen C-Days, für den die Planung, welche neuen Mitarbeiter mit welcher Strategie ins Unternehmen geholt werden sollen, auf der Agenda steht. Zuvor hatten Führungskräfte und Change Officers gemeinsam eine Analyse der anzusprechenden Kandidaten vorgenommen und ermittelt, welche Entwicklungsanreize dem potenziellen Mitarbeiter in seinem heutigen Entwicklungsstadium angeboten werden müssen. Bei Hochschulabsolventen oder Experten aus Nischengruppen können dies Trainee-Programme sein, andere Kandidaten werden mit einem konkreten, außergewöhnlichen Projekt angesprochen, wieder andere mit der Möglichkeit zur Weiterentwicklung ihrer Leadership-Kompetenzen. Und dann gibt es noch die sogenannten Sprungbrett-Kandidaten. Diese werden mit dem Angebot gelockt, das Projekt als Sprungbrett in eine andere Firma zu benutzen.

All diese Kriterien haben Thomas' Change Officers im Vorfeld recherchiert. Dies erfolgt längst nicht mehr händisch, sondern diese Aufgaben übernimmt die Talentmanagement-Software. Sie analysiert alle Job- und Business-Portale, alle einschlägigen Blogs und Social Communities. Sie zeigt sowohl potenziell geeignete

Kandidaten auf, als auch jene, die in den letzten Tagen verstärkt Jobsuchaktivitäten gezeigt haben, und natürlich deren jeweilige Ziele, Wünsche und Querkompetenzen.

Gleich werden Thomas und Peter zusammen mit allen Führungskräften des Unternehmens vor einer Liste mit etwa 100 Namen sitzen. Das ist immer der schönste Teil des C-Days: ein lustiges Wer-kennt-wen-Spiel! Am Ende sind alle 100 Namen verteilt und jeder weiß, wen er persönlich ansprechen soll, auf welche Weise und mit welchem Versprechen.

„Armin, noch eine Frage …", ruft Thomas dem Kollegen in der Kantine hinterher. „Steht dein Kandidat auch auf der Hunderter-Liste?" Armin nickt. Thomas lächelt zufrieden. Da waren es nun nur noch 99 zum Verteilen!

29 Das wichtigste Tool des Chief Change Officers: die Veränderungslandkarte

Summary

Der zweite wesentliche Aufgabenbereich des Chief Change Officers ist die Steuerung der Veränderungsprojekte im Unternehmen. Mit Hilfe einer Veränderungslandkarte kontrolliert er, in welchen Abteilungen im Unternehmen aktuell Veränderungsprojekte laufen, dokumentiert die involvierten Mitarbeiter und Führungskräfte, den Projektfortschritt und die Zielplanung. In Business-Wargaming-Planspielen prognostiziert er vorab die Auswirkungen seiner Entscheidungen auf Stakeholder und andere Akteure innerhalb und außerhalb des Unternehmens. Er achtet darauf, strategische Innovationsprozesse zu forcieren, dabei jedoch die Kapazitäten der Abteilungen und Mitarbeiter an Veränderungsfähigkeit nicht überzustrapazieren. Projekte ohne ausreichenden Fortschritt oder mit sinkender strategischer Bedeutung werden rigoros gestoppt. „Fail fast, fail cheap!" ist das Credo der neuen Projektarbeit. Wesentlich für die Akzeptanz der Arbeit der Chief Change Officer ist eine glaubhafte Erfolgsmessung ihrer Arbeit in einer schlichten Kosten-Nutzen-Rechnung. Dazu werden in erster Linie die Vermeidungskosten potenzieller Risiken für das Unternehmen berechnet.

Mittwoch, 2. Juli 2025

Der zweite der beiden D-Days ist bedeutend ruhiger als der erste. Thomas kennt das. Am zweiten Tag ist er mit Peter Seedorf, dem Chief Change Officer, allein. Anfangs haben sie sich an diesen Tagen in eines der Shared Offices am Stadtrand zurückgezogen. Aber das ist zu viel Aufwand. Wenn man zu zweit nur auf eine Leinwand starren und miteinander reden will, dann ist man in den Silent Rooms im eigenen Bürogebäude sehr gut aufgehoben.

Es geht um die Veränderungslandkarte! Immer wieder wird Thomas gefragt, was diese mythische Veränderungslandkarte denn sei? In der Vergangenheit hat er sich als Antwort manchmal lustige Geschichten ausgedacht: Mal war es eine Tapete im Vorstandsbüro, die hinter einem Vorhang versteckt war, mal war es ein ovaler Tisch in einem geheimnisvollen Raum auf der Vorstandsetage.

Doch die Wirklichkeit ist wie immer wesentlich banaler: Die Veränderungslandkarte ist eine Powerpointdatei auf Thomas' Rechner. Sie zeigt auf, in welchen Abteilungen im Unternehmen derzeit gerade Veränderungsprojekte laufen, dokumentiert die involvierten Mitarbeiter und Führungskräfte, den Projektfortschritt und die Zielplanung. Und das alles auf nur einem Blatt, so, wie der Vorstand es am liebsten hat.

Der Vorstandsvorsitzende sagt, diese Veränderungslandkarte sei sein wichtigstes Tool. Derzeit gibt es in den fünf Unternehmenssäulen je ein großes Innovationsprojekt. Damit ist die Veränderungskapazität so gut wie ausgeschöpft. Maximal zwei kleinere Projekte pro Säule können noch zusätzlich gestartet werden. Mehr ist nicht drin, denn man kann nicht auf allen Hochzeiten gleichzeitig tanzen. Damit hat er natürlich Recht, irgendwann sind die Kapazitäten erschöpft.

Thomas und Peter sitzen somit regelmäßig vor der Landkarte und schauen sich an, welche Kapazitäten gerade wo gebunden sind, welche Projekte die strategisch größte Bedeutung haben und welche gut oder weniger gut performen. Sie sondieren zielgerichtet die Priorität aller laufenden Projekte und bemessen deren Wert für das Unternehmen. Ihre wichtigste Aufgabe dabei ist es, all jene Projekte so schnell wie möglich zu stoppen, die lediglich zu Zeitfressern mutieren oder aus anderen Gründen an strategischer Bedeutung verloren haben. Sie stoppen Projekte auch dann, wenn diese ihre Zielvorgabe noch nicht erreicht haben und der Aufwand an Personal und Zeit in keinem Verhältnis mehr zu den erreichbaren Zielen steht. Die dadurch neu gewonnenen Mitarbeiterkapazitäten werden für neue und wertvollere Projekte benötigt. „Fail fast, fail cheap!" Das Credo der Venture-Capital-Szene aus dem Silicon Valley lässt sich perfekt auch auf ihren Veränderungsprozess übertragen.

Derartige Entscheidungen lassen sich natürlich nur treffen und umsetzen, wenn zwischen den Entscheidern und den Projektleitern ein besonderes Vertrauensverhältnis herrscht. Peter und Thomas behalten sich deshalb diese Entscheidungen immer persönlich vor. Dies hat entscheidend dazu beigetragen, dass die Einstellung eines Projektes bei den Führungskräften nicht als grundsätzliches Scheitern verstanden wird, sondern als schlichte Kosten-Nutzen-Rechnung, die auch für die involvierten Mitarbeitern verständlich und nachvollziehbar ist.

Peter und Thomas kommen beide aus Bereichen, die sich traditionell der Messwut des Controllings entzogen haben: die Human Resources und die Innovationsabteilung. Doch sie haben inzwischen begriffen, dass es strategisch günstiger ist, den controllinggläubigen Vorständen eine nachvollziehbare Art der Messung anzubieten. Peter hat dazu ein Messverfahren entwickelt, das die Controllingabteilung sehr gern übernommen hat. Es ist banal und einfach, aber es liefert dem Vorstand die erforderlichen Zahlen und lässt Thomas und Peter genügend Freiräume.

Peter rechnete damals die statistischen Kosten der durchschnittlichen Personalfluktuation in der Branche hoch. Seine Rechnung basierte darauf, dass im Durchschnitt alle zweieinhalb Jahre etwa 40 Prozent der Mitarbeiter das Unternehmen verließen. Diese Stellen mussten neu besetzt werden, was etwa 80.000-100.000 Euro Vermittlungskosten pro Mitarbeiter nach sich zog. Daraus formulierte Peter gegenüber seinen Vorstandskollegen ein ambitioniertes Ziel: Mit der Strategie eines fluiden Unternehmens sollte es gelingen, die Hälfte dieser Kosten zu vermeiden. „Vermeidungskosten" ist seither das große Wort, das Peter und Thomas durch jede Vorstandssitzung und auf jeden Kongress tragen.

„Hallo, Thomas! Bereit zum Krieg?!" Peter grinst angriffslustig über den Tisch. Er kommt gerade aus der Mittagspause wieder herein. „Komm, wir spielen ein bisschen!"

Das traditionelle Business Wargame am Ende des zweiten Tages ist für Peter der Höhepunkt der C-Days. Thomas vermutet manches Mal, dass sich Peter schon Wochen vorher auf eine Art Massaker freut. Er selbst ist dagegen eher reserviert, er liebt diese Strategiespiele nicht sonderlich, auch wenn sie bei manchen Entscheidungen absolut hilfreich sind. Vermutlich ist er einfach kein Stratege, deshalb ist er seinerzeit auch Personalchef geworden und hat keine Ambitionen auf einen Vorstandssitz.

„Okay, wenn es sein muss", antwortet er seinem Chef. „Na, sehr motiviert klingst du ja nicht", gibt der zurück. „Komm, setz dich!"

In den nächsten drei Stunden spielen die beiden am großen Konferenztisch durch, was geschieht, wenn im Unternehmen dieses und jenes Projekt gestartet wird oder nicht. Die sechs Stühle um den ovalen Konferenztisch haben sie jeweils mit dem Namen eines strategischen Entscheiders versehen. Diese Personen sind zwar nicht im Raum, aber es ist für die beiden durchaus einzuschätzen, welche Entscheidung jene Entscheider mit den bekannten Intentionen und Denkmustern treffen würden, wenn ein anderer diese oder jene Entscheidung zuvor getroffen hätte.

Thomas und Peter haben sich angewöhnt, jede ihrer möglichen Entscheidungen je fünfmal durchzuspielen. Dabei lassen sie stets einen der virtuellen Entscheidungsträger seine Anfangsentscheidung anders fällen. Auf diese Weise haben sie nach drei Stunden eine sehr gute Übersicht über die möglichen Szenarien und entwickeln ein Gefühl dafür, aufgrund welcher Details und Voraussetzungen sich die strategische Richtung der Entscheidung grundlegend verändern kann, welche Details also wichtig sind und welche nicht.

Peter schwört auf diese Methode. Als Innovationsvorstand nutzt er sie auch für Produktentwicklungsprozesse und Markteinführungsstrategien, um die Reaktion der Kunden, Händler und Konkurrenten vorauszuberechnen. Neulich berichtete er, dass er beim Besuch in einem anderen Unternehmen sogar einen richtigen War Room gesehen habe. Dort war ein Raum offensichtlich komplett eingerichtet wie das Lagezentrum im Weißen Haus. Peters Augen hatten bei seiner Erzählung richtiggehend geglänzt. „Ich würde mich nicht wundern, wenn es in ein paar Monaten auch hier im Haus solch einen War Room gäbe", dachte Thomas bei sich.

Vor Kurzem hatte er selbst eine Neuerung in ihrem Business-Wargaming eingeführt. Er hatte das Wargame erstmals nicht nur für oder gegen bestimmte Projekte aufgesetzt, sondern auch für die Performance bestimmter Projektteams. Er wollte vorab analysieren, wie das Ergebnis der Projektteams beeinflusst würde, wenn bestimmte Personen im Team vertreten wären und bestimmte nicht. Das Ergebnis war verblüffend: ein komplett anderes Projektergebnis!

Thomas nahm sich deshalb vor, selbst ein Projekt in seiner Abteilung zu starten: die potenzialorientierte Projektsteuerung. Seitdem arbeiten seine Datenanalysten daran, die Enterprise-Ressource-Planing-Software (ERP) so zu verändern, dass man nicht nur Performanceindikatoren eingeben kann, sondern auch die bislang nicht genutzten Potenziale der Mitarbeiter. Sie versuchen neue Algorithmen zu entwickeln, die die bekannten Fähigkeiten der Mitarbeiter mit Informationen aus den Business-Netzwerken verknüpfen und auch die explizit geäußerten Wünsche der Mitarbeiter mit einbeziehen. Durch die Kombination der Skills werden somit neue, bislang unbekannte Potenziale sichtbar. Thomas' Ziel ist klar: Er will die performanceorientierte Zuordnung neuer Mitarbeiter in Projekte so schnell wie möglich potenzialorientiert durchführen, um die Mitarbeiterentwicklung zukunftsfähig zu gestalten.

„Thomas! Schläfst du schon wieder?" Peters Stimme dröhnt durch den Raum. Thomas schreckt aus seinen Gedanken hoch. „Ja, sorry! Ich war gerade bei meiner potenzialorientierten Projektsteuerung!" „Ach, lass den Quatsch! Du spielst jetzt die Kollegin Finanzvorstand. Ich habe als Change-Vorstand gerade dein ewig gestriges Kreativ-Controlling-Projekt gekillt. Was machst du?" „Na prima!", entfährt es Thomas. „Ich mache mich direkt an die Arbeit und überprüfe, ob die Grundlage zur Berechnung der Vermeidungskosten in der Change-Abteilung noch stimmen. Meine Vermutung ist, dass ich denen ordentlich am Budget schrauben kann." Peter rollt mit den Augen. Thomas grinst über den Tisch.

Summary

Die Chance kleiner Personalberatungsfirmen liegt im Zusammenschluss zu größeren Netzwerken oder großen Kanzleien. Auf diese Weise investieren sie in die erforderlichen Computersysteme mit Business Intelligence und smarter Prognostik und sind damit den Großkanzleien auf dem Gebiet der Datenanalyse ebenbürtig. Personalberater, die diesen Schritt nicht vollziehen, können ihr Angebot nicht hinreichend personalisieren und adaptieren. Dieser Nachteil überwiegt den vermeintlichen Vorteil guter Menschenkenntnis und emotionaler Nähe zu den Klienten bei weitem. Viele der heutigen Personalberater und Agenten, die den direkten Kontakt zu ihren Kunden als ihre wichtigste Stärke ansehen, werden über kurz oder lang erkennen, dass sie an den Interessen ihrer Klienten vorbeiarbeiten.

Freitag, 4. Juli 2025

„Hallo, Frau Polenz! Wie geht es Ihnen?" Die Stimme am Telefon ist warm und vertraut. „Haben Sie drei Minuten Zeit für mich?" Melanie rutscht kaum merklich in sich zusammen. „Hallo, Herr Schulze!"

Sie kennt Schulze schon seit Jahren. Alle drei Monate ruft er an, einmal hat er sie sogar in Magdeburg besucht. Ein netter älterer Herr um die 70 mit dünnen, weißen Haaren und Gentleman-Manieren. Damals im Restaurant hatte er ihr beim Hinsetzen den Stuhl untergeschoben, und als sie zwischendurch auf die Toilette ging, war er mit aufgestanden. Melanie war damals ganz verdutzt gewesen. „So etwas erlebt man heutzutage kaum noch", dachte sie. Sie genoss das Gespräch damals, aber fragte sich dabei auch, ob er wirklich noch jemanden vermitteln würde. Herr Schulze war ein Personalvermittler der ganz alten Schule, er wollte Melanie einen neuen Job vermitteln.

„Frau Polenz, ich will Ihnen nicht Ihre Zeit stehlen. Es ist ja mitten am Tag und Sie haben bestimmt Wichtiges zu tun. Ich habe aber gerade heute ein Stellenprofil hereinbekommen, das so exakt auf Sie passt, dass ich Sie gleich anrufe." Melanie zieht die Augenbrauen hoch. Dieser Gesprächseinstieg ist vor 30 Jahren wohl modern gewesen. Die ständigen Anrufe der Headhunter erscheinen ihr zumeist lästig, so lästig wie früher die Versicherungsvertreter. Dies umso mehr, da Melanie bei einem anderen Personalmanager unter Vertrag steht und das Angebot ohnehin nicht annehmen kann, selbst wenn es noch so herausragend wäre! Schulze jedoch ist der einzige Headhunter, den sie nicht komplett abblockt. So hartnäckig wie er ist, glaubt Melanie inzwischen, dass er sie wirklich mag: Er will ihr etwas Gutes tun.

„Na, dann schießen Sie mal los, Herr Schulze. Sie wissen, dass ich bei der Konkurrenz unter Vertrag bin, das habe ich Ihnen ja schon beim letzten Mal gesagt. Daran hat sich auch nichts geändert." Schulze lässt sich nicht beirren. „Ja, Frau Polenz, das weiß ich. Aber wir können ja mal miteinander reden - und vielleicht gefällt Ihnen das Angebot ja. Dann gibt es immer einen Weg."

Melanie schüttelt unmerklich den Kopf. Vermutlich ist sie die ungeeignetste Kandidatin der Welt. Selbst ihr eigener Manager verzweifelt regelmäßig an ihr. Warum sie so konservativ sei, hat er sie das letzte Mal gefragt. Das fragt sie sich auch selbst manchmal. Wenn sie darüber nachdenkt, kommt sie immer wieder zum gleichen Punkt: Sie sieht einfach keinen Grund zum Jobwechsel, und nicht nur das: Sie hat auch kein größeres Ziel in ihrem Leben, das einen Jobwechsel rechtfertigen würde. „Ich brauche nicht mehr Geld. Ich brauche auch keine höhere Position", denkt sie. „Das einzige Ziel, das mich eventuell locken könnte, wäre, näher bei Tom zu sein. Ob ich einen Job in San Francisco wohl annehmen würde? Und ob das Tom gefallen würde?" Gedankenverloren sagt sie: „Herr Schulze, reden können wir immer. Was haben Sie denn für mich?"

„Frau Polenz, Sie könnten Personalvorstand werden. Ich weiß nicht genau, was Sie heute verdienen, aber Sie würden garantiert viel mehr bekommen." „Aber Herr Schulze, ich verdiene doch schon mehr, als ich ausgeben kann. Wenn es mir ums Geld ginge, könnte ich jede Woche den Job wechseln. Ich bekomme ständig Angebote mit höherer Dotierung. Das ist aber nicht das, was mich antreibt." Dass Schulze immer noch den Lohn als erstes Argument einsetzt, schockt Melanie. So etwas hat sie schon lange nicht mehr gehört. Schon vor Jahren hatten sich in der Branche die Top-Entscheidungskriterien für die neuen Projektarbeiter herumgesprochen:

1. Herausforderung,
2. Sinn,
3. Team.

In dieser Reihenfolge argumentieren seither die meisten Headhunter, obwohl statistisch gesehen nur 40 Prozent zu den Projektarbeitern gehören. Weitere 40 Prozent sind weiterhin Langzeitangestellte, die ticken anders. Aber für Headhunter sind die Projektarbeiter nun mal das bessere Klientel.

„Frau Polenz, wenn das Geld Sie nicht zieht, vielleicht ist es ja die Firma selbst. Das ist eine wirklich gute Firma. Die wollen die Welt lebenswerter machen, die sind einer der Marktführer im Nachhaltigkeitsgeschäft." Schulze klingt, als würde er tatsächlich selbst glauben, was er da sagt. Melanie spürt fast so etwas wie Mitleid in sich aufsteigen. „Herr Schulze, Sie können mir die Unterlagen ja einmal schicken. Aber ich mache Ihnen keine großen Hoffnungen. Ich habe derzeit keine großen Ziele im Leben, die mich hier wegbringen könnten." „Mhhh, das verstehe ich", sagt Schulze.

„Aber, Herr Schulze, sagen Sie mal, arbeiten Sie eigentlich ganz allein?" Für ein paar Sekunden ist Stille. Schulze wirkt überrascht. „Ja, warum fragen Sie?" „Na ja, um ehrlich zu sein: Ich kenne mich ja ein bisschen aus in der Branche. Ich bin ja Personalleiterin, wie Sie wissen." „Ja, natürlich." „Und die meisten Personalberater, mit denen wir zusammenarbeiten, haben sich inzwischen zu großen Kanzleien oder wenigstens zu Netzwerken zusammengeschlossen. Das hat den Vorteil, dass sie vermehrt in intelligente Computersysteme investieren können, so mit Business Intelligence und smarter Prognostik." „Ja, davon habe ich gehört", antwortet Schulze. „Aber wissen Sie: Diese ganzen Computer sind nichts mehr für mich."

„Herr Schulze, sagen Sie das nicht! Diese Systeme haben wirklich einen Vorteil. Die sagen Ihnen schon im Voraus, was die wirklichen Ziele und Wünsche Ihrer Klienten sind. Dann müssen Sie nicht hoffen, dass Sie mal einen Zufallstreffer landen, sondern können genau die richtige Person mit dem richtigen Angebot ansprechen."

„Frau Polenz, ich glaube, dafür bin ich schon zu alt …" Melanie unterbricht ihn sofort wieder. „Herr Schulze, das stimmt nicht. Es geht ja gar nicht um Computer, es geht doch um Menschen und deren Wünsche. Schauen Sie: Sie haben mich gerade angesprochen, mir zuerst mehr Geld und dann ein nachhaltiges Unternehmen versprochen. Beides ist jedoch Quatsch! Ich will weder mehr Geld, noch interessiert mich die Nachhaltigkeit. Unser Gespräch wäre doch ganz anders verlaufen, wenn Sie eine nette junge Assistentin hätten, die Ihnen heute Morgen einen Zettel in die Hand gegeben hätte, auf dem steht: ‚Die Polenz hat einen Sohn in den USA. Den sieht sie kaum. Ihr heimlicher Wunsch ist es, näher bei ihrem Sohn zu leben.' Dann hätten Sie mir vielleicht ein Jobangebot in San Francisco gemacht, oder? Und ob Ihre Assistentin die Informationen für diesen Zettel aus dem Computer hat oder sonst woher, das ist Ihnen doch egal, oder? Ich glaube, Sie sollten sich mal nach einer größeren Personalberatung umsehen, mit der Sie zusammen arbeiten können."

„San Francisco also!" Schulze scheint plötzlich in Eile zu sein. „Na, Frau Polenz, hätten Sie mir das mal eher gesagt! Da mache ich mich gleich mal auf die Suche. Ich melde mich wieder bei Ihnen. Auf Wiederhören!" Nachdem es in der Leitung geklickt hat, horcht Melanie noch ein paar Sekunden in die Stille hinein. Dann seufzt sie.

31   Der Kampf um die Azubis

Summary

Die Personalchefs oder Chief Care Officers der Caring Companies steuern die Bindungspflege zu den Mitarbeitern und in deren soziales Umfeld künftig mit sogenannten Corporate-Life-Reports, aus denen hervorgeht, welcher Mitarbeiter an welcher Stelle ein unerledigtes Problem oder einen unerfüllten Wunsch hat. Darüber hinaus enthält der Bericht Vorschläge, auf welche Weise das Unternehmen den Mitarbeiter unterstützen könnte und wie hoch die zusätzliche Bindung des Mitarbeiters an das Unternehmen ist, die mit dieser Maßnahme erreicht werden kann. Sollte ein Großteil der Personalarbeit outgesourct sein, werden diese Corporate-Life-Reports vom Dienstleister erstellt. Personaldienstleister und Headhunter dehnen im Zuge der Marktsättigung ihre Anwerbeaktivitäten zunehmend auch auf Auszubildende aus. Nahezu jeder Auszubildende erhält nach seiner Ausbildung ein Übernahmeangebot aus dem eigenen Unternehmen. Aber auch andere Unternehmen melden sich. Das Abwerben von Azubis noch während der Ausbildung ist dann keine Seltenheit mehr.

Dienstag, 8. Juli 2025

Das Klopfen ist zaghaft, kaum zu hören. Melanie überhört es zunächst. Sie ist ganz in den neusten Report von Klaus versunken. Die komplette Mitarbeiteranalyse und Weiterbildung hat sie an ihn und seine Personalberatung outgesourct. Er ist spezialisiert auf Caring Companies. Sie bekommt monatlich die sogenannten Corporate-Life-Berichte, aus denen hervorgeht, welcher Mitarbeiter an welcher Stelle ein unerledigtes Problem oder einen unerfüllten Wunsch hat. Die Liste reicht vom lang ersehnten Urlaub über die schlechten Mathematiknoten des Sohnes bis hin zum fehlenden Pflegedienst für die pflegebedürftigen Eltern. Darüber hinaus enthält der Bericht Vorschläge, auf welche Weise das Unternehmen den Mitarbeiter unterstützen könnte.

Das Wichtigste in den Berichten ist die letzte Spalte: Hier steht für jeden Wunsch und jede mögliche Corporate-Life-Maßnahme eine Prozentzahl. Sie zeigt an, wie hoch die zusätzliche Bindung des Mitarbeiters an das Unternehmen ist, die mit dieser Maßnahme erreicht werden kann.

Es klopft erneut, dann erscheint ein Kopf im Türspalt. „Jessy, was machst du denn hier? Komm rein!" Melanie steht auf und geht der jungen Frau ein paar Schritte entgegen. Schon auf den ersten Blick ist zu erkennen, dass es Jessy nicht gut geht: Unkonzentriert springen ihre Augen durch das Zimmer, hektisch fummeln ihre Hände abwechselnd an der Hose und dem T-Shirt herum. „Jetzt setz dich erst mal!" Melanie schlägt einen beruhigenden Tonfall an, schiebt ihr einen bequemen Sessel hin und setzt sich ihr gegenüber.

„Ist etwas Schlimmes passiert?" Jessy schüttelt den Kopf. Melanie drängt nicht weiter. Sie schaut sich das Mädchen von oben bis unten an: Nichts zu erkennen. Jessy ist Auszubildende im zweiten Lehrjahr, eine der besten. Melanie erinnert sich noch, wie stolz sie seinerzeit war, als Jessy sich für sie entschieden hatte. Sie hatte sie auf einer Jobmesse kennengelernt. Plötzlich stand dort dieses dunkelhaarige Mädchen mit den großen Augen vor ihr, in der Hand mindestens 25 Visitenkarten von verschiedenen Unternehmen und im Blick die bange Frage, wie um alles in der Welt sie sich jetzt wohl entscheiden soll?

Melanie ging damals mit ihr erst mal von den Ständen weg. Sie besorgte zwei Kaffees und erzählte eine Geschichte. Es war ihre eigene Geschichte: wie sie damals mit 18 nach dem Abi nicht wusste, was sie studieren sollte; wie sie an der Uni in Paderborn anfing, weil es ihren Eltern wichtig war, dass sie in der Nähe blieb; wie sie zwar ein tolles Studentenleben genoss, aber am Ende immer noch nicht wusste, was sie werden wollte; wie sie mit René durchbrannte, obwohl sie schon damals spürte, dass sie die Idee der Weltreise mehr liebte als den Mann; wie sie dann in Berlin landete und noch einmal komplett von vorn begann …

Jessy hatte die Geschichte offenbar genossen. Sie lehnte sich entspannt zurück und sagte: „Also ist es gar nicht so wichtig, wie ich mich jetzt entscheide? Weil später sowieso alles noch mal ganz anders wird?" Melanie lachte: „Ja, genau das wollte ich dir sagen. Aber verrate es nicht deinen Eltern, die finden das nämlich blöd." Jessy fiel ihr damals nach dem Kaffee kurz um den Hals und fragte im Gehen noch: „Haben Sie eigentlich auch so eine Karte?" Ein paar Wochen später stand Jessy dann zum ersten Mal in Melanies Büro. Sie saß im selben Sessel wie jetzt.

Melanie versucht es noch einmal: „Na, erzähl mal in Ruhe. Was beunruhigt dich denn so?" „Ich habe vorhin einen Anruf bekommen, von einem Mann. Das war ein Headhunter. Und der sagte, dass er ganz viele tolle Jobs für mich hätte. Und dass ich mich mit ihm treffen soll. Ich habe ihm gesagt, dass ich noch in der Ausbildung bin und auch noch ein ganzes Jahr vor mir habe. Aber das hat den nicht gestört. Der hat gesagt, ich könnte auch in der Ausbildung wechseln. Oder ich könnte jetzt schon einen Vertrag für die Zeit nach der Ausbildung unterschreiben. Und dann habe ich gesagt, dass ich das zu zeitig finde - ich will mich doch noch nicht festlegen. Aber der hat dann gefragt, wie viel ich heute verdiene. Und dann habe ich ihm das gesagt." Jessy schluchzt inzwischen mehr, als dass sie spricht.

Melanie versucht, ihre Auszubildende mit einem warmen Blick zu beruhigen. Innerlich aber kocht sie vor Wut. Natürlich weiß man in der Branche, dass das Abwerben von Azubis nahezu normal geworden ist. Jeder Auszubildende erhält inzwischen ein Übernahmeangebot aus dem eigenen Unternehmen. Aber eben auch aus anderen Unternehmen. Aber dass Headhunter die jungen Leute mit ihren Psychospielchen unter Druck setzen, geht ja wohl entschieden zu weit. „Ich muss meine Azubis besser schützen", denkt Melanie. „Vielleicht ist es das Beste, sie schon zu Anfang des zweiten Lehrjahres mit unserem internen Headhunter bekannt zu machen. Sie müssen ja nichts unterschreiben, aber dann kennen sie schon mal einen. Und wenn dann ein anderer anruft, können sie sich besser wehren und argumentieren, dass sie schon einen Manager haben."

„Noch besser wäre es aber," schießt es Melanie durch den Kopf, „wenn die Azubis schon im zweiten Lehrjahr Verantwortung übertragen bekommen würden. Vielleicht können wir die Ausbildung so restrukturieren, dass die schon frühzeitig eine verantwortungsvolle Position in der Produktionskette bekommen. Wenn sie das Gefühl haben, gebraucht und wertgeschätzt zu werden, dann schafft das sicherlich eine starke Bindung."

Melanie streicht Jessy über den Arm. „Aber das ist doch nicht schlimm", versucht sie zu beruhigen. „Du kannst anderen ruhig sagen, was du verdienst. Das ist doch kein Geheimnis." „Ja! Aber dann hat er mich ausgelacht", bricht es aus Jessy heraus. „Der hat mich gefragt, ob ich doof bin und warum ich mich so ausnutzen lasse. Dort wo er mich hinvermitteln kann, würde ich schon als Azubi das Doppelte verdienen." Jessy blickt Melanie aus verheulten Augen an: „Nutzt ihr mich wirklich aus?"

Melanie schüttelt den Kopf. „Pass mal auf. Ich zeige dir mal eine Übersicht über die Azubi-Gehälter in den verschiedenen Unternehmen. Da kannst du selbst sehen, ob wir dich ausnutzen. Du wirst sehen, dass wir nicht am besten zahlen, aber auch nicht am wenigsten. Wir sind irgendwo in der Mitte." Was sie nicht sagt, ist, dass sie tatsächlich eher am unteren Ende des Mittelfeldes zu finden sind. Melanie geht zu ihrem Computer, druckt eine Liste aus und schiebt sie Jessy über den Tisch. „Wir sind nun mal kein Weltkonzern", versucht Melanie zu erklären. „Es gibt wirklich einige Unternehmen, die ihren Azubis das Doppelte zahlen. Aber weißt du: Es gibt auch Unternehmen, die einer Personalchefin das Doppelte zahlen. Und ich bin trotzdem hier. Weil ich hier mit Leuten wie dir arbeiten kann und weil ich immer wieder spannende neue Aufgaben zu lösen habe."

Jessy schluchzt schon wieder. Sie hat einen kurzen Blick auf die Liste geworfen, sie dann aber gleich wieder auf den Tisch gelegt. Melanie redet weiter: „Hast du bei uns irgendwelche Probleme?", fragt sie sanft. Jessy schüttelt den Kopf. „Gefällt es dir bei uns?" Ein weinerliches „Ja" ist die Antwort.

„Soll ich mal mit diesem Headhunter telefonieren?" Jessy nickt. Sie schaut Melanie dankbar an. „Das mache ich."

Als Jessy fünf Minuten später aufsteht und in Richtung Tür geht, ruft Melanie ihr hinterher: „Was machst du eigentlich morgen Nachmittag? Hast du Zeit für einen Kaffee? Wir haben lange keinen mehr zusammen getrunken." Jessy lächelt. „Ja, klar habe ich Zeit." „Ok, dann treffen wir uns um 15 Uhr im Klinkerhof. Und nicht erschrecken: Ich bringe noch einen Mann mit, der ist auch Headhunter, aber einer von den guten. Der arbeitet für uns. Der kann dir mal erzählen, wie das mit dem An- und Abwerben so läuft, okay?" Jessy nickt. Melanie zwinkert ihr zu.

Warum Unternehmen interne Headhunter brauchen und eigene Mitarbeiter verleihen

Summary

Zur Vermeidung einer zu starken Abhängigkeit von Personaldienstleistern und Headhuntern ist die Etablierung eigener, interner Headhunter für Unternehmen wichtig. Diese versuchen möglichst viele der eigenen Mitarbeiter in ihr Management aufzunehmen. Das bindet die Mitarbeiter nicht an das Unternehmen, denn interne Headhunter vermitteln abwanderungswillige Mitarbeiter auch an andere Firmen. Das Unternehmen behält jedoch einen besseren Kontakt zu diesen Ehemaligen und hat größere Chancen auf deren Rückkehr. Zusätzlich erzielt das Unternehmen Einnahmen auch bei auswärtiger Beschäftigung der Mitarbeiter, denn auch der interne Headhunter berechnet Provision auf jede erzielte Einnahme des Mitarbeiters. Noch häufiger vermitteln interne Headhunter aber den Wechsel zwischen einzelnen Fachabteilungen des gleichen Unternehmens. Auf diese Weise entsteht ein interner Wettbewerb zwischen den Abteilungen um die besten Mitarbeiter.

Zur längerfristigen Bindung der eigenen Mitarbeiter ist mit der Beschäftigung interner Headhuntern auch die Vermietung eigener Mitarbeiter oder Kompetenzteams an Partnerunternehmen im Netzwerk eine Option. Auf diese Weise erfüllen interne Headhunter den Projektarbeitern den Wunsch nach einer neuen Herausforderung, sorgen zugleich für deren Weiterbildung und Motivation und können dennoch die Bindung des Mitarbeiters an das eigene Unternehmen erhalten.

Mittwoch, 9. Juli 2025

„Guten Tag, lange nicht gesehen!" Der Kellner lacht Melanie mit breitem Grinsen ins Gesicht, während sie spielerisch eine kleine Verbeugung andeutet. So weit ist es schon gekommen! Dass sie in der Kneipe mit ironischen Sprüchen begrüßt wird.

Zügig geht Melanie zwischen den Tischen hindurch auf das Ende des Raumes zu. Johannes sitzt zum Glück bereits da. So muss sie nicht länger das peinliche Gespräch mit dem Kellner führen. „Hallo, Johannes, schön, dass du so schnell Zeit hattest!" „Na, wenn die Chefin ruft ..." Johannes lacht. „Aber du klangst gestern auch ziemlich dringend. Was war denn los?" „Das erzähle ich dir gleich. Wir haben eine halbe Stunde für uns, dann kommt eine unserer Auszubildenden, die ich dir vorstellen muss." Johannes schaut überrascht auf. „Ist das nicht ein bisschen früh?" Melanie schüttelt den Kopf. „Ich erkläre es dir gleich. Jetzt lass uns aber erst mal einen Kaffee bestellen!"

Johannes war stets ihr bester Recruiter gewesen. Aber wie alle anderen seiner Kollegen konnte auch er in den letzten Jahren nichts mehr ausrichten: Es gab einfach keine Spezialisten mehr auf dem freien Markt, die sich mit einem HR-Manager über Stellenprofile austauschen wollten. Inzwischen läuft alles über die Führungskräfte und Projektleiter selbst, die die Kandidaten wesentlich authentischer ansprechen können. Sie brauchen dazu lediglich ein wenig Unterstützung von den Data-Analysten in der HR-Abteilung. Melanie hatte vor fünf Jahren einen Entschluss gefasst: Einige Recruiter ihrer Abteilung sind seither für die wenigen verbliebenen Jobmessen und das stark steigende Minderheiten-Recruiting zuständig. Die besten ihrer Recruiter aber machte sie zu internen Headhuntern.

Johannes gehört dazu. Seine Hauptaufgabe ist es, für möglichst viele der im Unternehmen beschäftigten Mitarbeiter das Management zu übernehmen. Das bedeutet nicht, dass diese Mitarbeiter auch länger im Unternehmen bleiben, denn auch er vermittelt die abwanderungswilligen unter ihnen in andere Firmen. Es bedeutet aber, dass das Unternehmen einen besseren Kontakt zu diesen Ehemaligen behält und damit die Chance auf Rückkehr wächst.

Zusätzlich erzielt das Unternehmen Einnahmen, denn auch der interne Headhunter berechnet Provision in Form einer Managementgebühr von jeder erzielten Einnahme des Mitarbeiters. Das Unternehmen verdient auch dann, wenn der Mitarbeiter zu einem anderen Unternehmen wechselt. Im Gegenzug erhält der Mitarbeiter eine wertvolle Gegenleistung: Sein Headhunter kennt seine Interessen und Wünsche genau. Er managt individuell die Weiterbildung und Kompetenzentwicklung. Und er empfiehlt neue Projekte, Herausforderungen und Arbeitgeber jeweils so, dass sie zum Mitarbeiter passen, nicht nur zum Unternehmen.

Die Einführung der Inhouse-Headhunter hat jedoch noch eine zweite, wichtige Dimension: zwischen den Fachabteilungen entsteht plötzlich ein interner Wettbewerb! Noch häufiger als den Wechsel zu anderen Unternehmen vermitteln die internen Headhunter Wechsel zwischen den einzelnen Fachabteilungen. Anfangs war dies für viele Abteilungsleiter äußerst gewöhnungsbedürftig, hatten sie doch die Personalabteilung stets als harmonie- und konsensorientiert erlebt. Melanies Argumentation war jedoch über jede Diskussion erhaben. „Wollt ihr die Abwanderungswilligen zur Konkurrenz gehen lassen? Oder wollt ihr sie lieber im Unternehmen halten und ihnen eine neue Herausforderung in einer anderen Abteilung geben?", hatte sie alle, vom Teamleiter bis zum Vorstand, gefragt. Die Zustimmung war somit mehr als logisch. Damit rückten die persönlichen Entwicklungsbedürfnisse der Mitarbeiter tatsächlich in den Fokus der Führungskräfte. Es entstand ein interner Wettbewerb, in dem sich die Führungskräfte erstmals ernsthaft kümmern mussten, weil sie ansonsten Gefahr liefen, ihre Mitarbeiter an andere Projekte oder inhaltlich nahestehende Abteilungen zu verlieren.

Die Angst der Abteilungsleiter hielt nur kurz, schnell pegelte sich ihre Führungskompetenz auf etwa demselben Niveau ein. Das heißt nicht, dass es keine Abteilungswechsel mehr gab, im Gegenteil: es gab viele. Allerdings waren alle Abteilungen gleichermaßen davon betroffen. Dafür sorgten auch die internen Headhunter: Sie richteten eine firmeninterne Social-Recruiting-Plattform ein, in der die Führungskräfte die Kompetenzen aller Mitarbeiter einsehen konnten. Zusätzlich konnte jeder Mitarbeiter sehen, welche Kompetenzen im Unternehmen gerade nicht abgedeckt waren und somit benötigt wurden. Jeder Mitarbeiter konnte somit neue Mitarbeiter in seinem eignen Netzwerk ansprechen. Manchmal ging diese Anwerbekette über drei oder vier Personen, bis der richtige Kandidat gefunden war. In diesen Fällen wurde die Provision der Headhunter mit der kompletten Recruitingkette geteilt.

Melanie nippt an ihrem Kaffee, dann blickt sie hoch: „Johannes, gestern hat mich auf einem Kongress ein Journalist gefragt, was der Unterschied zwischen internen und externen Headhuntern ist. Ich hatte auf die Schnelle gar keine richtige Antwort parat. Hast du eine Gute?" „Ja, ich glaube schon. Die Frage ist weniger, was ein Inhouse-Headhunter tut, sondern vielmehr, was er nicht tut. Er wirbt die vermittelten Mitarbeiter nicht nach wenigen Wochen wieder ab!" Melanie grinst. Tatsächlich ist die Loyalität zum auftraggebenden Unternehmen der größte Unterschied. Fast jeder Personalchef hat bereits erlebt, dass ein externer Headhunter ihm zuerst einen guten Kandidaten vermittelt und diesen dann nach wenigen Wochen wieder abwirbt.

„Okay, das merke ich mir. Die Antwort ist gut!" Melanie muss daran denken, dass ihr ein Neuzugang schon lange nicht mehr unmittelbar wieder abgeworben wurde. Vielleicht liegt das auch an ihrer neuen Strategie, die sie Johannes und den anderen seinerzeit bei diesem bemerkenswerten Workshop draußen am See erklärt hatte. Sie sagte damals: „Wenn Mitarbeiter uns verlassen wollen, dann ist das okay. Sie sollen sich persönlich weiterentwickeln und dorthin gehen, wo sie dies am besten können. Bevor wir aber jemanden für immer gehen lassen, sollten wir versuchen, ob es nicht ausreicht, wenn wir ihn nur halb gehen lassen." Die Gruppe der frisch ernannten internen Headhunter schaute sie damals verblüfft an. Keiner hatte eine Ahnung, was „halb gehen lassen" wirklich bedeutete.

Melanie erklärte ihren Plan schnell: Sie hatte zuvor mit anderen mittelständischen Unternehmen der Region gesprochen. Alle standen vor demselben Problem: Niemand wollte nach Niederndodeleben! Melanie hatte als Lösung vorgeschlagen, ein regionales Netzwerk zu etablieren, in dem sich die Unternehmen wechselseitig durch Dienstleistungen unterstützen. Den Anfang machte der benachbarte Geflügelmastbetrieb, der seine eigene Buchhaltung abschaffte. Dafür beorderte Melanie ihre Buchhaltung monatlich für eine Woche ans andere Ende des Ortes. In ähnlicher Weise erfolgte das innerhalb des Netzwerks wenig später auch mit Juristen und Pressearbeitern.

Doch Melanie reichte das noch nicht: Langzeitangestellte, die im Unternehmen aufgrund der immer gleichen Tätigkeit an Motivation verloren hatten, sollten für ein halbes Jahr in ein anderes Unternehmen gehen und danach motivierter sein. Idealerweise kehrten sie dann nicht auf ihre alte Position zurück, sondern übernahmen mithilfe der neu erworbenen Fähigkeiten die Leitung für neue Projekte. Auf diese Weise führte Melanie das temporäre Verleihen eigener Mitarbeiter und ganzer Mitarbeiter-Teams an andere Unternehmen ein.

Johannes und die anderen Inhouse-Headhunter hatten sich zunächst skeptisch geäußert. Auch Melanies Vergleich zum Profifußball überzeugte sie nicht. Dort ist das Verleihen von Spielern ja gang und gäbe: Die bestehenden Verträge gelten weiter und der empfangende Verein zahlt lediglich das laufende Gehalt für den Spieler. Die Kollegen blieben seinerzeit ihrer Skepsis treu und hielten die Idee für kompletten Blödsinn.

Erst als Melanie die Sache selbst in die Hand genommen hatte, änderte sich dies. Sie sprach zwei Abteilungsleiter an, von denen sie den Eindruck hatte, dass diese nicht abgeneigt wären, die eigene Vita aufzuwerten. Sie versprach ihnen eine neue, herausfordernde Aufgabenstellung beim Leihunternehmen. Nach einem Jahr sollten sie zurückkommen und dann eine verantwortungsvollere Funktion erhalten. Die beiden waren sofort Feuer und Flamme! Auch ein Leihunternehmen war schnell gefunden: Die Nachbarunternehmen rissen sich förmlich um die hoch qualifizierten Arbeitskräfte. Melanie konnte in einer der folgenden Vorstandssitzungen berichten, dass die Personalabteilung erstmals eigene Einnahmen generiert hatte.

So sollte es weitergehen. Die Inhouse-Headhunter übernahmen die Aufgabe, die Angestellten des Unternehmens und ganze Mitarbeiterteams auf deren Kompetenzen hin zu analysieren. Sie begannen dann, diese Kompetenzen im regionalen Netzwerk zu vermarkten. Das Unternehmensnetzwerk dehnte sich schnell aus: Nach bereits einem Jahr enthielt es nicht nur Unternehmen der Region, sondern war über ganz Deutschland verteilt.

„Okay, Johannes, jetzt lass uns mal ernsthaft etwas besprechen", eröffnet Melanie das Gespräch. „Gleich kommt hier ein Mädchen zu uns, Jessy. Sie ist eine der besten Auszubildenden im zweiten Jahr. Sie bekam gestern einen Anruf von einem deiner externen Kollegen. Er hat sie psychisch ziemlich unter Druck gesetzt und ihr eingeredet, wir würden sie ausbeuten. Er könne ihr das Doppelte an Lohn bieten, wenn sie bei ihm unterschreiben würde. Ich möchte, dass du ganz vorsichtig mit ihr redest. Nicht vergessen: sie ist 18 Jahre alt! Ich möchte, dass du ihr erklärst, wie die Headhunterbranche funktioniert, was diese ihr nützen und was sie ihr schaden kann. Und dann möchte ich, dass du dich mit ihr noch mal verabredest, um einen Entwicklungsplan für die nächsten drei Jahre zu machen. Am Ende soll sie so viel Vertrauen zu dir aufbauen, dass sie bei dir unterschreibt." Johannes nickt. „Verstanden, kein Problem." „Aber sei behutsam, 18-jährige Mädchen wissen noch nicht, was sie wollen. Und das ist okay so! Ich weiß, wovon ich rede. Mach bitte den Plan so, dass sie jederzeit die Flexibilität und Möglichkeit hat, ihn komplett über den Haufen zu werfen!"

Johannes grinst: „Melanie, du weißt doch: Das ist meine Spezialität!" Dann blickt er hoch: „Ist das die Jessy, hinter dir?"

33 Von Shared Spaces und der Career-Transition-Strategie

Summary

In den kommenden Jahren wird eine Vielzahl sogenannter Shared Spaces entstehen. Dabei handelt es sich um flexible Büroräumlichkeiten, die fahrzeitoptimiert in den Stadtgebieten, in Kleinstädten und vor allem im Speckgürtel der großen Metropolen entstehen. Man kann sich dort tage- oder stundenweise einmieten. Shared Spaces bieten ruhige Büros zum Lesen und Schreiben, repräsentative Büros für Kundentermine, aber auch Kommunikationsräume mit einer großen Auswahl an Conferencing-Tools für die Teamarbeit. Damit werden sie zum idealen Arbeitsort für Projektarbeiter, die sich das Pendeln zu den Headquartern in den Innenstädten ersparen. Die große Herausforderung für fluide Unternehmen stellen dabei der drohende Verlust der Unternehmensidentität bei Projektarbeitern und die Verminderung von direkten Begegnungen mit ihren Kollegen und Teams dar.

Vor allem fluide Unternehmen werden darüber hinaus dazu übergehen, ihre Projektarbeiter in eine Career-Transition-Strategie einzubinden. Sie vermitteln sie auf vielversprechende Stellen in den Kundenunternehmen. Damit wird mittelfristig eine Zunahme an Chancen für neue Aufträge oder zumindest ein Kompetenz- und Loyalitätsgewinn bei den Projektarbeitern erreicht.

Donnerstag, 10. Juli 2025

„Hi, Dirk!" Thomas winkt dem dreidimensionalen Hologramm zu, das ihm von der Wand entgegenblickt. „Hallo, Thomas, wie geht's dir?" „Gut, und dir? Wo steckst du denn heute?" „Na, in München", sagt der Kollege und steckt Thomas eine der typischen Butterbrezeln entgegen. „Wie? Du bis in München? Und warum treffen wir uns dann nicht hier in meinem Büro?" Dirk grinst. „Ach weißt du ... ich wollte heute Morgen mal an den See raus und hatte danach keine Lust, mich durch den Stadtverkehr zu quälen. Ich bin hier in Starnberg in den Shared Space gegangen und arbeite jetzt hier."

„Aha!" Thomas lässt sich seine Verstimmung nicht anmerken: Diese verdammten Projektarbeiter! Die erlauben sich manchmal mehr als erlaubt ist. Anfangs waren diese Shared Spaces noch ganz nützlich. Vor etwa acht Jahren waren sie überall wie Pilze aus dem Boden geschossen - in jeder Kleinstadt und jedem Stadtbezirk.

Thomas freute sich seinerzeit über diese Entwicklung, denn seither war es wesentlich leichter, mit Kollegen zusammenzuarbeiten, die die Hälfte des Jahres irgendwo unterwegs waren oder von Kunde zu Kunde fuhren. Das Konzept war genial: In jedem der Shared Spaces konnte man sich tageweise einmieten. Sie waren flexibel und fahrtzeitoptimiert angelegt. Hier gab es ruhige Büros zum Lesen und Schreiben, repräsentative Büros für Kundentermine, aber auch Kommunikationsräume mit einer riesigen Auswahl an Conferencing-Tools für die Teamarbeit, sodass man sich mit dem Stammsitz der Firma oder anderen Shared Spaces verbinden konnte. In virtuellen 3-D-Umgebungen diskutierte man dann zusammen mit Kollegen oder bearbeitete gemeinsame Projekte und Daten.

Die Projektarbeiter waren die ersten, die dies nutzten. Auch die fluiden Unternehmen waren zunächst begeistert. Endlich hatten sie Zugriff auf ihre Mitarbeiter, auch dann, wenn diese nicht im Headquarter sein konnten. Viele der fluiden Unternehmen mieteten sich gemeinsam mit ihren Partnerunternehmen dauerhaft in solche Shared Spaces ein. Sie erhielten die Möglichkeit, dort Sicherheitsvorkehrungen einzubauen, die es erlaubten, auch auf die cloudbasierte Datenstruktur des Unternehmens zuzugreifen. Die Unternehmen konnten den Zugriff auf besonders schutzwürdige Daten nur innerhalb der Shared Spaces zulassen, um die höchstmögliche Sicherheit zu gewährleisten. Das funktionierte auch ganz gut.

Aber dann kippte die Stimmung schnell. Die Shared Spaces entstanden vor allem am Rande von Ballungszentren und im Speckgürtel der Großstädte, in Wohngebieten, Stadtteilen und Kleinstädten, somit dort, wo die Projektarbeiter wohnten. Statt an den Homeofficetagen allein zu Hause zu sitzen und vom Kühlschrank, dem Postboten oder von anderen willkommenen Ablenkungen von der Arbeit abgehalten zu werden, gingen sie ein paar Schritte bis zum lokalen Shared Space. Die Folge war klar: Die Projektarbeiter ließen sich überhaupt nicht mehr im Headquarter blicken.

Einige der fluiden Unternehmen zogen daraus die Konsequenz, dass sie ihre Headquarter auflösten. Insbesondere Consultants und Beratungsfirmen verzichteten komplett auf eine ortsgebundene Firmenstruktur, sie wurden größtenteils zu virtuellen Unternehmen. Für die HR-Abteilungen bedeutete das eine veränderte Aufgabenstellung: Neue Arbeitszeitmodelle mussten her. Die Projektarbeiter verhielten sich wie Freelancer, erwarteten jedoch eine Behandlung wie Festangestellte. Gleichzeitig musste die Personalabteilung immer engere Kooperationen mit der IT und dem Facility Management eingehen, denn durch die Shared Spaces erweiterte sich ihr Aufgabenspektrum. Die neue Herausforderung bestand in der Gewährleistung der Arbeitsmittel und Vernetzung der Mitarbeiter untereinander. Besonders kompliziert gestaltete sich dies bei der Zusammenstellung von Projektteams mit sich ergänzenden Skills, die in unterschiedlichen Shared Spaces effektiv miteinander arbeiten sollten.

Thomas jedoch hatte aus dieser Entwicklung eine andere Konsequenz gezogen: Er verordnete seinem Unternehmen einen Schritt zurück. Er gestattete die Nutzung der Shared Spaces nur noch im Ausnahmefall, das heißt dann, wenn die Projektarbeiter wirklich in anderen Städten unterwegs waren. Sobald sie in München waren, hatten sie im Headquarter zu erscheinen.

„Dirk, darüber müssen wir noch mal reden. Du weißt doch, dass unsere Policy gebietet, dass Mitarbeiter, sofern sie in München sind, auch im Headquarter zu erscheinen haben. Ansonsten sehen wir uns doch nie mehr. Wir soll dann eine gemeinsame Identität entstehen?" Das Hologramm von Dirk schaut leicht betroffen von der Wand. „Sprich mich bitte noch mal darauf an, wenn du wieder im Headquarter bist", beendet Thomas dieses Thema. „Lass uns jetzt über etwas anderes reden."

Dirks Hologramm setzt sich an den Tisch und nimmt einen Schluck aus seinem Glas. „Okay, schieß los!" „Ich hätte da einen neuen Job für dich." „Phhhhhhh …" Dirk sprudelt vor Überraschung das Wasser wieder aus dem Mund. „Du willst mich schon wieder kündigen? Das hast du ja erst zweimal gemacht!" Halb ungläubig, halb freudig grinst Dirk auf seiner Seite der Verbindung in den Raum. Thomas stützt sich auf seiner Seite auf den realen Tisch und zeigt mit dem Finger auf das virtuelle Hologramm. „Ja, dich brauche ich für einen ganz besonderen Job." Dirk sitzt jetzt noch aufrechter und rückt näher an den Tisch heran.

„Einer unserer wichtigsten Kunden, eine Bank, sucht jemanden für die Position des IT-Leiters. Der ist direkt unter dem Chief Information Officer angesiedelt und im Betrieb für alle IT-Services verantwortlich. Ich kenne den CIO ganz gut. Ich denke, wenn ich jemanden vorschlage, dann gibt's da kaum Gegenwind. Hast du Lust?" „Natürlich hab ich Lust. Und wenn ich dann CIO geworden bin, dann willst du immer die Aufträge von mir, oder? Ich habe doch neulich im Intranet von deiner Strategie gelesen. Wie hast du das genannt: Career-Transition-Strategie?"

Thomas muss schmunzeln. „Ja, genau. So heißt die." Dirk trifft den Nagel auf den Kopf. Thomas' Career-Transition-Strategie war inzwischen zum Vorstandsbeschluss geworden und im Unternehmen allgemein akzeptiert. Sie sieht vor, einige Mitarbeiter zielgerichtet in Kundenunternehmen wechseln zu lassen. Sie sollen dort mittelfristig Führungspositionen übernehmen und in der Folge für neue Aufträge sorgen - oder zumindest den Angeboten gegenüber freundlicher gesonnen sein.

Thomas hatte im Vorstand argumentiert: „Wenn wir schon so viel mit Projektarbeitern arbeiten und wissen, dass die in Kürze abwandern werden, dann können wir das doch wenigstens für unser Geschäft nutzen: Wir platzieren sie an vielversprechenden Stellen in den Kundenunternehmen. Entweder sie bekommen mittelfristig eine Entscheiderposition und bringen uns Auftragschancen, oder aber sie sind uns dankbar verbunden und wir können sie mit verbesserter Kompetenz und Kundenkenntnis wieder zurückholen. Beides ist uns von Nutzen." Seit diesem Tag hatte Thomas für jeden neuen Mitarbeiter einen speziellen Karriereplan erstellt, in dem bewusst mögliche künftige Arbeitgeber genannt wurden.

„Aber Dirk, hab keine Angst: Ich werde dir nicht nachts auf der Straße auflauern, wenn du jemand anderem mal einen Auftrag gibst." Thomas hat gern auch einmal einen sarkastischen Spruch auf Lager. „Außer natürlich, wenn du morgen wieder angeln gehst, statt gleich in aller Frühe in meinem Büro zu stehen!" Dirk zieht eine schuldbewusste Grimasse: „Ich werde da sein! Bis morgen, Thomas!"

34 Warum wir bis 75 arbeiten wollen

Summary

Für die Recruiting-Strategien der Caring Companies spielen ihre Senioren-Netzwerke die strategisch wichtigste Rolle. In Seniorendatenbanken sind alle ehemaligen Mitarbeiter verzeichnet, die in den letzten zehn Jahren in Rente gegangen sind und weiterhin für Projekte zur Verfügung stehen. Viele der Mitarbeiter wollen über das gesetzliche Rentenalter hinaus freiwillig bis 70, 75 oder sogar 80 Jahre arbeiten. Grund hierfür ist die prognostizierte durchschnittliche Lebenserwartung von etwa 90 Jahren im Jahr 2025 und der wahrgenommene Verlust von beruflicher Anerkennung bei aktiven Senioren im Alter zwischen 60 und 80 Jahren. Auf diese Weise steigt das Durchschnittsalter der Belegschaften vor allem in Caring Companies. Ältere Mitarbeiter können in allen Produktivitätsvergleichen mit den jungen mithalten, im Bereich der Innovationsfähigkeit weisen sie jedoch deutliche Nachteile auf. Auf diese Weise entsteht eine neue Form von Jugendorientierung. Die optimale Altersmischung der Projektteams wird durch die IT-Systeme der HR-Abteilungen überwacht. Sobald einzelne Teams zu überaltern drohen, müssen von den HR-Verantwortlichen aktiv Gegenmaßnahmen eingeleitet werden.

Montag, 14. Juli 2025

„Verdammt! Auf die Technik ist auch kein Verlass mehr! Muss ich denn alles selber machen?" Mit einem heftigen Fluch wirft sich Melanie in ihren Schreibtischstuhl. Heute Morgen hat sie ihrem elektronischen Assistenten den Auftrag gegeben, eine kurzfristige Krankheitsvertretung für den Schichtleiter in der Logistikabteilung zu finden. Das ist normalerweise keine Hürde. Der Assistent nutzt als Erstes die Seniorendatenbank, in der alle Mitarbeiter verzeichnet sind, die in den letzten zehn Jahren in Rente gegangen sind und damit einverstanden sind, weiterhin für Projekte zeitweise zur Verfügung zu stehen. Normalerweise ist das eine Routinesache, meist kommt Melanies Assistent nach wenigen Minuten mit einer Liste der fünf geeignetsten und verfügbaren Ehemaligen zurück.

Heute hat es ungewöhnlich lange gedauert. Melanie ist schon längst mit anderen Dingen beschäftigt, als sie sich nach drei Stunden an ihren Assistenten und seinen Arbeitsauftrag erinnert: „Ob er wohl abgestürzt ist?"

Just in diesem Moment meldet sich der Assistent aber wieder - mit einer ungewöhnlichen Nachricht: „Error 17". Melanie hat keine Ahnung, was das bedeuten soll. Sie hat allerdings auch keine Lust, sich weiter in die Fehlermeldungen der Software zu vertiefen. Heute ist mal wieder so ein Tag, an dem sie ganz sicher ist, dass ihr Assistent ein Mann ist. Normalerweise vermeidet sie es, der Software einen Namen zu geben. Aber heute?! „Lässt sich den ganzen Tag nicht blicken und kommt am Ende ergebnislos mit einer völlig unverständlichen Erklärung zurück." Frauen sind anders.

Mit wenigen Fingertipps öffnet Melanie die Seniorendatenbank auf der Glasscheibe ihres Schreibtisches. Sie ruft ihr einige Suchbegriffe entgegen, worauf sich die Listen auf der Scheibe anpassen: Sie werden immer kürzer. Schließlich ist die Liste leer. Melanie zieht die Stirn in Falten. „Rückgängig", ruft sie in den Raum, worauf auf der Glasscheibe die vorletzte Ansicht erscheint. Der Computer hat den letzten Filterschritt zurückgenommen. Nun enthält die Liste vier Namen. Melanie studiert sie aufmerksam, dann schüttelt sie den Kopf: keiner dabei für die Aufgabe. „Das darf doch nicht wahr sein!"

Normalerweise findet sie in dieser Datenbank zu jeder Suche eine kurze Liste von bis zu zehn geeigneten Kandidaten. Die ruft sie dann freundlich an und verpflichtet jemanden davon für die Krankheits- oder Urlaubsvertretung. Heute aber scheint niemand verfügbar zu sein. Offensichtlich arbeiten alle geeigneten Logistiker schon in anderen, längeren Projekten, die meisten sogar in anderen Firmen. Das hat Melanie noch nie erlebt.

„Anrufen: Rudolf Schmidt", ruft sie ihrem Schreibtisch zu. Das Gesicht des Logistik-Abteilungsleiters erscheint auf der Glasscheibe, offensichtlich klingelt es bei ihm. Als er ans Telefon geht, macht Melanie die Sache kurz: „Du, Rudolf, wir haben heute keinen Schichtleiter für dich in der Seniorendatenbank. Die arbeiten alle in anderen Projekten. Entweder du ziehst einen aus einem anderen Projekt ab, oder du musst noch mal deine privaten Kontakte spielen lassen. Oder: Du machst den Job selbst. Sorry!" Noch ehe der Abteilungsleiter seiner Überraschung richtig Ausdruck verleihen kann, ist das Gespräch auch schon wieder beendet.

Melanie ist sauer. Sie hat sehr viel Energie und Zeit in diese Datenbank investiert. Und jetzt soll sie unnütz sein? Schon vor zehn Jahren hat sie erkannt, dass die Alten zu einem strategisch wichtigen Mosaikstein in den HR-Strategien der Zukunft werden, vielleicht sogar zum wichtigsten! Der Grund ist einfach und lange bekannt. Seit etwa 180 Jahren verlängert sich die durchschnittliche Lebenserwartung der Menschen in den Industrieländern linear und mit großen Sprüngen: Jedes Jahr steigt die Lebenserwartung um ein Vierteljahr. Binnen zehn Jahren werden die Menschen also im Durchschnitt um 2,5 Jahre älter! Darin sind die Erfolge von Genforschung, Stammzelltherapien und Produktion künstlicher Ersatzorgane durch 3-D-Drucker noch gar nicht einberechnet. Im Klartext war damals schon die Prognose der Experten: Die durchschnittliche Lebenserwartung wird im Jahr 2025 bei etwa 90 Jahren liegen. Melanie war erstaunt, als sie seinerzeit auf einem Kongress von der Statistik hörte. Doch noch mehr überraschte sie die Prognose, dass die Menschen im Alter keinesfalls immobil und pflegebedürftig sein würden. „Im Gegenteil", sagte damals der Professor auf der Bühne. „Die Sterblichkeitsrate der über 80-Jährigen sinkt rapide. Ein heute 72-Jähriger hat etwa das gleiche Sterberisiko wie ein 30-Jähriger zu Zeiten der Jäger und Sammler: 72 ist das neue 30[23]!"

Melanie kombinierte schnell: Wenn die Menschen bis zu 90 Jahre alt werden und die Pflegephase erst zwischen 80 und 85 eintritt, was tun wir dann zwischen 60 und 80? Ihre Antwort war klar: Wir werden arbeiten wollen. Zum Glück war sie damals fast die Einzige gewesen, die diese Konsequenz erkannte. Das gab ihrer Seniorendatenbank einen enormen Zeitvorsprung.

Melanie kalkulierte nüchtern: „Im Jahr 2025 wird sich die gesetzliche Rente mit 67 auf die Endstufe zubewegen", erklärte sie ihren Kollegen der HR-Abteilung. „Im Jahr 2029 wird diese Grenze erreicht sein. Das offizielle Rentenalter sagt jedoch gar nichts darüber aus, wie lange die Menschen wirklich arbeiten wollen. Sicherlich werden 2025 viele Beschäftigte freiwillig bis 70 oder 75 arbeiten wollen", mutmaßte sie damals. Eine Begründung dafür war schnell zur Hand. „Viele werden mit 65 in Rente gehen, aber nach ein paar Monaten feststellen, dass ein Dauerurlaub über 25 Jahre sehr langweilig sein kann. Auf der Suche nach dem Sinn im Leben werden wir wieder arbeiten wollen."

Genauso kam es dann auch, wobei zwei unterschiedliche Entwicklungen zu beobachten sind: In den Bereichen Betreuen, Beraten und Lehren arbeiten die Leute gern bis 70 und darüber. Dies gilt auch für den Handel, für Bürotätigkeiten, für Forschung und Entwicklung und für das Management. Anders ist es jedoch bei Beschäftigten mit körperlich anstrengenden oder psychisch herausfordernden Jobs auf dem Bau, in der Produktion und im Gesundheitswesen. Diese Mitarbeiter möchten immer noch eher früher als später in Rente gehen. Sie können dies nur deshalb nicht, weil das Geld nicht reicht. Frühverrentungen, wie es sie vor 20 Jahren einmal gegeben hat, sind heute, im Jahr 2025, lange schon nicht mehr vorstellbar. Stattdessen werden immer mehr neue Teilzeitjobs geschaffen, die speziell für Ältere gemacht sind.

---

[23] Spiegel online, http://www.spiegel.de/wissenschaft/mensch/demografie-und-lebenserwartung-72-ist-das-neue-30-a-861349.html.

Mit zwei kurzen Sprachbefehlen lässt Melanie die Datenbank von ihrem Tisch verschwinden. Ein Gedanke beunruhigt sie sehr. Sie muss zu Robert. Schnell packt sie ihre Tasche und hastet aus der Tür. Während sie auf den Fahrstuhl wartet, überlegt sie, wie sie das Problem ihrem jungen Kollegen am schnellsten erklären kann.

Robert war früher in der Innovationsabteilung; Melanie hat ihn sich für ein Projekt ausgeliehen, das Projekt Seniorendatenbank. Robert hatte im Rahmen seiner Dissertation eine bemerkenswerte Studie über das ideale Verhältnis von Jungen und Alten in einem Unternehmen durchgeführt. Er fand heraus, dass es zwei Arten von Intelligenz gibt: die fluide und die kristalline. Junge Mitarbeiter verfügen über mehr fluide Intelligenz, also mehr kognitive Fähigkeiten wie eine schnelle Auffassungsgabe, flexibles Handeln und vor allem das kreative Entwerfen ungewöhnlicher Problemlösungen. Ältere Mitarbeiter verfügen dagegen mehr über kristalline Intelligenz. Dazu gehören die sprachliche Gewandtheit, ein breites Erfahrungswissen und der Blick für die wesentlichen Zusammenhänge. Dadurch schneiden Ältere besser ab in der sozialen Verknüpfung von Wissen, im Umgang mit komplexen Sachverhalten und in der Ökonomie von Entscheidungen und Handlungen.

Das wichtigste Ergebnis von Roberts Studie lautet, dass Ältere in den meisten Tätigkeiten ihre schwindende fluide Intelligenz durch die Zunahme der kristallinen Intelligenz ausgleichen können. Es gibt keine wesentlichen Produktivitätsunterschiede zwischen den Altersgruppen. Lediglich ein Bereich stellt eine große Ausnahme dar: die Innovation. Hier schneiden die Alten deutlich schwächer ab. Die Folge ist absehbar: Junge Fachkräfte mit ausgeprägten fluiden Fähigkeiten sind am Arbeitsmarkt heute sehr teuer. Eine neue Form von Jugendorientierung ist entstanden: Überall, wo es junge Leute gibt, werden sie für innovative Prozesse eingesetzt.[24]

Bei der Einführung der Seniorendatenbank waren sich Melanie und Robert seinerzeit einig gewesen, dass ein großer Vorteil der Datenbank darin bestand, die Älteren für das Unternehmen verfügbar zu halten. Ebenso hatten sie sich jedoch vorgenommen, die knapper werdenden jungen Mitarbeiter so wirksam wie möglich an Stellen einzusetzen, an denen es um Innovation geht. Entsprechend hatte Melanie in den meisten Bereichen die Beziehungen zwischen den Beschäftigtengruppen neu geordnet und Führungsaufgaben neu definiert. Das Senioritätsprinzip hatte sich ohnehin überlebt und wurde abgeschafft. Die Datenbank sollte nicht dazu führen, die Innovationskraft zu lähmen.

---

[24] Paqué, Wachstum! Die Zukunft des globalen Kapitalismus, 2010.

Melanie hatte Robert deshalb gebeten, in die HR-Abteilung zu wechseln. Er sollte ein Controllingtool entwickeln, das dafür sorgt, dass die jungen Innovatoren im Unternehmen die maximale Wirkung erzielen. Jedes Team sollte abhängig von der erforderlichen Innovationskraft optimal zusammengestellt werden. Robert hatte das Tool in kürzester Zeit programmiert. Er war ein großartiger Programmierer.

Und dennoch gibt es jetzt einen Gedanken, der Melanie die Treppe hinuntereilen lässt. Der Fahrstuhl ist ihr nicht schnell genug. Wenn sie sich richtig erinnert, waren sie bei der Programmierung des Tools davon ausgegangen, dass maximal zwei Drittel der Personen aus der Seniorendatenbank zeitgleich abgerufen werden durften, ansonsten würde das Unternehmen signifikant an Innovationskraft verlieren. Das wäre auf Dauer existenzgefährdend. Eigentlich müsste es in Roberts Tool jetzt überall rot blinken.

Melanie stößt die Tür zum Großraumbüro ihrer HR-Data-Analysten auf. Erschrocken schauen die Nerds von ihren Computern hoch. Auch Robert hat sich umgedreht. „Melanie!", ruft er. „Gut, dass du da bist! Ich muss dir etwas zeigen. Wir haben ein Problem!"

Als Melanie vor Roberts rot blinkenden Monitoren steht, wird sie plötzlich ganz ruhig. Besonnenheit in Krisensituationen war schon immer ihre große Stärke. „Bitte druck mir eine Übersicht der Teams aus, die einen zu hohen Seniorenanteil haben", sagt sie zu Robert. „Für die übernehme ich für ein paar Wochen die persönliche Betreuung." Robert schlägt sogleich vor: „Soll ich auch gleich in unserem Partnernetzwerk eine Umfrage starten, ob wir für diese Kompetenzen jemanden ausleihen können?" Melanie nickt bestimmt: „Ja, auf jeden Fall! Lass uns versuchen, spätestens in zwei Wochen wieder im gelben Bereich zu sein. Damit können wir langfristig nachteilige Auswirkungen verhindern."

Unternehmensübernahme als Recruitingstrategie

Summary

Der Aufbau neuer Abteilungen und Kompetenzbereiche ist in der Arbeitswelt der Vollbeschäftigung die schwierigste Aufgabe für die HR-Abteilung. Während es den meisten Unternehmen noch einigermaßen gelingen wird, einzelne benötigte Mitarbeiter über verschiedenartige Projektarbeiter-Plattformen im Internet zu rekrutieren, ist es nahezu unmöglich, ganze Teams und Abteilungen mit geeigneten Spezialisten aufzubauen. Unternehmen, die aus strategischen Gründen dennoch eine neue Abteilung errichten müssen, werden erwägen, kleinere Unternehmen oder Agenturen zu kaufen, um sich damit den Zugriff auf die dortigen spezialisierten Mitarbeiter zu sichern.

Mittwoch, 16. Juli 2025

Melanie denkt bereits tagelang nach, jedoch ohne Ergebnis. Gestern Abend rang sie sich dann endlich zu einem Entschluss durch: Sie wird Thomas anrufen, heute noch. Es fällt ihr nicht leicht, sich diese Blöße zu geben, aber es muss sein.

Als sie ihrem Computer den Anrufbefehl zuruft, spürt sie dieses unangenehme Gefühl, dass es gleich sehr peinlich werden wird. „Was ist, wenn Thomas sie gnadenlos abserviert?"

„Hallo, Melanie! Wie geht's Dir?" „Noch ist er freundlich," denkt sie im Stillen. „Hallo, Thomas! Gut geht es mir. Wir sehen uns ja am Wochenende beim Klassentreffen." „Ja, ich kann es kaum noch erwarten: drei Tage noch. Wirst du schon am Freitagabend da sein oder reist du erst am Samstag an?" „Ich weiß es noch nicht, Thomas. Das hängt ganz davon ab, ob ich bis dahin mein Problem lösen kann oder nicht."

„Oh je, das klingt nicht so gut." Thomas' mitfühlende Stimme tut gut. „Welches Problem hast du denn?" „Ich brauche dringend ein paar Programmierer und finde partout keine." Melanie bemüht sich, besonders verzweifelt zu klingen. Thomas lacht nur. „Na, wenn es weiter nichts ist. So geht es mir seit zehn Jahren, Tag für Tag." „Thomas, deshalb rufe ich dich an. Ich würde dich sonst nicht belästigen, aber ich weiß echt nicht mehr weiter. Du kennst dich doch im IT-Bereich aus. Wir haben in den letzten zwei Monaten dramatische Umsatzeinbrüche im Onlinehandel. Einer unserer Konkurrenten ist uns plötzlich meilenweit voraus. Wir vermu-ten, dass er ein neues Analyse- und Prognosetool im Einsatz hat. Dummerweise haben wir selbst keine Data-Abteilung im Haus; unser Vertriebsvorstand hat es nicht so mit der Technik. Wir haben den Onlineshop bisher von einer Agentur programmieren lassen." „Und die Agentur kann euch jetzt nicht helfen?" Thomas klingt besorgt.

„Nein, das ist es ja. Die hatten einen guten Chefprogrammierer, der das die ganzen Jahre für uns gemacht hat. Und jetzt ist der verschwunden, nicht mehr auffindbar. Ich habe keine Ahnung, was dort vorgefallen ist." „Na ja, aber es wird sich doch noch irgendjemand anders in der Agentur mit dem System auskennen, oder?" „An-geblich nicht. Der Chef sagt, der Programmierer habe kein Standard-Shopsystem genommen, sondern alles selbst programmiert. Und jetzt weiß dort niemand, wie das funktioniert. Wir müssen deshalb jetzt schnellstmöglich eine eigene Datenana-lyse- und Programmierabteilung aufbauen."

Thomas stöhnt. „Ach, das wollen jetzt plötzlich alle. Seit zehn Jahren predige ich den Leuten, dass sie so eine Abteilung brauchen werden, und jetzt plötzlich mer-ken sie es selbst. Das ist verrückt!" Melanie bohrt tiefer: „Thomas, ich habe schon sämtliche Projektarbeiterportale durchsucht, da gibt es aber im Augenblick nie-manden." Thomas unterbricht sie. „Na ja, da sind schon welche. Aber von denen wirst du niemanden nach Niederndodeleben kriegen. Die fliegen alle zwischen Shenzhen, Palo Alto und Tel Aviv hin und her."

„Genau! Deshalb dachte ich, dass du mir vielleicht helfen kannst. Kennst du nicht ein Team für mich? Oder kannst du eins für mich finden?" Thomas überlegt. „Stell dir das nicht zu einfach vor, Melanie. Ein funktionierendes Team gibt's nicht einfach so auf der Straße. Ich nehme an, dass du auch die internationalen Projektarbeiter-plattformen durchgeschaut hast, oder?" „Ja, klar." „Hast du auch mal versucht, dich finden zu lassen?" Melanie ist verwirrt. „Wie meinst du das?" „Na, es gibt doch auf der einen Seite die nüchternen Projektarbeiter-Plattformen. Da sucht man die passenden Projektarbeiter, findet im besten Fall einen und spricht ihn an. Aber dann gibt's ja auch noch Plattformen wie Somewhere und Rockajob, das ist ein bisschen wie früher Facebook. Dort gibst du ein, was du machst und was dich bewegt, und wenn du das eine Weile gemacht hast, kommt ein Profil raus, wie du tickst. Diese Plattformen führen dann Leute zusammen, die ähnlich denken und zusammenarbeiten sollten."

„Ist das nicht ein bisschen zu mühsam?" Melanie hätte sich eher eine effektivere Akquiseart gewünscht. „Wie man es nimmt. Dort trifft man eben auf Leute, die nicht stromlinienförmig von Projekt zu Projekt und von Metropole zu Metropole ziehen, sondern denen es auf das gemeinsame Mindset ankommt. Es sind daraus schon eingeschworene Teams entstanden. Und die kriegst du schon eher nach Niederndodeleben."

Es ist still in der Leitung. „Melanie?" „Ja, ich bin da." „Der Vorschlag gefällt dir nicht, oder?" „Na ja, ich hätte es halt gern ein bisschen schneller." „Das wird schwer." Melanie holt tief Luft: „Thomas, ich muss dich jetzt mal ganz direkt fragen: Ihr habt doch ganz viele von den Leuten. Kann ich bei dir nicht ein Team für ein halbes Jahr entleihen? Dann könnte ich ein paar eigene Leute von denen lernen lassen. In einem halben Jahr kriegst du deine Leute zurück und meine Leute machen das alleine weiter. Wir praktizieren das mit anderen Unternehmen öfter, dass wir uns gegenseitig Mitarbeiter vermieten."

Thomas schluckt. „Ach, daher weht der Wind …", denkt er und wechselt in die Abwehrhaltung. „Melanie, ich kenne die Vermietungsprogramme, aber unsere Teams sind komplett ausgebucht. Das war die letzten fünf Jahre so und wird auch die nächsten fünf so sein."

„Das wird also nichts, oder?" Melanie klingt jetzt noch resignierter als vorher. „Nein, das kriege ich wirklich nicht hin. Aber es gibt noch eine andere Möglichkeit: Hast du schon mal daran gedacht, ein Unternehmen zu kaufen?" „Jaaaa, … wir haben mal mit unserem größten Konkurrenten verhandelt, ob wir zusammengehen. Aber was hat das jetzt damit zu tun?" „Melanie, ich meine nicht einen Merger, um ein Monopol aufzubauen. Ich meine, dass du ein kleines IT-Unternehmen kaufst, um die Programmierer dort zu bekommen!"

„Ich soll ein ganzes Unternehmen kaufen, nur um die Mitarbeiter zu kriegen?" „Ja, natürlich. In unserer Branche ist das ganz normal, das mache ich mehrmals im Jahr. Die Programmierer hauen dir zwar nach ein oder zwei Jahren wieder ab, bis dahin hast du aber dein aktuelles Problem gelöst. Und danach kannst du sie ja an mich vermieten." Thomas kichert in die Leitung. „Machst du dich lustig über mich?" „Nein!!! Ich glaube, dass das für dich wirklich die schnellste Möglichkeit ist. Wenn es bei euch schon auf den Umsatz drückt, wird dein Eigentümer sicher ein paar Euro extra locker machen."

Melanie blickt aus dem Fenster. Das Gespräch hatte sie sich ganz anders gewünscht, aber vielleicht war das wirklich die beste Möglichkeit. „Und wo finde ich IT-Buden, die zum Kauf stehen?" „Die findest du nirgends. Die wissen ja noch gar nicht, dass sie verkauft werden wollen. Aber es gibt Leute, die haben dafür eine gute Nase. Soll ich mich mal umhören?" „Ja, Thomas, bitte! Was meinst du, wie lange kann das dauern?" „Ich denke, ich kann dir beim Klassentreffen am Wochenende schon den einen oder anderen Namen nennen." „Ach, das wäre klasse! Danke für deine Hilfe."

Thomas steht von seinem Schreibtisch auf. „Kein Problem, das mach ich gerne. Jetzt muss ich aber weiter!" „Okay, bis spätestens Samstag! Übrigens, Thomas, eines habe ich dir noch gar nicht gesagt: Ich habe den ‚Turm' jetzt fest gebucht." „Super! Danke, Melanie. Mach's gut, bis Samstag!"

Wie HR-Abteilungen sich selbst abschaffen

Summary

Einige globale Konzerne werden die Strategie der fluiden Unternehmen noch weitertreiben. Sie werden versuchen, ihre gesamten Prozesse und Strukturen zu virtualisieren. Dabei verzichten sie weitestgehend auf fest angestellte Mitarbeiter. Die durch das Unternehmen akquirierten Aufträge werden in kleine Arbeitspakete zerlegt und international per Internet ausgeschrieben. Projektarbeiter aus aller Welt können sich um diese Projekte bewerben. Die ausgewählten Projektarbeiter arbeiten dann in sogenannten Talent-Clouds virtuell zusammen. Dies geht einher mit der Übernahme einer Vielzahl von Routinetätigkeiten durch Computer, nicht nur im Niedriglohnbereich. Auch Callcenter, Banken, Versicherungen, Anwälte, Steuerberater, Wirtschaftsprüfer und weitere qualifizierte Berufe sind davon betroffen. In dieser weitestgehend fluiden Unternehmensform werden auch HR-Abteilungen abgeschafft und ihre Aufgaben auf die übrigen Einheiten des Unternehmens verteilt.

Donnerstag, 17. Juli 2025

Melanie las die SMS immer wieder mit Bauchkribbeln: „Ist das noch deine Nummer?" Vor zwei Wochen erschien diese Frage auf ihrem Display, Absender unbekannt. Schließlich antwortete sie: „Vielleicht, aber wer bist du?" Keine Antwort. Zwei Tage später ging es weiter, nur ein Wort: „Hartmut". Hartmut? Melanie überlegte einen ganzen Tag, dann war sie sich sicher, dass sie keinen Hartmut kennt. „Sorry, falsch verbunden", tippte sie zurück. Die Reaktion dauerte keine 90 Sekunden: „Wir kennen uns aus Paderborn: Uni." Erst einen weiteren Tag später kam ihr eine Idee: Zwei Studienjahre über ihr gab es diesen gut aussehenden Herzensbrecher: Hartmut Kroll. Alle ihre Freundinnen himmelten ihn an, aber er ging mit einem Barbiepüppchen aus seinem Jahrgang ... und ab und zu mal mit einer anderen.

Melanie suchte lange nach einer passenden Antwort, dann entschied sie sich für: „Kennen ist ja wohl übertrieben." Wenn Melanie sich richtig erinnerte, war sie auch kurz in ihn verliebt gewesen. Er aber hatte sie gar nicht beachtet, das war ihr dann zu blöd. Wieso sollte sie sich bei ihm hinten anstellen? ... Das war die Zeit, als sie den Flirt mit Alex begonnen hatte.

„Dann sollten wir uns kennenlernen." Offensichtlich hat Hartmut jetzt mehr vor als ein kurzes SMS-Geplänkel. Dabei war er doch noch im Studium ins Ausland verschwunden. „Bist du nicht in den USA?" Später wurde gemunkelt, dass er ein hohes Tier in einem amerikanischen IT-Konzern war. Seine Barbie wartete noch Monate auf ihn, ihr hatte er offenbar nichts von seinen Plänen erzählt. „Bin gerade wieder zurück in Hamburg, nach 35 Jahren!" Und es piepte gleich noch einmal: „Kommst du mich mal besuchen?"

Melanie weiß selbst nicht recht, warum sie sich darauf eingelassen hat. Jedenfalls ist sie mit Hartmut in Hamburg verabredet und sitzt nun hier in seinem Loft: beste Lage, gleich hinter der Elbphilharmonie. Schick ist es hier und teuer. Unten vor dem Fenster sieht sie die Kähne langsam die Elbe hinaufziehen. „Irgendwann kommen einige von denen auch bei mir in Magdeburg vorbei." Melanie schüttelt den Kopf über sich selbst. Warum sucht sie krampfhaft nach einer Verbindung zwischen dort und hier?

„Nun erzähl mal deine Geschichte", beginnt Melanie ein unverfängliches Gespräch, nachdem sie den angebotenen Alkohol ausgeschlagen hat und nun mit ihrem Latte Macchiato auf der Dachterrasse sitzt.

„Dass ich irgendwann nach New York geflüchtet bin, das hast du ja mitbekommen, oder?" Hartmut schaut Melanie in die Augen. „Ich habe das in Paderborn einfach nicht mehr ausgehalten: diese Enge und diese nichtssagenden Frauen!" Melanie lacht laut auf. „Ach, du Armer! Na, daran warst du definitiv selbst schuld." „Das mag ja sein. Jedenfalls bin ich dann bei einem IT-Konzern eingestiegen. Das war damals Anfang der Neunzigerjahre ja eher so eine Nischenbranche. Ich habe mich vermutlich nicht ganz blöd angestellt und bin ziemlich schnell aufgestiegen, habe ein paarmal den Konzern gewechselt, und am Ende war ich Personalvorstand beim größten IT-Konzern der Welt." Er schaut hinüber zum Hafen. „Das ist absurd, oder? Das HR-Studium hatte ich abgebrochen, und nun war ich HR-Vorstand."

Hartmut hängt kurz seinen Gedanken nach, dann spricht er weiter: „Irgendwann hatte ich keine Lust mehr. In so einem Konzern ist es immer dasselbe: Aus irgendeinem Grund hast du immer Stress und fühlst dich, als wäre deine Arbeit die wichtigste auf der Welt. Aber wenn du nach 30 Jahren zurückschaust, dann fragst du dich, was du eigentlich in all der Zeit gemacht hast. Und warum?" Nach einer kurzen Pause fragt er: „Kennst du das?"

Melanie schüttelt den Kopf. Vielleicht hätte sie nicken sollen, aber dann hätte sie über sich erzählen müssen. Jetzt wollte sie lieber zuhören. „Ich bin eines Tages zu meinem Vorstandsvorsitzenden gegangen und habe gesagt, dass ich aufhören will, dass ich nach Hamburg zurückwill, in meine Heimat." Mit einem zufriedenen

Lächeln schaut er die Elbe hinunter. „Erstaunlicherweise hat er mich nicht angeschrien, das macht er sonst immer, sondern er hat gesagt: ‚Das passt ja gut!' Und dann erzählte er mir seine Vision der Zukunft in der IT-Branche. Er wolle unseren Konzern zum Prototyp eines fluiden Unternehmens machen. Wir sollten unsere Arbeitsstrukturen verflüssigen, also weitgehend auf fest angestellte Mitarbeiter verzichten. Der Konzern würde weiterhin Aufträge akquirieren und die Projekte in kleine Arbeitspakete zerlegen. Diese würden dann weltweit per Internet ausgeschrieben. Jeder könne sich dann um diese Projekte bewerben, die ehemaligen Mitarbeiter aber auch andere. Die ausgewählten Projektarbeiter sollten dann in sogenannten Talent-Clouds virtuell zusammenarbeiten."[25]

Hartmut schaut Melanie an. Offenbar will er prüfen, ob sie die Dimension seiner Geschichte versteht. Sie nickt ihm zu. „Ich fragte ihn, ob er damit den Konzern abschaffen will. Er brauste auf und sagte: ‚Nein!' Er würde den Konzern retten wollen. Nicht die Arbeit werde abgeschafft, sondern nur die festen Arbeitsplätze. Es sei an der Zeit, die überkommenen Modelle von Sozialpartnern und nationalstaatlichen Regelungen durch die Spielregeln der globalisierten Wirtschaft zu ersetzen. Und ich solle mir keine Illusionen machen; die meisten Routinetätigkeiten würden in Kürze sowieso von Computern übernommen. Er meinte damit all die Callcenter, Banken, Versicherungen, Anwälte, Steuerberater, Wirtschaftsprüfer und so weiter. Ich habe ihn dann direkt gefragt, ob er glaubt, dass die Personalabteilung auch abgeschafft werden würde. Er sagte sofort ‚Ja'. Ein paar Sekunden später meinte er dann: ‚Und Sie werden das machen. Das wird Ihre letzte Aufgabe hier sein, dann bekommen Sie einen so hohen Bonus, dass Sie nach Hamburg zurückgehen können und nie mehr arbeiten müssen.'" Hartmut nimmt einen Schluck aus seiner Bierflasche. Er lehnt am Geländer und schaut auf Melanie herunter. „Und jetzt bin ich hier."

Melanie ist ein bisschen erschüttert. Sie hatte natürlich davon gehört, dass dieser IT-Konzern seine Personalabteilung abgeschafft hat. Immer wieder hatte sie sich gefragt, wer das denn wohl getan haben mochte, die Personaler ja wohl nicht. Man schafft sich ja nicht selbst ab. Das hatte sie zumindest gedacht. Doch jetzt steht hier Hartmut vor ihr.

„Nur um das richtig zu verstehen", fragt sie zurück. „Es gibt dort keine Personaler mehr?" Hartmut schüttelt den Kopf. „Keinen einzigen. Ich war der letzte. Es gibt den Chief Change Officer. Das ist der ehemalige Innovationschef, der mit seiner Abteilung die Projekte in kleine Arbeitspakete teilt. Die Kommunikationsabteilung übernimmt die Ausschreibung und das Personalmarketing für die Pro-

---

[25] Königes, Computerwoche 1/2014, http://www.computerwoche.de/a/arbeit-ohne-festen-arbeitsplatz,2552098.

jekte im Internet. Danach kommen die Führungskräfte und treffen die Auswahl für ihre Teams aus den Angeboten der Personaldienstleister und den Kandidaten im eigenen Netzwerk. Sie nutzen natürlich alle möglichen Softwaretools, sehen alle Personalakten und haben Zugriff auf die globalen Datenbanken, in denen die Projektarbeiter und auch die Unternehmen bewertet werden. Und am Ende kommt das Controlling, die kontrollieren die Projektumsetzung."

„Und all das Administrative?" Melanie ist sprachlos. „Dazu braucht man keine Menschen, dafür habe ich damals ein sehr stabiles ESS - Employer-Self-Service-System - aufgebaut. Dort kann jeder Mitarbeiter seine administrativen Dinge direkt selbst erledigen. Natürlich sind auch die externen Mitarbeiter in das Personalmanagementsystem eingebunden: Jedes ihrer Projekte ist dort für die Führungskräfte sichtbar und bewertet. Sie haben einen vollständigen Track Record und sind genauso umfassend integriert, wie es früher ausschließlich die internen Mitarbeiter waren."

Melanie weiß nicht so recht, ob sie Hartmut beglückwünschen oder bedauern soll. Er hat offensichtlich ausgesorgt, er hat seine Heimat wieder. Aber er hat begonnen, seinen Beruf abzuschaffen. „Und dann bist du wirklich gegangen? Haben die nicht versucht, dich noch zu halten?"

Hartmut lacht auf. Es klingt etwas bitter. „Doch, am Ende wollten sie mich halten. Ich habe dann noch ein halbes Jahr ein Sonderprojekt geleitet. Aber das war wie überall: So viel ich auch investiert habe, ich hatte nie das hundertprozentig perfekte Team für die Aufgabe zusammen: Sobald ich einen echten Weltmeister in einer Programmiertechnik verpflichtet hatte, musste ich ihn auch schon an ein anderes Team abgeben, in dem er für eine andere Programmiersprache eingesetzt wurde. Darin war er zwar kein Weltmeister, aber das war egal, weil für diese Programmiersprache sonst gar niemand zu bekommen war."

Hartmut wirkt jetzt verbittert: „Diese ständige Nicht-Perfektion scheint das logische Ergebnis der neuen Welt zu sein. Ich habe da zunächst mitgespielt und habe meinen Mitarbeitern immer gesagt, sie sollen mit 70 Prozent der Leistung zufrieden sein! Die Kunden sind es doch auch! Die restlichen 30 Prozent bis zur Perfektion sind ohnehin am schwersten. Und keiner erwartet sie. Das stimmt auch. Aber mein eigenes Ego kam damit irgendwann nicht mehr zurecht. Ich habe mir dann vorgenommen, dass ich nur noch perfekte Dinge machen will: Ich habe meinen Bonus genommen und bin gegangen."

„Und nun?" Melanie ist jetzt auch aufgestanden. Sie steht neben ihm am Geländer. Gemeinsam schauen sie über die Elbe und den Hafen zum Horizont. Hartmut dreht seinen Kopf zu ihr. „Sag du's mir!"

Wie aktivieren wir die letzte Million?

Summary

Trotz Vollbeschäftigung wird es weiterhin etwa eine Million Arbeitslose in Deutschland geben: das neue Prekariat. Es sind Menschen ohne Schulabschluss und solche, die an einer Stelle des Lebens den Anschluss verpasst haben. Sie scheitern am sogenannten Drehtüreffekt: Durch die Arbeitslosenförderung werden sie zwar hin und wieder für bestimmte Tätigkeiten geschult, die Schnelllebigkeit der Arbeitswelt lässt diese kurzfristigen Qualifikationen jedoch oft schon nach wenigen Monaten wieder veralten und sie verlieren erneut ihre Jobs. Der Grund: Ihnen fehlt die Basisqualifikation, um sich den stetigen Veränderungen anzupassen. Um auch diese Arbeitskräfte zu aktivieren, muss zunächst durch individuelles Coaching ihre Motivation aufgebaut werden. Zweitens müssen sie ein tiefes Vertrauen zu ihrer künftigen Führungskraft aufbauen. Und drittens sollten sie dann Aufgaben erhalten, die wenig komplex sind.

Samstag, 19. Juli 2025, abends

Die Treppen hinunter zum ‚Turm' mochte Melanie schon immer. Eng schlängeln sich die Stufen an der mittelalterlichen Mauer entlang in den Graben der ehemaligen Festung. Für sie sind es noch immer die Stufen des Herzflatterns. Schritt für Schritt spürt sie auch heute das pulsierende Herz in ihrer Brust. Früher war es die Vorfreude auf die Blicke der Jungs, das Tanzen und den Kuss auf dem Nachhauseweg, heute ist es die Erinnerung an ihre große Zeit.

Als sie Thomas unten an der schweren Eingangstür sieht, entfährt es ihr viel zu laut: „Weißt du noch?" Es hat sich fast nichts verändert. Die Holztäfelung ist noch etwas blasser geworden, die Lederbänke etwas speckiger. Aber Melanies Erinnerungen strahlen! Damals war sie jede Woche mit den Studienfreunden hierhergekommen.

Melanie schaut sich um. Fast alle ihrer Kommilitonen scheinen schon da zu sein. Bei einigen Gesichtern weiß sie beim besten Willen nicht, wer dahintersteckt. Aber das wird sich schon noch herausstellen. „Wir sind ganz schön alt geworden", denkt sie, als ihr Blick einmal durch die Runde durch ist. „Ist das die Truppe, für die es früher kein Halten gab? Die sich an keine Regeln hielt, die sie nicht selbst aufgestellt hatte? Die sich unschlagbar fand, egal ob im Sport oder auf der Tanzfläche? Heute sitzt hier ein Haufen Normalos!" Melanie blickt fast schuldbewusst in die Runde als sie sich bei diesem Gedanken ertappt. „Vielleicht ist es ja gar nicht so schlimm? Vielleicht sieht es nur so aus?"

Noch bevor sie sich setzen kann, zieht Thomas sie beiseite. „Vorhin hat mich der Ralph noch angerufen", beginnt er. „Er sagte, dass er und Conny heute nicht kommen können." „Ach, schade!" Melanie tut den Gedanken mit einer Handbewegung ab. „Haben sie zu viel zu tun?" Thomas schaut Melanie eindringlich an. „Eher das Gegenteil ist es wohl: Die beiden sind arbeitslos. Wusstest du das nicht? Ich glaube, sie trauen sich nicht hierher." Melanie schaut ihn erschrocken an. „Arbeitslos? Wie kann man denn in der heutigen Zeit arbeitslos sein?"

„Na ja, es gibt ja immerhin noch eine Million Arbeitslose in Deutschland[26], Da sind Conny und Ralph dabei." Melanie schüttelt den Kopf. „Das kann nicht sein! Diese Million gibt es: das ‚neue Prekariat'. Da gehören doch nur Leute dazu, die keinen Schulabschluss haben …" „… oder die an einer Stelle des Lebens den Anschluss verpasst haben", ergänzt Thomas. „Vor zehn Jahren gab es noch etwa fünf Millionen Minder- und Nichtqualifizierte in Deutschland. Wir haben es in den letzten Jahren geschafft, die meisten davon wenigstens so zu integrieren, dass sie nach kurzer Arbeitslosigkeit schnell wieder einen Job finden. Trotzdem ist die Situation so, dass die Unternehmen zwar händeringend nach Beschäftigten suchen, zugleich aber eine Million Menschen keine Arbeit finden."

Melanie schaut ihn an. „Ich muss mal mit den beiden reden. Es kann doch nicht sein, dass man die nicht in einem Intensivkurs für einen guten Job qualifizieren kann. Immerhin haben die mal studiert." Thomas schüttelt den Kopf. „Das ist nicht das Problem. Natürlich kannst du sie auf einen bestimmten Job schulen, aber unsere Arbeitswelt ist so schnell geworden, dass diese kurzfristigen Qualifikationen oft schon nach ein paar Monaten wieder veraltet sind. Und was passiert dann? Dann müssen die wieder raus. Der typische Drehtüreffekt: Sie kommen schnell in die Betriebe rein, sind aber auch schnell wieder draußen, weil ihnen die Basisqualifikation fehlt, um sich den Veränderungen anzupassen."

„Na ja, warte mal. Wenn das das Problem ist, dann müssen die eben noch mal auf die Uni oder in ein Senior-Trainee-Programm. Das ist doch heutzutage nichts Ungewöhnliches mehr. Früher gab's das nur in den USA, dass Absolventen nach einer Phase der Berufstätigkeit an die Universität zurückkamen, um neue Abschlüsse zu machen. Aber heute ist es doch auch bei uns normal, dass der Ingenieur, des-

---

[26] Fuchs/Zika, IAB-Kurzbericht 12/2010, http://doku.iab.de/kurzber/2010/kb1210.pdf

sen Fachrichtung nicht mehr gebraucht wird oder dessen Wissen durch langjährige einseitige Tätigkeiten veraltet ist, mit einem Zwischenjahr an der Hochschule einen neuen Abschluss bekommt, der ihn vom Arbeitslosen zum nachgefragten Spezialisten macht."

„Melanie, genau deshalb wollte ich kurz mit dir reden. Ich glaube, die beiden trauen sich selbst nichts mehr zu, weil sie damals das Studium nicht zu Ende gemacht haben. Das ist ja oft so: Die Langzeitarbeitslosen haben vor allem Ängste und Vorurteile. Je länger sie draußen sind, desto weniger trauen die sich zu. Manchmal verlieren die komplett ihre Tagesstrukturen und können sich auch nicht mehr selbst organisieren.[27] Ich glaube, Conny und Ralph brauchen jemanden, der sie in solch ein Senior-Trainee-Programm reinzieht. Ich selbst habe keine Trainees, weil es die bei unserem fluiden Unternehmen nicht gibt. Aber du hast doch jede Menge davon. Kannst du die beiden nicht mal einladen?"

„Natürlich kann ich. Gib mir mal die Telefonnummern!" Melanie ist voller Eifer. „Ich habe neulich eine Studie gelesen, wie das funktionieren kann.[28] Man braucht drei Dinge: Zunächst muss man an der Motivation der Leute arbeiten, nicht an ihrer Qualifikation. Das läuft über ein individuelles Coaching, das im Betroffenen das Vertrauen stärkt, dass er selbst Dinge tun kann. Dazu sollte von Anfang an die künftige Führungskraft einbezogen werden, zu der er Vertrauen findet. Die Führungskräfte müssen zudem einen Schritt auf ihre potenziellen Mitarbeiter zugehen und die Aufgaben weniger komplex gestalten. Wenn das alles funktioniert, sind die Eingliederungserfolge überdurchschnittlich gut." Melanie grinst stolz zu Thomas hoch. Er nickt ihr zu: „Na, das klingt ja vielversprechend. Noch hast du's nicht geschafft. Aber es wäre toll, wenn du das versuchen würdest." „Mache ich, Thomas. Und jetzt lass uns was trinken gehen!"

---

[27] Mielke, Tagesspiegel vom 18.10.2010

[28] isw Institut, Fachkräftesicherung durch Qualifizierung und betriebliche Integration Erwerbsloser, 2011

38   Die neue „Assisted-Working-Class"

Summary

Die Auswirkungen der Digitalisierung werden vor allem kleinere Unternehmen und Dienstleister im produzierenden Bereich hart treffen. Die heute noch verbreitete Handarbeit wird mit der einziehenden Komplexität der Systeme und Maschinen nicht mithalten können. Die Folge ist das sogenannte Assisted Working: IT-Systeme erkennen selbstständig die Arbeitsaufgaben, planen selbstständig die Routinen zur Bearbeitung und geben den Arbeitern Anweisungen, welcher Handgriff wann zu erledigen ist. Auf diese Weise erhalten auch niedrig qualifizierte Mitarbeiter in der komplexen Arbeitswelt ihre Jobs.

Die verlängerte Lebenserwartung von etwa 90 Jahren im Jahr 2025 führt nicht nur zu einer freiwilligen Verlängerung der Arbeitszeit bis 75 oder 80 Jahren. Noch bedeutender für die Arbeitswelt der Zukunft ist das Alter zwischen 50 und 60. In diesem Alter werden viele Menschen nochmals einen Neustart in ihrem Leben planen: neuer Job, neues Heim, neue Beziehung! Aus dieser Altersgruppe kommen im Jahr 2025 die interessantesten Start-up-Gründer und die besten zu rekrutierenden Experten.

Samstag, 19. Juli 2025, einige Minuten später

Plötzlich steht ein Riese in der Tür. Thomas traut seinen Augen kaum: „Martin?" Er stößt seinen Stuhl nach hinten, rennt um den Tisch und fällt der hünenhaften Gestalt in die Arme. „Martin!", ruft er. „Ich wusste gar nicht mehr, dass du so groß bist! Komm, lass dich anschauen."

Martin tritt schüchtern von einem Bein auf das andere, während Thomas ihn von oben bis unten mustert. „Gut siehst du aus! Bist du Sportler geworden?" Martin wiegt leicht den Kopf. „Ich habe letztes Jahr begonnen, Marathon zu laufen." Aus Thomas' Gesicht ist die Verblüffung deutlich abzulesen. „Marathon? Mit 57 Jahren?" Martin nickt. „58 bin ich."

„Wow, das musst du gleich erzählen. Komm, setz dich zu mir. Aber warte!" Mit diesen Worten dreht Thomas sich zur langen Tafel um und ruft in den Raum: „Darf ich vorstellen: mein WG-Genosse Martin Zweibrück. Er ist der Mann, der mich nicht nur vor den Fäusten der britischen Queen's Dragoon Guards und den Strafzetteln der katholischen Ordnungshüter gerettet hat, sondern er ist auch der Mann, der dafür verantwortlich ist, dass wir alle heute hier zusammengefunden haben."

„Davon weiß ich noch gar nichts", murmelt Martin, der sich gerade in Thomas' Rücken hingesetzt hat.

„Natürlich weißt du davon nichts. Das war ja auch in Usbekistan. Ich habe da eines Nachts in meinem Hotelbett gesessen ..." „...und an Martin gedacht", ruft Klaus dazwischen. Der ganze Raum grölt.

„Nein. An dem Tag hatte mich ein Freund im usbekischen Bildungsministerium mit Wodka abgefüllt." Thomas versucht im allgemeinen Trubel seine Geschichte zu Ende zu bringen. „Und danach saß ich im Hotelzimmer, scrollte durch mein Linke-dIn-Profil und blieb an dem Namen Martin Zweibrück hängen. Und ich dachte mir: Den kennst du doch. Als ich den Wohnort — Gardelegen — las, da dachte ich: ,Nee, hier bin ich falsch!' Aber dann war er es doch. Wäre ich an diesem Abend also nicht über Martin gestolpert, ich wäre nie auf die Idee zu dem Klassentreffen gekommen. Danke, Martin!"

„Martin! Auf dich!" Klaus hebt sein Bierglas und prostet vom Nachbartisch herüber. Martin nickt ihm zu.

„So, nun erzähl mal", sagt Thomas und setzt sich Martin gegenüber. „Wie ist es dir denn ergangen in den letzten Jahren?" „Ach, das ist eine lange Geschichte. Ich habe mir einen Traum erfüllt. Vielleicht erinnerst du dich noch, dass ich immer schon ein Autonarr war?" Thomas nickt zustimmend. Im Kopf sucht er nach einer Verbindung zwischen Martin zu Autos, findet aber keine. Aber das ist heute auch nicht wichtig.

„Also, ich komme doch aus Stuttgart und wollte schon immer was mit Autos machen. Deshalb bin ich nach dem Studium auch zu einem Autozulieferer in die Personalabteilung gegangen, allerdings in Wolfsburg, bei den anderen, die brauchten gerade jemanden. Ein Jahr später kam jemand und bot mir an, dass ich seine Autowerkstatt übernehmen könnte, drüben im Osten, direkt hinter der Grenze. Das war kurz nach der Wende. Die Werkstatt war nur 30 Kilometer von meinem Haus entfernt, da habe ich natürlich zugesagt."

Thomas hört aufmerksam zu. „Ich wusste gar nicht, dass du sooo auf Autos stehst." Martin nickt und sagt mit seinem schwäbischen Akzent: „Doch, klar!" „Und wie läuft das Geschäft? Gut?" fragt Thomas und erwartet freudige Bestätigung.

Aber Martin antwortet: „Nee, wir sind fast pleite!" „Ach was?!" Etwas Besseres fiel Thomas auf die Schnelle nicht ein, doch Martin wirkt gar nicht betroffen. Er sieht Thomas an: „Unsere Werkstatt lief richtig gut. Aber dann … du weißt doch, was in den letzten Jahren im Arbeitsmarkt passiert ist. Zuerst gab es keine Facharbeiter mehr, wir konnten also unsere freien Stellen nicht mehr besetzen. Das ging noch, da mussten alle anderen ein bisschen mehr arbeiten. Dann aber kamen die großen Autokonzerne, einer war in direkter Nachbarschaft. Die haben uns schamlos die Leute abgeworben, indem sie ihnen teilweise das doppelte Gehalt boten."

Martin hebt ratlos die Arme. „Was sollte ich da machen? Ich konnte die Jungs doch nicht festbinden. Wenn die das Doppelte zahlen, dann müssen sie natürlich gehen. Das verstehe ich absolut. Na, jedenfalls saß ich eines Tages fast allein in meiner Werkstatt und überlegte, was ich tun kann. Es gab nur einen Ausweg: Ich musste Leute einstellen, die nicht so qualifiziert waren, auf gut deutsch: Hilfsarbeiter. Diese waren jedoch total überfordert beim Reparieren. Sie hatten vorher ein bisschen an ihren alten Kisten rumgeschraubt, aber all die Elektronik in den neuen Autos hatten die noch nie gesehen. Ich habe dann das gemacht, was der Hersteller uns Werkstätten vorgeschlagen hatte. Ich habe die komplette Werkstatt mit Computern aufgerüstet und Software gekauft, die selbst erkennt, wo der Schaden ist. Diese sagt jedem Arbeiter genau, wann er welchen Handgriff zu tun hat, und kontrolliert auch jeden Handgriff. Auf diese Weise konnten meine Hilfsarbeiter dann wirklich Autos reparieren."

Martin nimmt einen Schluck aus seinem Glas, aber Thomas will mehr wissen: „Und das läuft jetzt nicht mehr?" Martin nickt: „Na ja, es geht schon noch. Aber weißt du, wir reparieren heute eigentlich keine Autos mehr. Also jedenfalls nicht so, wie ich das immer machen wollte. Heute sind meine Leute eigentlich nur noch Handlanger des Computers; ob sie dabei Briefe stempeln oder ein Auto reparieren, ist im Prinzip egal." Thomas nickt. „Verstehe! Und das gefällt dir nicht mehr?"

„Na ja, dazu kommt noch, dass ich auch für mich selbst das Gefühl habe, dass ich im Kopf inzwischen nicht mehr hinterherkomme: nicht wenn es um Personalführung geht, nicht, wenn es um die ganzen Computersysteme geht, und auch nicht, wenn es um Autos geht. Schau nur mal da raus." Martin deutet mit der Hand zur Tür. „Auf den Autobahnen fahren die ersten selbstfahrenden Autos rum. Die fahren zwar mit niedrigerer Höchstgeschwindigkeit, kommen in der Durchschnittsgeschwindigkeit jedoch schneller voran, weil sie sich gegenseitig abstimmen. Ich gebe denen noch drei Jahre, dann sind die so aufeinander abgestimmt, dass es kaum noch Unfälle gibt. Die Zahl der Unfälle ist ja jetzt schon dramatisch gesunken, und spätestens dann sind die Werkstätten alle komplett im Arsch!"

Die neue „Assisted-Working-Class"

„Na, und was willst du jetzt machen?" „Ich habe es schon gemacht! Ich habe monatelang überlegt, weil ja auch das Haus und die Familie an der Entscheidung mit dranhängt. Aber ich konnte einfach nicht mehr: Ich habe die Firma meinem Werkstattleiter geschenkt."

„Gescheeenkt???" Thomas ruft das Wort viel zu laut über den Tisch. Klaus grinst ihn an und prostet ihm zu. Martin nickt ruhig. „Na ja, ich habe sie ihm überschrieben und er hat einen symbolischen Kaufpreis bezahlt." „Aber hättest du die nicht ordentlich verkaufen können?" Martin schüttelt den Kopf. „Nein, jedenfalls nicht so einfach. Das hätte mindestens drei Jahre gedauert, aber ich wollte wirklich keinen Tag länger warten." Und nach einer Pause: „Ich wollte endlich wieder meine Freiheit! Mehr als alles andere!" Thomas blickt ihn völlig konsterniert an.

Martin berichtet, wir er dann noch mal von vorn begonnen hat. Er hatte lange überlegt, was er mit seinem Leben eigentlich anfangen wollte. Und eines Tages hatte er die Antwort - eine gute, wie er fand! Martin wollte wieder studieren! „Es war nicht nur das Studium", sagt Martin. „Ich habe mich generell gefragt, was ich mit dem Rest meines Lebens anfangen will. Ich bin jetzt 58, rein statistisch habe ich noch über 30 Jahre vor mir. Der Gedanke, diese Zeit in der Werkstatt zu verbringen, war furchtbar. Und weißt du, was ich noch gemacht habe?" Thomas schüttelt mit interessierter Miene den Kopf. „Ich habe mein Haus verkauft! Meine Frau hat gedacht, ich spinne, aber ich habe es verkauft. Wir wohnen jetzt noch ein paar Monate zur Miete da drin, und dann suchen wir uns ein neues Haus, irgendwo anders. Und ich habe ich angefangen, zu joggen. Das ging gut. Letztes Jahr bin ich meinen ersten Marathon gelaufen und dieses Jahr will ich in New York mitlaufen."

Thomas lauscht Martins Geschichte, ohne ihn nochmals zu unterbrechen. Diese Überlegungen kann er sehr gut nachvollziehen. Auch er hat in den letzten Jahren überlegt, ob es für ihn sinnvoll wäre, noch einmal aus dem Job herauszugehen und ein Studium anzufangen. Nicht zwei Tage Weiterbildung, nicht zwei Wochen Bildungsurlaub, sondern ein ganzes Jahr, um seine Festplatte zu rebooten und neu zu bespielen.

„Du gehörst also zu dieser viel beschworenen Generation, die zwischen 50 und 60 einen Neustart im Leben wagt! Neuer Job! Neues Heim! Neue Beziehung?!" Thomas lacht und rollt mit den Augen. Aber Martin bleibt ganz ernst. „Na klar! Aber Thomas, du doch auch …" Martin unterbricht seinen Satz, als er Thomas' Blick auf sich ruhen spürt. „Ist etwas?" „Ich bin ein bisschen stolz auf dich!"

Die Corporate-Life-Manager für den Fluid-Caring-Mix

Summary

Einige Unternehmen werden versuchen, Mischformen zwischen den HR-Strategien der fluiden Unternehmen und der Caring Companies zu finden. Eine Mischform zwischen den beiden Welten nutzt etwa ein Produktionsunternehmen, dessen Mitarbeiter im Schichtdienst arbeiten. Es steigert den Freizeitwert der Mitarbeiter durch individuelle Freizeitpläne, indem es Fußball, Theater, Tennis, Kino, Shopping, Arztbesuche für Schichtarbeiter zu ungewöhnlichen Zeiten organisiert, während das Unternehmen für andere Berufsgruppen typisch fluide Strukturen aufweist. Vor allem finanzstarke Globalplayer mit starker Markenidentität versuchen, ihre Projektarbeiter mit der Einrichtung umfangreicher und identitätsprägender Corporate-Life-Angebote zu binden. Google ist hierfür ein aktuelles Beispiel. Teilweise bauen Unternehmen ihren Campus zu einem ganzen Stadtviertel mit Sportanlagen, Schwimmbad, Supermärkten, Restaurants, Friseuren, Ärzten, Physiotherapeuten und natürlich Kitas und Schulen aus. Eine Herausforderung der kommenden Jahre wird es sein, die Rechte und Verantwortungen dieser Wirtschaftsgiganten gegenüber der Gesellschaft und dem Nationalstaat neu zu definieren.

Samstag, 19. Juli 2025, noch einige Minuten später

Melanie hat nicht einmal die Begrüßungsrunde beendet, da hängt sie auch schon fest. Kerstin und Christin haben jede Menge Spaß, das ist nicht zu übersehen. Laut gackernd sitzt die frühere Mädelsclique an einem Ende der langen Tafel und erzählt sich lauthals lachend ihre persönlichen Erlebnisse der letzten 30 Jahre.

Die Geschichten von Kerstin kennt Melanie schon, jedenfalls die meisten. Kerstin wohnte eine Zeit lang auch in Berlin. Zufällig waren sie sich bei einem der Networking-Abende für Personaler wiederbegegnet. Melanie erinnert sich kaum noch an das Event, wohl aber an das, was danach geschah. An diesem Abend zogen sie miteinander noch so lange durch Bars und Clubs, dass René sie am nächsten Morgen fragte, ob sie ihm etwas zu erzählen habe. Sie gab sich alle Mühe, ihm die Geschichte von der zufälligen Begegnung mit einer alten Studienfreundin glaubhaft nahezubringen. Offensichtlich glaubte er ihr kein Wort. An jenem Vormittag war ihr das egal, sie drehte sich um, und schlief weiter. René erwähnte das Thema nie wieder: ein schlechtes Zeichen! Aber das ahnte Melanie damals noch nicht.

Melanie und Kerstin verbrachten dann noch so manchen Nachmittag im Prenzlauer Berg miteinander, zwischenzeitlich arbeiteten sie sogar für denselben Personaldienstleister. Mit der Geburt von Tom und mit Melanies Elternzeit bröckelte der Kontakt dann jedoch ab. Melanie war drei Jahre nicht mehr in der Agentur, und als sie eines Nachmittags kurz entschlossen ein Blech Kuchen kaufte und ihren alten Kollegen einen Spontanbesuch abstattete, war Kerstin nicht mehr da.

Jetzt sitzt sie Melanie schräg gegenüber und zwinkert ihr zu. Kaum sitzen sie nebeneinander, beginnt Kerstin auch schon zu erzählen: Die Arbeit in der kleinen Personalberatung war ihr irgendwann zu eintönig geworden und sie hatte die Firma gewechselt. Nach ein paar Jahren war jedoch auch bei der neuen Firma keine Herausforderung mehr zu spüren. Nach monatelangem Ringen mit sich selbst traf Kerstin eine Entscheidung und verfasste ihr Kündigungsschreiben. Als sie dann zwei Tage später beim Geschäftsführer saß, hatte der nur lapidar gefragt: „Wie viel willst Du?"

Es war jene Zeit, in der Selbstkündigungen von Mitarbeitern groß in Mode waren. Die meisten hatten mitbekommen, dass sich die Machtverhältnisse zwischen Unternehmen und Mitarbeitern gedreht hatten: Auf dem Arbeitsmarkt gab es unzählige freie Stellen aber keine geeigneten Bewerber, in den Nachrichten war von Vollbeschäftigung die Rede. Fast jeder Mitarbeiter hatte mindestens einmal die Chance ergriffen, selbst zu kündigen. Normalerweise erhielt man dann vom Chef eine kräftige Gehaltserhöhung und blieb weiter. Einige Unersättliche machten das gar mehrmals im Jahr, doch nicht Kerstin! „Ich will kein Geld!", hatte sie ihrem Geschäftsführer entgegnet. An dessen Gesicht in diesem Moment würde sie sich ihr Leben lang erinnern! Kerstin fing dann nochmal von vorn an; sie wollte Lehrerin werden. Sie begann ein zweites Studium und wurde nach ihrem Abschluss Grundschullehrerin an einer privaten Schule.

In diesem Moment treten Christin die Tränen in die Augen. Bislang hat sie das Gespräch neben ihnen still mit angehört. Jetzt rinnt eine Träne über ihre Wange. „Alles okay bei dir?" Kerstin blickt besorgt auf die Freundin. „Christin Rolle scheint stiller geworden zu sein", denkt Melanie. Früher war sie keine Ruhige, ganz im Gegenteil: Sie verschmähte bei den gemeinsamen ‚Turm'-Abenden nie einen angebotenen Drink und, wenn Melanie sich recht erinnerte, auch selten einen Flirt.

„Was ist denn los?" fragen Melanie und Kerstin unisono, nachdem Christin sich die Träne aus dem Augenwinkel wischt. „Ach, nichts!" Ich habe nur gerade daran gedacht, dass das auch einmal mein Traum war. „Du wolltest Lehrerin werden?" Kerstin kann ihre Überraschung kaum verbergen. „Und warum bist du es nicht geworden?" Christin schüttelt zaghaft den Kopf: „Ich habe es nicht geschafft, zu kündigen. Ich habe mich einfach nicht getraut." Melanie blickt die Freundin mit dem verpassten Lebenstraum mitfühlend an. „Und was machst du jetzt?" „Ich bin Corporate-Life-Managerin bei einem großen Autokonzern."

Melanie ist nicht sonderlich geschockt. „Das klingt doch gar nicht schlecht." „Ist es ja auch nicht", unterbricht Christin sie sofort. „Aber ist es eine Lebensaufgabe, den Schichtarbeitern ihre Sportkurse für den Vormittag zu organisieren?" Melanie verzieht das Gesicht. „Vermutlich nicht. Machst du das?" Christin nickt. „In meinem Unternehmen haben die verstanden, dass Automatisierung nicht dazu führt, dass die Schichtarbeit entfällt. Die Schichtarbeiter hatten jedoch keine Lust mehr auf Nachtschicht. Es gab zu wenige, also konnten die sich ihre Jobs auch aussuchen. Wir haben dann für diese besondere Zielgruppe besondere Module in der Personalabteilung erfunden. Unser Angebot lautet: ‚Wir steigern euren Freizeitwert und ihr bleibt weiter in den Schichten.' Jeder der ‚Schichties' bekam von uns einen individuellen Freizeitplan, kostenlos natürlich. Da sind tolle Freizeitprogramme dabei: Fußball, Theater, Tennis, Kino, Shopping, Arztbesuche … nur eben zu völlig ungewöhnlichen Zeiten."

Melanie nickt. „Das kommt mir bekannt vor. Wir haben zwar keine Schichtarbeiter, aber ein Corporate-Life-Programm gibt es trotzdem. Ich dachte allerdings, dass so etwas nur Caring Companies anbieten. Ihr seid aber doch ein großer Konzern und sitzt in München. Da müsstet ihr doch ein fluides Unternehmen sein, oder?" Christins Kopfschütteln irritiert Melanie: „Nicht?" „Nein. Wir sind zwar groß, aber wir versuchen einen Zwischenlösung. Für unsere Schichtarbeiter sind wir ganz klar eine Caring Company. Für die Manager, Designer und Marketingleute sind wir vermutlich mehr ein fluides Unternehmen. Aber auch für die bieten wir ein Corporate-Life-Programm. Damit kann man die schon ein bisschen halten, wenigstens etwas länger als sonst."

Kerstin hat sich in den letzten Minuten nicht in das Gespräch eingemischt. Jetzt hält sie es nicht länger aus. „Ihr Personaltanten! Ich glaube, ich bin schon zu lange raus aus dem Geschäft. Ihr müsst mir mal erklären, was genau dieses Corporate Life eigentlich ist."

Melanie setzt ihr Oberlehrergesicht auf: „Corporate Life ist das Schlagwort, mit dem sich die meisten Unternehmen gerade aufstellen. Das Unternehmen organisiert somit nicht nur das Arbeitsleben der Mitarbeiter, sondern zusätzlich auch deren Freizeit und andere Aktivitäten. Meistens beginnt es damit, dass für jeden

Mitarbeiter ein langfristiger individueller Entwicklungs- und Förderplan aufgestellt wird. Darin sind auf der einen Seite die Leistungs- und Zielvorgaben und auf der anderen Seite die Personalentwicklungsmaßnahmen enthalten, allerdings nicht nur die klassischen. Die Mitarbeiter bekommen auch attraktive Angebote für Wohnen, Familienplanung, Freizeitgestaltung, Gesundheit und Vorsorge, und oft gibt's dieses Corporate Life nicht nur für die Mitarbeiter, sondern auch für deren Familien."

Melanie sieht zu Christin hinüber: „Habe ich etwas vergessen?" Christin schüttelt den Kopf. „Aaaaußer …", sagt sie langsam, „… dass unser Unternehmen inzwischen aussieht wie ein großer Campus. Die Bürohäuser und auch die Werkhallen stehen in einer Art Park, durch den jeder durchlaufen kann. Es gibt Sportanlagen, ein Schwimmbad, verschiedene Supermärkte, Restaurants, einen Friseur, Ärzte, Physiotherapien und natürlich Kitas und Schulen auf dem Unternehmens-Campus. Im Prinzip muss man da gar nicht mehr raus, manche Mitarbeiter wohnen sogar dort.

Kerstin schaut mit großen Augen über den Tisch: „Also dass die Grenze zwischen Arbeit und Freizeit immer mehr verschwimmt, das wusste ich ja. Aber bei euch wird ja das Unternehmen quasi zum Stadtviertel!" Christin verzieht ihren Mund zu einem breiten Grinsen und imitiert eine dunkle Männerstimme: „Wir übernehmen eine größere Verantwortung für das soziale Wohlergehen unserer Mitarbeiter!" Kerstin lacht laut auf. Als sie Melanies ernstes Gesicht sieht, verstummt sie jedoch gleich wieder. „Einer der Professoren sagte auf dem letzten Personaler-Kongress, es sei sogar denkbar, dass große Unternehmen den Charakter kleiner Staatsgebilde annehmen. Er meinte, es sei eine logische Folge der Globalisierung, dass Unternehmen mit eigener Infrastruktur von Häusern, Schulen, Gesundheitseinrichtungen und Freizeitmöglichkeiten eine prominente Rolle in der Gesellschaft einnehmen sollten."

Christin nickt nachdenklich. „Vielleicht sollte ich mal für ein paar Wochen raus. Ich überlege, ob ich mal mit meinem Chef und meinem Vermieter rede. Vielleicht halten die mir den Job und die Wohnung frei, wenn ich für ein paar Monate nach Indien fliege?!" Kerstin spürt den fragenden Blick ihrer Freundin. Sie antwortet: „Vielleicht solltest du niemanden fragen. Vielleicht solltest du morgen losfliegen. Ohne Rückflugticket! Und falls du wirklich irgendwann zurückwillst, findest du immer einen Job, sogar als Lehrerin!" Christin grinst gequält. „Schade! …", denkt Melanie. „Sie begreift nicht, dass das absolut ernst gemeint ist."

40 Epilog

Sonntag, 20. Juli 2025

Es ist schon fast Mittag, als sich Thomas aus seinem Hotelbett wälzt. Die Sonne scheint durch die angegilbten Gardinen. Schon lange wurde er nicht mehr von der durchdringenden Wärme der Sonne geweckt. Er war am Abend so angetrunken, dass er vergessen hatte, die Jalousie des altmodischen Hotelzimmers herunterzulassen.

Nach dem Duschen öffnet er das Fenster weit. Er geht zurück zum Bett, setzt sich ans Kopfende und nimmt seinen Laptop zur Hand. Die Sonne kitzelt angenehm auf seiner Haut.

Thomas öffnet die Liste mit den E-Mail-Adressen der ehemaligen Kommilitonen. Gleich jetzt wird er jedem eine Dankes-E-Mail schreiben. Sie sollen gleich auf der Rückfahrt eine schöne Erinnerung an den gestrigen Abend mitnehmen. Diese Mail noch hier im Hotelbett zu schreiben, das hatte er sich schon vor Wochen vorgenommen.

Bevor er zu schreiben beginnt, wird er jedoch zu Hause anrufen und Bescheid geben, dass es etwas später wird. Mit diesem Restalkoholpegel kann er ohnehin noch nicht ins Auto steigen. Thomas setzt seine Telefonbrille auf. Gerade als er den Namen seiner Frau in den Raum rufen will, blinkt das rote Licht am oberen Rand des Displays. „Eine E-Mail?" Thomas sieht noch einmal hin. Wer schreibt ihm am Sonntagmorgen eine Mail? Noch dazu eine dringende? Normalerweise fängt Rob, sein intelligenter, elektronischer Assistent alle unwichtigen Mails ab und es dringen nur die wirklich wichtigen Mails zu Thomas durch. Sein Leben ist seither deutlich ruhiger geworden.

Wer hat es denn nun am Sonntagmorgen durch den strengen Sonntagsfilter von Rob geschafft? Rasch gibt er Rob den Befehl, die Mail anzuzeigen. „Das darf doch nicht wahr sein! Martin?" Martin Zweibrück ist tatsächlich der Absender der einzigen neuen E-Mail im Posteingang. Thomas kann sich ein Lachen nicht verkneifen. „Wie früher!", denkt er, als er mit einem Fingertipp in die Luft die E-Mail öffnet.

Lieber Thomas,
ich weiß, du bist schon ein bisschen älter. Aber wie gestern Abend zu sehen war,
wohl kein bisschen weiser ;-). Ich habe dich ins Hotel gebracht. Du warst auch
schon mal leichter. Hoffentlich hast du keinen allzu schweren Kopf? Du warst ganz
schön hinüber. Ich wollte dich nur schnell daran erinnern, dass du uns zum Ab-
schied noch lautstark verpflichtet hast, unseren Professoren ihre größten Fehl-
prognosen aufzuschreiben. „Sechs Professoren, sechs Fehlprognosen!" Erinnerst
du dich? Du hast selbst getönt, dass du uns noch vor der Heimfahrt deine Top-6-
Trends schicken wirst, die sich in der Branche in den letzten Jahren abgezeichnet
haben, auf die uns aber die Uni nicht vorbereitet hat.
Viel Spaß beim Schreiben, mein alter Freund!
Auf bald mal
Martin

„Oh je, auch das noch!" Thomas verflucht innerlich seine große, trunkene Klappe.
Er nimmt den Laptop zur Hand und setzt sich in Schreibhaltung. Wie hat Martin
früher im WG-Zimmer zum Sonntagmittag immer gesagt: „Wer in der Nacht ein
Mann sein will, muss auch am Tag ein Mann sein!" Na dann!

Thomas sucht nach einem Anfang. Soll er damit beginnen, dass die Arbeitsaufgaben der Mitarbeiter attraktiver geworden sind? Der Grad der Selbstständigkeit,
Handlungsspielräume und Eigenverantwortung wurden erhöht, um es den Mitarbeitern möglich zu machen, immer wieder neue Herausforderungen zu bewältigen. Oder ist es wichtiger, dass um ein Haar die vielfältigen Möglichkeiten der
Arbeitswelt das Privatleben verschlungen hätten? Oder sind es die Work-Life-
Balance-Maßnahmen, die heute selbstverständliche Planung von Ausfallzeiten
durch Mutterschutz oder Elternzeit, die vielen Senior-Trainee-Programme und
firmeninternen Weiterbildungen während der Elternzeit? Oder die flexiblen Arbeitszeitmodelle, die Shared Spaces, die Corporate-Life-Angebote, die betriebseigenen Kitas und Schulen?

„Auf jeden Fall muss ich die Technologie erwähnen", geht es Thomas durch den
Kopf, „die es möglich macht, ständig und überall zu arbeiten, die Robs und andere
intelligente Filter, die Entscheidungen selbstständig treffen, ohne ihre menschlichen Nutzer zu fragen. Und auch, dass Manager ihre Texte selbst verfassen und
Sekretärinnen zu Büroorganisatorinnen werden, dass Autos selbstständig fahren
und Taxifahrer keine Jobs mehr haben, dass Maschinenarbeiter zu Programmierern
werden."

Von all dem haben sie im Studium kein Sterbenswörtchen gehört. Und auch nicht
davon, dass die Gruppe der Hochqualifizierten knapp wird, dass deshalb die früher

komplexen Aufgaben in mehrere einfache Arbeiten zerlegt werden, die auch von Geringqualifizierten oder von Computern gemacht werden können; dass die Unternehmen ihre bisher mit einfachen Aufgaben befassten Mitarbeiter durch Personalentwicklung für anspruchsvolle Fach- und Führungsaufgaben vorbereiten, um die dadurch frei werdenden einfachen Tätigkeiten mit Arbeitslosen zu besetzen; dass also alle Mitarbeiter sozusagen im Fahrstuhl nach oben sitzen; und dass dies aber besser klingt als es ist, weil in der ständigen Überforderung die Erfolgserlebnisse verloren gehen[29].

„Von all dem, Herr Professor, haben Sie uns nichts erzählt", sagt Thomas leise zu seinem Computer. Doch sind das wirklich schon die wichtigsten Trends?

Thomas benötigt weitere zwei Stunden, ehe er die E-Mail an die ehemaligen Kommilitonen abschicken kann. Dann klappt er den Computer zu und geht langsam die Treppe hinunter. Er genießt jeden Schritt. Er setzt sich ins Auto, gibt die Münchner Adresse ein, verschränkt die Arme hinter dem Kopf und schließt die Augen. Während sein Auto ihn aus der Stadt fährt, hat Thomas das Gefühl, dass dieses Treffen nicht das letzte Mal war - ein schönes Gefühl!

Liebe Leute,
es war großartig, wieder mal einen Abend mit euch zu verbringen. Ihr wart mir so vertraut. Es war ein kurzes Nachhausekommen. Danke an euch alle. Ich habe mich sehr wohlgefühlt.
Wir haben spannende 40 Jahre erlebt; keiner hätte damals geahnt, wie viel sich verändern wird. Aber für die meisten von uns war es eine gute Zeit. Unsere Personalerwelt hat uns viel größere Chancen gebracht, als wir im Studium jemals für möglich gehalten hätten. Wir hatten wirklich Glück! Lasst uns die unterstützen, die sich nicht getraut haben, im richtigen Moment zuzugreifen.
Ich möchte euch alle wiedersehen!
Bis hoffentlich bald
Euer Thomas
P.S.: Warum auch immer ich euch heute nacht nach den Top-6 der wichtigsten HR-Entwicklungen gefragt habe ... jetzt müssen wir da durch. Wir haben unseren Professoren versprochen, ihre Fehlprognosen zu entlarven. Ich bin gespannt auf eure Liste, hier ist meine:
1. Das Machtverhältnis zwischen Mitarbeitern und Unternehmen hat sich verschoben. Das HR-Management muss dem Mitarbeiter heute erklären, warum es für seine persönliche Entwicklung sinnvoll ist, einen Job in dem betreffenden Unternehmen anzutreten. HR-Verantwortliche mussten ihre Vorstände über-

---

[29] Abicht/Jánszky, 2025 – So arbeiten wir in der Zukunft, 2013

zeugen, dass ihr Unternehmen nicht mehr der Nabel der Welt, sondern nur ein passender (oder unpassender) Teil der Persönlichkeitsentwicklung seiner Mitarbeiter ist.

2. *Unternehmen mussten sich entscheiden, ob sie zur Fluid Company oder zur Caring Company werden wollten! Global agierende Konzerne ziehen als Fluid Companies mit einem hohen Grad an Professionalität bis zu 40 Prozent Projektarbeiter an und stoßen diese wieder ab. Mittelständische Unternehmen in strukturschwachen Regionen bauen als Caring Company möglichst viele Bindungen in das soziale Umfeld der Mitarbeiter auf. Auch Mischformen versuchen ihr Glück.*

3. *Im Recruiting ist das klassische Stellenprofil verschwunden! Das HR-Management wurde zum professionellen Datensammler und -analysten. Dies war die Basis für ein professionelles Zu- und Abwanderungsmanagement. Zuerst wurden die bis dahin wenig genutzten Nischen fokussiert, wie Studien- und Karriereabbrecher, Behinderte und Rentner. Mindergeeignete Kandidaten wurden mit Schnellqualifizierungen in höher qualifizierte Jobprofile gebracht.*

4. *Personalentwicklung ist in erster Linie zur Aufgabe der Führungskräfte geworden. Diese müssen inzwischen als Coaches die persönliche Entwicklung ihrer Mitarbeiter zum Ziel haben, selbst wenn sie Mitarbeiter aus dem Unternehmen herausentwickeln. Um die Bindung zu erhalten, hat ein temporäres Verleihen oder Vermieten von Mitarbeitern an andere Arbeitgeber eingesetzt. Zentrales Gestaltungsmittel der Führungskraft ist ihr persönliches Netzwerk außerhalb des Unternehmens, ihr Think Tank!*

5. *Personalberater sind zu 360°-Dienstleistern geworden. Sie sind lebenslange, persönliche Manager der Mitarbeiter, so wie wir es früher nur aus der Welt des Profifußballs kannten. Unternehmen haben im Wettstreit zwischen Fachabteilungen auch interne Headhunter etabliert, um Bindungen zu erzeugen und Abhängigkeiten von externen Personaldienstleistern zu minimieren. HR-Abteilungen und ihre Personaldienstleister nutzen inzwischen die gleiche Software oder entsprechend offene Schnittstellen.*

6. *HR-Abteilungen haben sich entweder die strategische Funktion des Chief Change Officers gesichert, oder sie verschwanden und wurden auf andere Unternehmensbereiche aufgeteilt. Ihre bisherigen klassischen Serviceaufgaben wurden durch eine starke Vernetzung der internen und externen Softwaresysteme und Self-Service-Systeme ersetzt.*[30]

Wer hätte das im Jahr 2014 gedacht?

---

[30] Hörnschemeyer/Jánszky, Die HR-Strategien der Zukunft - Personalstrategien für eine Welt der Vollbeschäftigung, 2014

Literaturverzeichnis

Abicht, L./Janszky, S. G. (2013), 2025 — So arbeiten wir in der Zukunft, Wien

Bungart, S., Sind Projektarbeiter Chance oder Gefahr für langfristige Unternehmensstrategien? http://www.2bahead.com/nc/tv/rede/video/projektarbeiter-der-zukunft-chance-oder-gefahr-fuer-langfristige-unternehmensstrategien (Stand: 24.08.2014)

Burt (1992), Structural Holes, Cambridge

Burt (1982), Toward a Structural Theory of Action, New York

Casnocha, B./Hoffman, R./Yeh, C. (2014), Ein neues Bündnis, in: Harvard Business Manager 2/2014

Fuchs, J./Zika, G. (2010): Demografie gibt die Richtung vor. Arbeitsmarktbilanz bis 2025, in: IAB-Kurzbericht 12/2010, http://doku.iab.de/kurzber/2010/kb1210.pdf (Stand: 24.02.2013)

Hackl, B./Gerpott, F. (2014), Was machen eigentlich Ihre Personaler, in: Harvard Business Manager 2/2014

Helmrich, R./Zika, G. (2010), Beruf und Qualifikation in der Zukunft. BIBB-IAB-Modellrechnungen zu den Entwicklungen in Berufsfeldern und Qualifikationen bis 2025, in: dies. (Hg): Beruf und Qualifikation in der Zukunft, Bielefeld

Hörnschemeyer, M./Janszky, S. G. (2014), Personalstrategien für eine Welt der Vollbeschäftigung, Leipzig

Hörnschemeyer, M./Jánszky, S. G. (2014), Die HR-Strategien der Zukunft - Personalstrategien für eine Welt der Vollbeschäftigung, Leipzig, http://www.2bahead.com/trendstudien/hr-strategien_der_zukunft (Stand: 15.8.2014)

isw Institut (2011), Fachkräftesicherung durch Qualifizierung und betriebliche Integration Erwerbsloser. Ausgewählte Ergebnisse und Schlussfolgerungen aus dem Projekt „PROfessionals.int - Sicherung und Ausbau der Fachkräftepotenziale in Sachsen-Anhalt und North East England durch interregionalen Erfahrungsaustausch von bewährten Praxisbeispielen", Halle/Saale.

Literaturverzeichnis

Jánszky, S. G. (2009), 2020 — So leben wir in der Zukunft, Wien

Jenzowsky, S. (2014), Vertrauen wird die neue Leitwährung in Projektarbeitswelt, Rede auf dem 13. Zukunftskongress des 2b AHEAD ThinkTanks, 17. Juni 2014, http://www.2bahead.com/nc/tv/rede/video/das-verschwinden-des-langfristigen

Katz, E./Latzarsfeld, P. F. (1955), Personal Influence, New York

Königes, H. (2014), Arbeit ohne festen Arbeitsplatz - Interview mit Arbeitswissenschaftler Ulrich Klotz, in: Computerwoche 1-2014, http://www.computerwoche.de/a/arbeit-ohne-festen-arbeitsplatz,2552098

Lebenserwartung: 72 ist das neue 30, in: Spiegel online, http://www.spiegel.de/wissenschaft/mensch/demografie-und-lebenserwartung-72-ist-das-neue-30-a-861349.html (Stand: 22.8.2014)

McCord, P. (2014), Die Neuerfindung der Personalarbeit, in: Harvard Business Manager 4/2014

McKinsey & Company (2011), Wettbewerbsfaktor Fachkräfte. Strategien für Deutschlands Unternehmen, Berlin, http://www.mckinsey.de/downloads/presse/2011/wettbewerbsfaktor_fachkaefte.pdf (Stand: 14.02.2013)

Merton, R. K. (1949), Patterns of influence: local and cosmopolitan influentials, in: Social Theory and Social Structure, New York

Mielke, J. (2010), Langzeitarbeitslose werden nur schwer zu Fachkräften, in: Tagesspiegel vom 18.10.2010, zitiert nach Zeit Online (2010), http://www.zeit.de/wirtschaft/2010-10/langzeitarbeitslose-fachkraefte (Stand: 28.12.2010)

Paqué, K.-H. (2010), Wachstum! Die Zukunft des globalen Kapitalismus, München

PWC (2007), Trendstudie „Managing tomorrows people: The future of work to 2020"

Rothlin, P./Werder, P. (2007), Diagnose Boreout. Warum Unterforderung im Job krank macht, München

Travers, J./Milgram, S. (1969), An experimental study of the small world phenomenon, in: Sociometry 32: 315-349

Watts D. J./Strogatz, S. H. (1998), Collective dynamics of ‚small world' networks, Nature 393: 440-442

Stichwortverzeichnis